水利水电技术前沿

第1辑

湖北省水利水电规划勘测设计院　组编

中国水利水电出版社
www.waterpub.com.cn
·北京·

内 容 提 要

　　本书以湖北省水利水电规划勘测设计院多年来的工程实践和科研攻关项目为依托，对水利工程中的关键技术问题进行了深入分析和探索。本书分为水文分析与规划、工程地勘与测量、工程设计与研究和水保移民与施工四个部分，以专题论文的形式总结并阐述了水利水电技术发展趋势和关键前沿问题。

　　本书可供水利水电工程领域的管理人员、专业技术人员、研究人员和高等院校师生阅读和参考，是水利科技工作者了解工程技术前沿和重点研究方向的重要参考文献，也是社会公众了解水利技术前沿的引领性读物。《水利水电技术前沿》为连续出版物，计划每年出版一本，本书为第1辑。

图书在版编目（ＣＩＰ）数据

水利水电技术前沿. 第1辑 / 湖北省水利水电规划勘
测设计院组编. -- 北京 ：中国水利水电出版社，
2020.12
ISBN 978-7-5170-9261-2

Ⅰ．①水… Ⅱ．①湖… Ⅲ．①水利水电工程 Ⅳ．
①TV

中国版本图书馆CIP数据核字(2020)第255473号

书　　名	**水利水电技术前沿·第 1 辑** SHUILI SHUIDIAN JISHU QIANYAN·DI 1 JI
作　　者	湖北省水利水电规划勘测设计院　组编
出版发行	中国水利水电出版社 （北京市海淀区玉渊潭南路 1 号 D 座　100038） 网址：www. waterpub. com. cn E - mail：sales@waterpub. com. cn 电话：(010) 68367658（营销中心）
经　　售	北京科水图书销售中心（零售） 电话：(010) 88383994、63202643、68545874 全国各地新华书店和相关出版物销售网点
排　　版	中国水利水电出版社微机排版中心
印　　刷	北京瑞斯通印务发展有限公司
规　　格	184mm×260mm　16 开本　15.75 印张　383 千字
版　　次	2020 年 12 月第 1 版　2020 年 12 月第 1 次印刷
印　　数	001—800 册
定　　价	**58.00 元**

编 委 会

前言

　　湖北省水利水电规划勘测设计院（以下简称"湖北水院"）是中国水利水电勘测设计行业 AAA＋信用等级单位，拥有水利水电工程勘察、设计、咨询等 14 个甲级资质，是湖北省属唯一的甲级水利水电勘测设计单位。建院 60 多年来，湖北水院在水利规划、水资源配置、筑坝技术、泵站设计等方面达到国内领先水平，科技创新成果丰硕，取得了 200 余项科技成果和 170 余项技术专利，获得 110 多项国家和省部级科技进步奖、科技成果奖和优秀工程勘察设计奖，荣获 1 项国家设计金奖、3 项银奖和 3 项铜奖。

　　为充分展示湖北水院的最新研究成果，作者针对一些关键技术问题和焦点问题，以专题文章的形式把这些成果展示给读者。全书包括水文分析与规划、工程地勘与测量、工程设计与研究、水保移民与施工四个部分，每一部分包括 6～7 篇专题文章。

　　（1）水文分析与规划。主要包括防洪工程体系风险综合评价研究与应用，平原城镇化地区雨洪模拟方法和雨洪资源化利用，汉北流域水循环的"自然-社会"二元特性分析，综合考虑水动力、水质和经济社会河湖连通综合评价体系研究与应用，湖泊多目标水位调控关键技术与方案设计，鄂北长距离、跨区域引调水工程水资源优化配置理论与方法研究，以及洪水地区组成理论与方法研究等。

　　（2）工程地勘与测量。主要包括引江济汉工程膨胀土分类及关键处置技术研究，GIS＋BIM 在水利水电工程地质勘察中的应用及展望，机制砂在 PCCP 高强 C55 混凝土中的研究与应用，基于模糊理论的引水隧洞围岩快速分类研究，基于 EGM2008 地球重力场模型的高程拟合研究及应用，以及基于方差 - 协方差阵估计的 GPS 工程控制网优化设计等。

　　（3）工程设计与研究。主要包括湖北水院土石坝工程设计技术发展历程和创新成果总结，BIM 技术研究进展与推广应用分析，黑臭水体底泥修复技术研究，考虑结构面退化非连续变形分析的滑坡动力稳定性系数计算方法研究，大型闸门及启闭设备在线监测技术研究与应用，龙背湾水电站超大型水库放空阀设计，以及水工建筑物安全监测自动化系统发展与应用等。

（4）水保移民与施工。主要包括 ArcGIS 在水利水电工程移民安置规划设计中的应用，GIS 与 BIM 集成在水利移民设计中的应用和发展方向，生产建设项目水土流失防治技术综述，生态清洁小流域概念内涵、建设理念和构建技术研究，岩石建基面开挖爆破施工技术分析，以及台阶爆破岩石爆破块度预测技术研究等。

编写本书的初衷是总结湖北水院在水利水电工程规划、勘测、设计和施工等方面的实践经验和研究成果，深入剖析水利前沿关键技术研究进展和发展方向。本书既涉及传统的水利水电规划勘测设计方法，又涉及 BIM 等新兴技术，重点讲解这些技术在水利水电工程中的应用和发展方向。既让读者对水利水电工程技术有一个宏观的把握，又通过各种案例的分析，指导读者将这些技术应用到相关的专业和工程中。

由于作者水平有限，书中难免存在疏漏和不当之处，敬请读者批评指正。

作者

2020 年 10 月

目录

04 水保移民与施工

01

水文分析与规划

基于可拓集合理论的防洪工程体系风险评价模型构建

邹朝望　常景坤

[摘要]　兴建防洪工程可有效地减轻洪水灾害，任何防洪工程都存在失事的潜在风险。防洪工程风险评价能有效减少工程失事给社会经济带来的巨大损失。目前，防洪工程风险评价主要侧重于单个工程建筑物，而对防洪工程体系进行系统风险评价的研究较少。本文对防洪工程体系风险评价中的多指标综合评价方法进行了综述，比较了它们之间的优劣，并根据可拓集合理论构建了物元可拓评价模型，在对物元可拓评价模型分析的基础上，指出了该模型在风险评价中存在待评物元超出节域而无法计算的局限性。针对该构建的物元可拓综合评价模型的局限性，对原构建的物元可拓评价模型进行了改进，并用于防洪工程体系实例分析。结果表明，改进的物元可拓风险评价方法是科学合理的，有着广阔的应用推广前景。

[关键词]　可拓集合理论；评价模型；防洪工程；风险评价

1　引言

兴建防洪工程可有效地减轻洪水灾害，但也应该承认，任何防洪工程都存在失事的潜在风险。由于洪水频繁发生，许多水利工程设施失事，给人民生命财产安全和经济建设带来了严重的威胁和巨大的社会经济损失。由此，防洪工程风险评价研究备受人们关注。

风险评价的实质就是从系统工程的角度出发，建立经济投入、系统安全、系统破坏可能带来的生命财产损失之间的关系。风险评价的目的在于评价现行系统的安全富余度或系统可靠性是否可以接受，或在系统失事概率和后果两者间选择风险的方案。它包括3个相互联系的部分：风险辨识、风险分析和风险预案。目前，基于风险分析的防洪研究主要侧重于单个工程建筑物。关于防洪工程体系系统风险评价方法的研究比较少，属于当前几个难点和关键问题之一，要比单个工程建筑物的风险评估复杂得多，存在很多需要探索的领域。

常用的多指标综合评价方法主要包括：层次分析法、主成分分析法、模糊综合评判法、灰色系统分析法、TOPSIS法、秩和比（RSR）法以及数据包络分析法。

（1）层次分析法（AHP）是由美国运筹学家匹兹堡大学教授Saaty T L于20世纪70年代初提出的，该方法的优点在于原理简单、层次分明、因素具体，指标对比等级划分比较细，能对定性与定量资料进行综合分析；其缺点在于遇到因素众多、规模庞大的问题，计算较复杂。另外在权重的确定上，评价结果难免受评价人主观因素的影响。

（2）主成分分析法是由美国心理学家 Charles Spearman 于 1994 年提出，其优点在于消除变量之间的相关性，减少工作量以及权数的非人性化；其缺点在于样本容量较大，评价单位的多少及增减，都可能改变权数，从而影响评价结论，不适合于包含定性变量的情况，且评价结果是一个相对优劣排序。

（3）模糊综合评判法是一种对主观产生的"离散"过程进行综合处理的方法，其本身存在明显的缺陷，取小取大的运算法则会使大量有用信息遗失，导致模型的信息利用率低。评价因素越多，遗失的有用信息就越多，信息利用率则越低，误判的可能性也就越大。

（4）灰色系统分析法弥补了采用统计方法作系统分析所导致的缺憾，它对样本的多少和样本有无规律都同样适用，而且计算量小，十分方便，不会出现量化结果与定性分析结果不符的情况。

（5）TOPSIS 法的缺点在于相对接近度只能反映各评价对象内部的相对接近程度，并不能反映与理想的最优方案的相对接近程度，且灵敏度不高。

（6）秩和比（RSR）法以非参数法为基础，对指标的选择无特殊要求，适于各种评价对象；计算用的数值是秩次，可消除异常值干扰，合理解决指标值为零时在统计处理中的困惑，结果比单纯采用非参数法更为精确，不仅可以解决多指标的综合评价，而且也用于统计测报与质量控制中；其缺点是指标采用秩代换，对原始定量指标的信息利用不充分，会丧失一些信息；最终得到的 RSR 值反映的是综合秩次的差距，而与顺位间的差异程度大小无关；当 RSR 值实际上不满足正态分布时，分档归类的结果与实际情况会有偏差，且只能回答分级程度是否有差别，不能进一步回答具体的差别情况。

（7）数据包络分析法的致命缺陷是各个决策单元是从最有利于自己的角度分别表示权重的，导致这些权重随 DMU 的不同而不同，从而使得每个决策单元的特性缺乏可比性，得出的结果可能不符合客观实际。

鉴于此，本文结合防洪工程体系风险评价的内容及评价指标的特点，采用了行之有效的常用方法（可拓方法是可拓理论解决矛盾问题的工具，依据物元理论和可拓集合理论，可拓方法和各领域专业知识相结合，便形成可拓工程方法），对防洪工程的风险状况进行了分级，选取了相应典型防洪工程的风险指标，并据此构造了各级指标的经典域和节域物元，应用物元分析和可拓集合中的关联函数建立了防洪工程体系的综合评判物元模型，并在传统物元模型的基础上对其进行改进，同时应用于工程实例。

2　物元评价模型的基本原理

物元分析（matter element analysis）就是在可拓集合论的基础上，将复杂问题抽象为形象化的模型，并利用这些模型研究基本理论，提出相应的应用方法。利用物元分析方法，可以建立事物多指标多等级的性能参数的质量评定模型，能以定量的数值来表示评定结果与各等级集合的关联度大小，并可据此判断出待评物元的所属级别，从而能够较完整地反映事物质量的综合水平，并易于用计算机进行规范化处理。其具体评价步骤如下：

2.1 同征物元体

物元是以事物 N、特征 C 及事物关于该特征量值 V 三者所组成的三元组，记作 $R = (N,C,V)$。设 $R_1 = (N_1,C_1,V_1)$，$R_2 = (N_2,C_2,V_2)$，$\cdots$，$R_k = (N_k,C_k,V_k)$ 为 K 个同征（$C_1,C_2,\cdots,C_n$）物元，则称 R 为 k 格同征物元 $R_1,R_2,\cdots,R_k$ 的同征物元体，表达式如下：

$$R = \begin{vmatrix} N & N_1 & N_2 & \cdots & N_k \\ C & V_1 & V_2 & \cdots & V_k \end{vmatrix} = \begin{vmatrix} N & N_1 & N_2 & \cdots & N_k \\ C_1 & V_{11} & V_{12} & \cdots & V_{1k} \\ C_2 & V_{21} & V_{22} & \cdots & V_{2k} \\ \vdots & \vdots & \vdots & & \vdots \\ C_n & V_{n1} & V_{n2} & \cdots & V_{nk} \end{vmatrix} \tag{1}$$

式中：N 为 $N_1,N_2,\cdots,N_k$ 的全体；C 为事物的特征；$C_1,C_2,\cdots,C_n$ 为同征物元事物的 n 个特征，其特征对应的量值为 $V_{ij}(V_{ij})_{rock}$，称为同征物元阵。

2.2 确定事物的经典域物元体与节域物元

根据事物标准及评价指标，可确定风险评价的典域物元体及节域物元为

$$R_0 = \begin{vmatrix} N_0 & N_{01} & N_{02} & \cdots & N_{0k} \\ C & V_{01} & V_{02} & \cdots & V_{0k} \end{vmatrix} = \begin{vmatrix} N_0 & N_{01} & N_{02} & \cdots & N_{0k} \\ C_1 & [a_{11},b_{11}] & [a_{12},b_{12}] & \cdots & [a_{1k},b_{1k}] \\ C_2 & [a_{21},b_{21}] & [a_{22},b_{22}] & \cdots & [a_{2k},b_{2k}] \\ \vdots & \vdots & \vdots & \vdots & \vdots \\ C_n & [a_{n1},b_{n1}] & [a_{n2},b_{n2}] & \cdots & [a_{nk},b_{nk}] \end{vmatrix}$$

$$\tag{2}$$

式中：R_0 为事物评价经典域物元体；其中 N_{0k} 表示所划分的第 k 个评价级别；C_i 表示第 i 个评价指标，$V_{0ij} = [a_{ij},b_{ij}](i=1,2,\cdots,n,j=1,2,\cdots,k)$ 分别为 N_{0k} 关于指标 C_i 所规定的量值范围，即各类别关于对应的评价指标所取的数据范围经典域。令

$$R_p = (P,C,V_p) = \begin{vmatrix} P & C_1 & V_{1p} \\ & C_2 & V_{2p} \\ & \vdots & \vdots \\ & C_n & V_{np} \end{vmatrix} = \begin{vmatrix} P & C_1 & [a_{1p},b_{1p}] \\ & C_2 & [a_{2p},b_{2p}] \\ & \vdots & \vdots \\ & C_n & [a_{np},b_{np}] \end{vmatrix} \tag{3}$$

式中：R_p 为风险评价节域物元；P 为风险评价级别的全体；$V_{ip} = [a_{ip},b_{ip}]$ 为 P 关于 C_i 所取的量值范围，即 P 的节域。

2.3 确定待评物元体

对待评指标 $G_1,G_2,\cdots,G_m$，把所得到的分析结果用物元体表示为

$$\boldsymbol{R}_G = \begin{vmatrix} G & G_1 & G_2 & \cdots & G_m \\ C_1 & v_{11} & v_{12} & \cdots & v_{1m} \\ C_2 & v_{21} & v_{22} & \cdots & v_{2m} \\ \vdots & \vdots & \vdots & \vdots & \vdots \\ C_n & v_{n1} & V_{n2} & \cdots & V_{nm} \end{vmatrix} \tag{4}$$

式中：v_{il} 为 $G_l(i=1,2,\cdots,n,l=1,2,\cdots,m)$ 关于 $C_i(i=1,2,\cdots,n)$ 的量值，即待评各类型风险的指标数据。

2.4 确定各指标 C_i 的权重

使用简单关联函数法确定各指标的权重。

2.5 确定待评各指标关于各等级的关联度 $K_j(v_{il})$

关联度函数 $K_j(v_{il})$ 的定义如下：

$$K_j(v_{il}) = \begin{cases} \dfrac{-\rho(v_{il},V_{oij})}{|V_{oij}|}, v_{il} \in V_{oij} \\ \dfrac{\rho(v_{il},V_{oij})}{\rho(v_{il},V_{ip})-\rho(v_{il},V_{oij})}, v_{il} \notin V_{oij} \end{cases} \tag{5}$$

式中：$\rho(v_{il},V_{oij})$ 为点 v_{il} 与有限区间 $V_{oij}=[a_{ij},b_{ij}]$ 的距离；$\rho(v_{il},V_{ip})$ 为点 v_{il} 与有限区间 $V_{ip}[a_{ip},b_{ip}]$ 的距离。

点与有限区间距离的计算公式为

$$\rho(v,V) = \left| V - \frac{a+b}{2} \right| - \frac{1}{2(b-a)} \tag{6}$$

式中：v 为点值；a，b 分别为区间左端点及右端点的值。

2.6 计算待评物元 G_l 关于等级 j 的综合关联度

$$K_j(G_l) = \sum_{i=1}^{n} a_i K_j v_{il} \tag{7}$$

2.7 等级评定

若 $K_{j0}(G_l) = \max\limits_{j \in [1,2,\cdots,k]} k_j(G_l)$，则评定 G_l 属于等级 j。

令

$$\overline{K}(G_l) = \frac{K_j(G_l) - \min K_j(G_l)}{\max K_j(G_l) - \min K_j(G_l)} \tag{8}$$

则

$$j^* = \sum_{j=1}^{k} j \, \overline{K_j}(G_l) \div \sum_{j=1}^{k} \overline{K_j}(G_l) \tag{9}$$

式中：j^* 为 G_l 的级别变量特征值，从 j^* 数值的大小可以判断出待评物元偏向相邻级别的程度。

3 改进的物元可拓评价模型构建

应用式（1）～式（9），当各项工程风险指标未超出风险分级标准上限时（即未超出节域），物元可拓法可以得到较好的综合评价结果。但是，一旦风险指标中某一指标风险分级标准超出节域，如湖泊的洪灾风险度分为微险（5）、轻险（7）、中险（9）、重险（10）和特险（12），实际计算得到的洪灾风险度为 14，在计算过程中会出现如下情况：

将 $v_{11}=14$，$V_{015}=[10,12]$，$V_{lp}=[0,12]$ 代入式（6）、式（7）得到：

$$\rho(v_{11},V_{015})=2 \quad \rho(v_{11},V_{1p})=2$$

$$K_5(v_{11})=\frac{\rho(v_{11},V_{015})}{\rho(v_{11},V_{lp})-\rho(v_{11},V_{015})}=\frac{2}{2-2}$$

可知，$K_5(v_{11})$ 无意义，即此种情况下无法再计算下去。同理可推出如其他任一指标（或某些指标）实测值一旦超出节域，其关联度函数就会出现无法计算的情况，此时就不能用物元可拓法综合评价防洪工程体系的风险状况。然而，在实际不同工程风险指标的数据中经常会遇到某一指标（或某些指标）超出节域的情况，为此，有必要对原物元可拓法进行改进。

针对上述物元可拓法在防洪工程系统综合评价中出现的局限性，本文做以下改进，其思路如下：

（1）在原物元可拓法的基础上，对每个经典域的量值作规格化处理即都除以节域 V_p 右端点数值 b_{ip}，得到新的物元经典域，可表示如下：

$$R_0'=\begin{vmatrix} N_0' & N_{01}' & N_{02}' & \cdots & N_{0k}' \\ C & V_{01}' & V_{02}' & \cdots & V_{0k}' \end{vmatrix}$$

$$=\begin{vmatrix} N_0' & N_{01}' & N_{02}' & \cdots & N_{0k}' \\ C_1 & [a_{11}/b_{1p},b_{11}/b_{1p}] & [a_{12}/b_{1p},b_{12}/b_{2p}] & \cdots & [a_{1k}/b_{1p},b_{1k}/b_{1p}] \\ C_2 & [a_{21}/b_{2p},a_{21}/b_{2p}] & [a_{22}/b_{2p},b_{22}/b_{2p}] & \cdots & [a_{2k}/b_{1p},b_{2k}/b_{2p}] \\ \vdots & \vdots & \vdots & \vdots & \vdots \\ C_n & [a_{n1}/b_{np},b_{ni}/b_{np}] & [a_{n2}/b_{np},b_{n2}/b_{np}] & \cdots & [a_{nk}/b_{np},b_{nk}/b_{np}] \end{vmatrix} \quad (10)$$

同理，将待评物元体的量值也作规格化处理，均除以节域 V_p 右端点数值，得到新的待评物元体如下：

$$\boldsymbol{R}_G'=\begin{vmatrix} G' & G_1' & G_2' & \cdots & G_m' \\ C_1 & v_{11}/b_{1p} & v_{12}/b_{1p} & \cdots & v_{1m}/b_{1p} \\ C_2 & v_{21}/b_{2p} & v_{22}/b_{2p} & \cdots & v_{2m}/b_{2p} \\ \vdots & \vdots & \vdots & \vdots & \vdots \\ C & v_{n1}/b_{np} & v_{n2}/b_{np} & \cdots & v_{nm}/b_{np} \end{vmatrix} \quad (11)$$

（2）对新的待评物元体用式（6）求其关于新的经典域量值范围的距离 D_{ij}。

（3）按关联函数法确定各指标的权重 a_i。

（4）计算关联度：用 D_{ij} 代替关联度函数 $K_j(v_{il})$ 去计算综合关联度 $K_j(G_l)$，即

$$K_j(G_l) = 1 - \sum_{i=1}^{n} a_i D_{ij} \tag{12}$$

（5）按式（9）和式（12）进行物元综合评价。

4 评价模型在工程中的应用

长江某支流中下游防洪工程体系，目前主要由水库、分蓄洪区、堤防、天然湖泊、河道治理工程组成。通过风险分析计算出风险指标值，再据此对防洪工程风险进行分级，一般可按风险从小到大分为：微险、轻险、中险、重险和特险 5 个级别，见表 1。据该流域具体特点和计算出的各防洪工程的风险指标值见表 2，建立防洪工程风险评价的经典域、节域，并根据该防洪工程体系的现状及工程概况，确定其风险的待评物元为

$$\boldsymbol{R} = (P, c, x) = \begin{bmatrix} P & \text{水库风险度 } R_0 & 0.179 \\ & \text{堤防风险度 } P_f & 0.259 \\ & \text{分蓄洪区风险度 } K & 0.308 \\ & \text{湖泊风险度 } R_n & 6.3 \\ & \text{河道工程风险度 } K_h & 0.071 \end{bmatrix}$$

按照改进的物元模型可得到规格化的待评物元为

$$\boldsymbol{R} = (P, c, x) = \begin{bmatrix} P & \text{水库风险度 } R_0 & 0.179 \\ & \text{堤防风险度 } P_f & 0.259 \\ & \text{分蓄洪区风险度 } K & 0.308 \\ & \text{湖泊风险度 } R_n & 0.525 \\ & \text{河道工程风险度 } K_h & 1.01 \end{bmatrix}$$

表 1　　　　　　　　　　　　　防洪工程风险指标及分级表

风险指标	水库风险度 R_0	堤防风险度 P_f	分蓄洪区风险度 K	湖泊风险度 R_n	河道工程风险度 K_h
微险	0.00～0.25	0.00～0.25	0.00～0.25	1～5	−0.070～−0.045
轻险	0.25～0.50	0.25～0.50	0.25～0.50	5～7	−0.045～−0.025
中险	0.50～0.75	0.50～0.75	0.50～0.75	7～9	−0.025～−0.010
重险	0.75～0.90	0.75～0.90	0.75～0.90	9～10	0.010～0.045
特险	0.90～1.00	0.90～1.00	0.90～1.00	10～12	0.045～0.070

表 2　　　　　　　　　　　　　各防洪工程的风险指标值

水库风险度 R_0	堤防风险度 P_f	分蓄洪区风险度 K	湖泊风险度 R_n	河道治理工程风险度 K_h
0.179	0.259	0.308	6.3	0.071

同样，按照改进物元可拓模型规格化风险标准的经典域见表3。

表3 规格化的防洪工程风险指标及分级表

风险指标	水库风险度 R_0	堤防风险度 P_f	分蓄洪区风险度 K	湖泊风险度 R_n	河道工程风险度 K_h
微险	0.00~0.25	0.00~0.25	0.00~0.25	0.083~0.417	−1.000~−0.643
轻险	0.25~0.50	0.25~0.50	0.25~0.50	0.417~0.583	−0.643~−0.357
中险	0.50~0.75	0.50~0.75	0.50~0.75	0.583~0.750	−0.357~0.142
重险	0.75~0.90	0.75~0.90	0.75~0.90	0.750~0.833	0.142~0.642
特险	0.90~1.00	0.90~1.00	0.90~1.00	0.833~1.000	0.642~1.000

待评物元中的每个新的数据关于新的经典域的距离为

$$D_{ij} = \begin{bmatrix} 0.398 & 0.473 & 0.879 & 0.921 & 0.543 \\ -0.352 & 0.058 & 0.272 & 0.403 & -0.398 \\ 0.612 & -0.464 & -0.374 & -0.133 & 0.029 \\ -0.785 & -0.643 & -0.583 & -0.381 & -0.119 \\ 0.790 & 0.802 & 0.852 & 0.487 & 0.476 \end{bmatrix}$$

关联函数法确定的各指标权重为

$$a = (0.31, 0.24, 0.16, 0.19, 0.11)$$

按式（8）、式（9）和式（12）计算关联度及量级特征值：

$$K_j(G_l) = (0.925, 0.947, 0.739, 0.657, 0.892)$$

$$\overline{K_j(G_l)} = (0.957, 1.000, 0.290, 0.000, 0.839)$$

也就是，$j^* = 2.8$。

依据前述评价标准可知：①该流域工程体系的综合风险状况属于3级中险，准确地说，在轻险和中险之间；②鉴于防洪工程体系是有效防范洪水威胁的基础，在对防洪工程体系进行风险评价的基础上，应努力完善防洪工程体系建设，如对现有病险工程进行除险加固，对堤防险工险段进行治理等，尽量形成上调、中蓄、适时适量下泄的蓄泄兼筹的体系；③随着防洪非工程措施愈来愈发挥更大的作用，还要积极采取非工程防洪措施，以提高流域防灾抗灾的整体能力。

5 结语

与以往的评价模型相比，本评价模型具有如下的优点：①运用物元分析方法进行防洪工程风险综合评价，计算方法简便，结果比较客观，并且易于实现计算机编程；②对于流域内的大洪水，大部分的防洪工程都会发挥作用，它们之间相互关联。有必要指出：相关性增加，对串联系统是有利的，而对并联系统是不利的。物元分析模型考虑了相关性对风险等级评估的影响，是其他常规评价方法所不可比拟的。

同时，本文通过改变综合关联度的计算方法，使原物元可拓法得到改进，解决了普通物元可拓法无法解决待评物元体中元素超出节域的情况，并首次将其应用到防洪工程体系风险分析中，能有效体现出评价指标对两级级别差异及同一级别内部的不同状态。

但是，本评价模型只考虑了与防洪工程体系典型类型的评价指标，没有涉及工程外的风险因素，故该模型只适宜于流域内工程体系结构简单的综合评价，但实际应用时可以根据需要予以扩充。此外，模型中经典域、节域的取值范围对于不同地区的工程风险等级的划分标准应有所不同，模型中经典域的取值范围也有所差异。

参 考 文 献

[1] 梁在潮，李泰来. 江河堤防防洪能力的风险分析 [J]. 长江科学院院报，2001，18 (2)：7-10.

[2] 李青云，张建民. 长江堤防工程风险分析和安全评估研究初论 [J]. 中国软科学，2001 (11)：112-115.

[3] 朱元生，王道席. 水库安全设计与垮坝风险 [J]. 水利水电科技进展，1995，15 (1)：18-25.

[4] 梅亚东，谈广鸣. 大坝防洪安全评价的风险标准 [J]. 水电能源科学，2002，20 (4)：8-10.

[5] GARUTI C，SANDOVA M. The AHP：A multicriterla decision making methodology for shiftwork prioritizing [J]. Journal of Systems Science and Systems Engineering，2006，15 (2)：189-200.

[6] 邱东. 多指标综合评价方法的系统分析 [M]. 北京：中国统计出版社，1991.

[7] 刘思峰，党耀国，方志耕. 灰色系统理论及其应用 [M]. 北京：科学出版社，2004.

[8] 邢占利，王子云，谢君琦，等. 灰色关联分析在岩体可爆性分级中的应用 [J]. 矿业研究与开发，2006，26 (3)：79-81.

[9] 杜栋，庞庆华，吴炎. 现代综合评价方法与案例精选 [M]. 北京：清华大学出版社，2005.

[10] 蔡文. 物元模型及其应用 [M]. 北京：科学技术出版社，1994.

[11] 王鸿绪，代洪才，江佩荣，等. 可拓代数引论 [J]. 沈阳工业大学学报，1989，11 (4)：57-66.

平原城镇化地区雨洪模拟与资源化利用

由星莹　万伟　黄曼丽　凌斌　刘照群　罗颖

[摘要]　本文分析产汇流模拟和城市雨洪模型进展，通过比较不同方法的优劣，总结适用于平原城镇化地区的雨洪模拟方法；系统总结水库风险调度、蓄滞洪区及湖泊洼淀调蓄、平原河网联调、低影响开发设施等实现雨洪资源化利用的原理、措施及应用实例，对相关领域的研究和实践具有借鉴意义。

[关键词]　雨洪模拟；资源化利用；城镇；平原水网

1　引言

平原区地势平坦，河流纵横交错、交织成网，湖塘星罗棋布，水系复杂、洼地众多。平原区城镇多沿河沿湖分布，水系在增加蓄泄能力、减轻洪水灾害中发挥着重要作用。随着人口向城市聚集、城镇及周边地区的土地利用性质发生不同程度变化，坑塘水体、绿地林地、农村耕地等天然蓄滞水空间不断缩减，不透水地面或地面不透水度的显著加大，径流系数、地表径流量增加，暴雨汇流方式从河网沟壑集流变成为市政管网集流，"快排"使雨水在短时间内汇入管道，灰色排水设施排水压力增大，超出管道最初设计负荷的部分雨水必然溢出，造成内涝灾害。原有农田排涝标准也不再适用于城镇化地区排涝设施建设。当前，城市内涝灾情呈现复杂性、多样性、放大性的特点，城镇外排能力与城镇化进程不匹配是引发城市内涝的主要原因。

变化环境下，如何有效应对城市洪涝灾害、控制雨洪污染、实现资源化利用和生态开发，已成为城市雨洪管理研究面临的关键技术难题。资源化利用必然导致洪涝风险提高，由于主汛期风险大于汛初和汛末；汛限水位越高风险越大，洪水资源利用量越大风险越大，下泄流量越大则风险越大。总体而言，当前城镇防洪排涝的核心问题可分为：城市雨洪模拟、排水设施的排涝能力评估、年径流总量控制率的确定以及LID措施优化。通过城市产汇流机理研究，开发并完善符合水循环规律及下垫面特征的雨洪模拟系统，研究城市雨水收集、入渗、存储、净化设施布局，为生态系统恢复及水景观营造服务，成为未来保障城市水安全的重点研究方向之一。

11

2 平原城镇化地区产汇流模拟方法进展

平原河网区水文模型特点在于，环状河网为非封闭多出口的系统，河道没有固定流向，产汇流成果也难以直接检验。土地利用/覆被变化与洪水产生机制存在显著关系。传统平原河网地区的下垫面分为水面、水田、旱地及非耕地、城镇四类。城镇化导致不透水地表面积增大后，减弱了地面下渗能力，造成地下水位降低，壤中流和基流减少，地表径流系数和径流总量显著增加。国外学者也对这类问题展开深入研究。Bosch J M 和 Hewlett J D 以及 Richey J E 等研究认为，森林开采增加了下游洪水泛滥的频率和强度；Bari M A 等分析土地利用变化对年径流量变化的影响；Pfister L 和 Kwadijk J 等对莱茵—谬旗河流域分析表明城市化对径流影响很大；Brown R G 研究表明暴雨量与不透水层覆盖面积呈正相关关系；土地利用变化对径流产生的影响随降雨类型而不同，尤其对短历时、高强度降雨产生的洪水影响较大。

城镇化对汇流的影响体现在：下垫面的变化影响地表的粗糙程度，进而控制地表径流的速率和洪泛区水流演进的速度。当城镇化导致不透水地表坡度增大、糙率减少，地表汇流速度加快，会影响地表的蓄水量和行洪路径，进而影响洪水演进速度。Campana N A 等分析巴西 25 个城市化流域情况，建立城市不透水面积与城市汇水时间的关系；Espey Jr. W H 等研究发现，城市化后的单位线洪峰流量较城市化前增大了近 3 倍；美国一些中小城市调查表明，相同降雨条件下，城市的洪水流量可以达到农村的 10 倍，城市洪水的汇流速度较农村显著缩短。

表 1 为当前国内外产汇流模拟方法及优缺点。

表 1   **国内外产汇流模拟方法及优缺点**

类型	方法名称	方 法 优 点	方 法 缺 点
产流模拟	霍顿下渗公式	基于超渗坡面流，运用分离变量法，提出下渗公式	未考虑产流与降雨季节变化的关系，不可能完全超渗或蓄满产流，仅适用于小流域
	径流系数法	根据下垫面分类，根据不同地类的降雨径流系数结合降雨强度计算降雨损耗	在下垫面变化复杂，以及中大型流域汇流时间长等情况下，模拟精度不高
	SCS 模型	考虑土地类型及利用方式等确定 CN 值，进行模型修正与应用验证	需检验径流量计算值和实测值之间绝对误差的有效性
	大孔隙产流理论模型	考虑大孔隙下渗、大孔隙流和地面径流等因素建立模型	模型结构、观测资料样本的选择和模型数值确定等，存在假定、简化和误差
汇流模拟	瞬时单位线法(1932)	降雨空间分布均匀，流域为线性系统，产流过程符合倍比假定和叠加原理	一般性流域汇流单位线，洪水过程分割带有主观性，单位线形状受洪水量级和暴雨中心位置影响

续表

类型	方法名称	方 法 优 点	方 法 缺 点
汇流模拟	非线性运动波方程（1938）	由圣维南方程简化而成，近年来国内常用方法有槽蓄曲线法、马斯京根法	
	SHE模型（1986）	考虑蒸散发、植物截流、坡面和河网汇流、土壤非饱和流、融雪径流、地表和地下水交换过程	
	SWAT分布式水文模型（1995）	使用经验方程考虑气候、下垫面土壤情况，模拟大区域复杂水文循环	未考虑降雨空间分布不平衡的时间变化，忽略了土壤与降雨的空间关系
	人工神经网络模型（2000）	将人工神经网络理论用于河道水情预报，识别水流运动与影响因子间的复杂关系	仅对水文短期预报具有较好的适应性和预报精度

从表1可见，无论是哪一种产汇流模型，下垫面是降雨入渗的重要因素，促使雨水重新分配，增加土壤水分入渗。产汇流实质是降雨特性与下垫面特性的耦合过程。城镇建设用地的下垫面可分为三类，即透水层、具有填洼的不透水层和不具有填洼的不透水层。不透水层产流模拟中城市建设用地的总径流深为SBS、不透水砖、草地等不同类型下垫面径流深的加权平均。城镇化地区降雨后由各自独立的小区排水管网收集雨水并汇集到市政管网出口，再通过自排或泵站提升将雨水排入就近河道，经过区内河网的调蓄、输送，通过与外围水体连通或控制的闸泵将区内雨水排出。因此，城镇洪水模拟应采用市政管主干道网的长度与坡降。另外，河道槽蓄作用明显，对排涝模数产生影响，有学者提出非稳定流法作为平原城市自排区的排涝模数计算方法。

3　城镇化地区雨洪模型研究进展

首个真正意义上的雨洪应用模型是1959年研发的斯坦福模型（SWM）。SWM是一种降雨-径流模拟模型，主要包括子汇水区概化、地表径流（产汇流）计算、水质模拟和管网系统演进计算，先根据土地利用类型提取下垫面类型，计算子汇水区的地表径流，再将每个子汇水区概化为非线性水库模型进行地表汇流计算。InfoWorks水力模型通过与GIS结合对排水管网系统的工作状态及其环境影响进行预测；MIKE Urban是迄今为止较全面的水资源模拟评价系统，通过整合其他排水管网模拟软件，形成了一套城市排水模拟系统；英国沃林福特模型（Wallingford）将每个子区域分为铺砌表面、屋顶及透水区三部分，地面以上和地面以下分别考虑径流状态；其他模型包括美国辛辛那提大学提出的CURM模型、伊里诺排水模型（ILLUDAS）、水文计算模型（HSP）、蓄水处理与溢流模型（STORM）等，这些模型都有其各自特点及适用范围。表2为现有城市雨洪模型的主要特点。

表 2 现有城市雨洪模型的主要特点

模型名称	开发者	主 要 特 点
SWM	1959 年 Linsley R K 和 Crawford N H	概念性集总式水文模型，可模拟降雨、截留、入渗、蒸散发、河道流等水文过程，但多数参数缺乏明确的物理意义，以经验公式为主，无法模拟产汇流的空间分布规律，以及气候变化、土地利用/覆被等对水文过程变化的影响，无法模拟污染物期迁移等
SWMM	1971 年美国环保局（EPA）开发的降雨-径流模型	将下垫面区分蓄水不透水区域、非蓄水不透水区域、透水区域来计算子汇水区的地表径流；不透水区 75% 的面积上净雨扣除初损；概化为非线性水库模型，下渗模式计算采用霍顿公式、格林-安普特公式、径流曲线数值方法；用于模拟城市单一降雨事件或一段时期的水量和水质
Wallingford	1978 年英国 Wallingford 水力学研究所	含降雨径流模块、简单管道演算模块、动力波管道演算模块及水质模拟模块。可用于暴雨系统、污水系统或者雨污合流系统设计，又可实时运行管理模拟。每个子流域概化成铺砌表面、屋顶及透水区三部分，采用修正推理法进行产流计算
Info Works	英国软件公司	可与 GIS 相结合快速地对排水系统做出准确仿真，预测排水管网系统的工作状态，或降水事件对管网系统和环境造成的影响
SSCM	岑国平	较完整的雨水管道径流模型，包含暴雨、地面产流、地面汇流、管网汇流和雨水管道设计等子模型
CSYJM	周玉文	把径流过程分为地表径流和管内汇流两阶段，降雨通过地面径流从雨水口进入雨水管网，采用非线性运动波演算管网汇流过程，采用实测降雨过程线作为输入
城市雨洪水动力耦合模型	耿艳芬	一维和二维耦合模型，既可以模拟地面河道与集水区之间的水量交换，也可以模拟地面径流和地下管网之间的水量交换
MIKE Urban 或 MOUSE	丹麦 DHI 水利环境研究所	整合 ERSI 的 ARCGIS 以及排水管网模拟软件，包括管道流模块、降雨入渗模块、实时控制模块、管道设计模块、沉积物传输模块、对流弥散模块和水质模块，用途相对广泛

我国雨洪模型研究较西方国家晚 20 多年。我国自主开发的发展较成熟的模型有雨水管道计算模型（SSCM）、城市雨水径流模型（CSYJM）、平原城市水文过程模拟模型和城市分布式水文模型（SSFM）。国内城市雨洪模型的研发多针对特定研究区域，通用程度并不高；采用地表-地下水耦合及信息耦合技术，形成地面汇流与管网汇流耦合的洪水演进模拟方法，成为未来雨洪模型发展的主趋势。

4 平原城镇化地区雨洪资源化利用措施

4.1 平原区水库风险调度在洪水资源化中的潜力

水库风险调度是指在现有调度方案的基础上，充分结合实时水文预报及中短期天气预报，加强实时调度运用，科学制定水库汛末蓄水调度方案，拦蓄洪尾，提高水库蓄满率。主要包括两种途径：一是洪水来临之前，通过加大发电出力，预泄腾库迎洪，最大限度地减少洪水期弃水；二是充分利用洪水间歇期，将库水位蓄至汛限水位以上，在下次洪峰来临之前，利用发电将库水位消落至汛限水位，最大限度地重复利用防洪库容。

用水库风险调度来实现洪水资源化利用，存在较多制约因素和适用条件。例如，当前洪水分期普遍较粗，需深入研究流域暴雨洪水发生的季节特征和分期规律，合理确定水库分期控制运用水位；需根据水库各年来水、超蓄、弃水、汛末蓄满、病险处理等问题，准确评估水库功能、特性；中短期气象水文预报须准确，才能指导水库的预泄、超蓄和拦蓄洪尾等；同时，对下游河道整治情况、库区不同水位下淹没情况、流域梯级开发情况也须进行详查，分析流域联合调度的可能性。

例如，天津市于桥水库通过挖掘汛限水位、正常兴利水位、23m围堰下的高水位之间较大的可利用空间实现洪水资源化利用；考虑防洪安全、经济赔偿、运行费用、蓄水效益等，研究水库蓄水位的最佳方案和最佳下泄流量，在实际调度运用中取得较好效果。再如，辽宁省在2005年8月的洪水中，运用了"全资讯动态综合优化预报调度"方法，5座大型水库蓄存了13.52亿 m³ 洪水，为其后两年的抗旱发挥重要作用。

4.2　蓄滞洪区在洪水资源化利用中的潜力

蓄滞洪区多分布于江湖连通、河网密集的平原地区，当干流防洪能力显著提升后，蓄滞洪区运用概率降低，具有洪水资源化利用的潜力。蓄滞的洪水携带大量泥沙富含营养成分，有利于增加土壤肥力，也可进行湿地的恢复和重建，从而将汛期洪水转化为非汛期水资源。其限制性因素在于，须考虑蓄滞洪区蓄存洪水的经济损失，选择损失较小的蓄滞洪区；同时对蓄滞洪区不同淹没深度、范围损失进行经济分析，研究确定引蓄洪水的最佳水位和蓄水量。

同时，连江湖泊洼地可能蓄洪调洪，研究大型湖泊的兴利蓄水位、兴利调节湖容，通过蓄滞洪水，扩大湿地水面，有望使通江湖泊成为蓄水兴利的有效场所，并结合城镇建设在江湖连通区域营造湿地景观。

4.3　平原区河网联调在雨洪资源化利用中的潜力

平原区范围内河道纵横、河网密集的水系，沟通相对容易。在河网联调中实现洪水资源化，主要是通过工程措施，实现境内河、渠、湖、库连通，实现"库库相通，渠渠相连"，修建引、蓄、排配套工程，构成连通的网络体系，为实现汛期洪水的有效调配提供可行条件。对于山区向平原过渡的丘陵地带，山区采取水土保持截蓄利用雨水，使洪水少下山；平原利用河渠、坑塘、洼淀存蓄洪水；大力发展引洪淤灌；沿河修建橡胶坝，形成人工湖面；串联各河系与主要灌溉、排水骨干管道，利用小洪水的不同步性，实施河系联合调度，把多水河道的来水调往少水河渠和干旱地区；通过网状河渠系统，最大限度地把洪水蓄留在河道中，延长水流在河道内的滞留时间，恢复河渠水生态环境。

当然，对于防洪压力较大的中小河流及山洪沟，汛期应以防御外洪为主，河网串联工程应设置节制闸，避免将外洪引入内坑而带来内涝。对于相对干旱的北方地区，河网联调效果明显。以天津市为例，其平原区蒸发能力大于山丘区，蓄水于地下比蓄水于地表更为有利，可引导洪水于平原地区纵横交错的河道沟渠内，实施地表与地下联合调度，调蓄洪水资源，提高水资源利用效率，同时改善地下水质和水生态环境。

4.4　低影响开发设施在雨洪资源化利用中的潜力

城市雨洪资源调控经历了三个阶段的目标：①避免城镇雨洪对财产损害；②减少泥沙沉积对河道侵蚀；③改善城镇径流污染对下游河道生态环境的影响。城镇低影响开发设施（LID）是近年来城镇雨洪处理的新措施，主要通过评估城镇水资源的防、排、蓄、渗、滞潜力，结合城镇自然条件、土地利用、基础设施和经济发展等因素，采取下洼式绿地、透水铺装、绿色屋顶、生物滞留等建筑物集雨配套措施，以及渗井、渗透塘、调蓄池、雨水罐、人工滤渗土壤等地面截流措施，对雨水进行收集、入渗、存储、净化、处理等。

对于发展中的城镇，LID 强调对绿色区域的保护，提倡利用天然排水渠道，对天然状态下的水文机制造成较小扰动，实现低影响发展；对于发达城镇，LID 措施通过生物滞留地、绿色屋顶等降低城镇不透水比例。通过产汇流模拟及雨洪模型计算，可看出 LID 措施对实现径流的储存、入渗及地下水补给，改变径流排泄量大小，复制或维持天然状态下水文机制，保护生态环境、控制城区污染等方面的重要意义。当然，对于南方水资源相对丰沛、外洪内涝频发的沿江城镇，LID 措施有助于减轻短历时暴雨洪水造成的内涝效应，但若外江水位长期居高不下、外排能力受限时，LID 有可能进一步加剧城镇内涝。

5　平原城镇化地区雨洪资源化利用措施实例

5.1　水库风险调度实例

辽宁省石门水库研究上游来水影响下的水库不同调度期条件下水库洪水资源化利用的风险效益。通过挖掘水库相同防洪标准下的水位变化空间，使 7 月下旬至 8 月上旬水库防洪效益明显增加，其他调度期的经济风险效益和生态环境效益也有所提高。

河北省大清河水库通过优化调度提高汛限水位，调整下泄水量、蓄泄结合，主汛期采用正常汛限水位，次汛期抬高汛限水位，有效减少弃水量，增大水库蓄量。洋河水库通过建立水库不同汛限水位、不同频率洪水、水库最大蓄洪量及水库最大下泄流量之间的关系曲线，来建立风险分析评估模型，识别各种影响因素的风险率，实现经济、生态用水效益最大化。

5.2　蓄滞洪区调蓄实例

蓄滞洪区在洪水资源化利用方面，也有广泛的应用前景。蓄滞洪区分洪后，可以冲洗区内多年积存污水，稀释污染物浓度、回补地下水，恢复湿地，改善水生态环境；洪水泥沙挟带了大量农作物生长所需养分，使滞洪区土地肥沃，促进农业生产。在白洋淀，一部分洼地通过汛期缓冲调节洪水，汛后改善生态环境和供水；另一部分洼淀作为常遇洪水蓄滞区，增加运用概率，蓄补地下水，满足区域需水。可见，通过建立淹没补偿机制、建设进退水工程，通过蓄水恢复并维持蓄滞洪区、洼淀水域，缓解区域水资源紧张。

5.3 平原区水网联调实例

在平原河网联调进行洪水资源化利用方面，通过隔水堤、拦水坝、分洪闸等工程措施，引洪水于各种沟渠，延长洪水滞留河道时间，回补沿线地下水；利用各个河系之间的横向沟通连接构成河网体系，调剂各河系间的水量丰歉，合理安排涝水蓄泄，变涝水为资源水。例如，1996年8月海河流域部分地区受淹，但地下水位大幅度上升，使农作物增产幅度明显提高。河北省东光县基于河渠、坑塘等连通的水网体系，从上游提闸或开泵蓄水，当坑塘、洼淀及支河、引渠蓄满后，关闭闸门或停泵，逐级向下游阶梯蓄水，直至全县沟渠蓄满水；河渠调节通过引水闸或泵站进行引水，通过东西渠道，把水从西部调入东部，再通过干渠或引渠进入坑塘或洼淀，进行农田灌溉。

5.4 城镇生态景观构建实例

城镇生态景观构建是结合城市排涝等级及实际区域地貌特征，通过雨洪模型计算，合理确定城镇生态景观构建规模，从而达到利用雨洪资源的目的。通过降低城镇汇流系数，改善由水系减弱导致的河网连通受阻局面，使城镇水系空间交错，蓄泄能力提高；结合河道天然微地形营造海绵体，通过截流沟削减入河污染物排放量，利用坑塘湿地对天然雨水进行滞纳净化，恢复河道自我繁衍的生态系统；利用广阔的河漫滩、江心洲滩，塑造大面积浅水湾，通过雨洪蓄滞过程促进湿地系统的恢复或重构，进行多用途景观空间设计，构建低影响开发模式的海绵城镇。以北京市房山区为例，采用区域地貌-水文-湿地空间耦合分析方法，通过分析水景观湿地与水文地貌特征的空间关联特征，提出面向城镇雨洪资源利用与城镇水景观湿地恢复重建的新途径，在景观湿地建设及生态恢复中取得了较好效果。

6 结语

本文通过系统总结城市产汇流模拟方法和雨洪模型研究进展等，比较不同方法的优劣，分析出适用于平原城镇地区的雨洪模拟途径。雨洪资源化利用主要通过水库风险调度、蓄滞洪区及湖泊洼淀调蓄、平原河网联调、低影响开发设施等方式实现，总结了不同资源化利用方式的应用实例，对相关领域研究和实践具有较大借鉴意义。建议下一步从多源雨洪信息及气象-水文耦合的预测预报、水库群汛期运行水位动态控制、平原河网联调全过程风险控制、生态型雨水疏渗集蓄综合利用与配套装备等方面，展开更深入的研究。

参 考 文 献

［1］ 周峰，吕慧华，许有鹏．城镇化下平原水系变化及河网连通性影响研究［J］．长江流域资源与环境，2017，26（3）：402－409.

［2］ 吴一凡，刘彦随，李裕瑞．中国人口与土地城镇化时空耦合特征及驱动机制［J］．地理学报，

2018，73（10）：1865－1879.

［3］ 张靖晨. 基于 SWMM 模型的深圳市某流域排涝系统规划研究［D］. 天津：天津大学，2017.

［4］ 胡伟贤，何文华，黄国如，等. 城市雨洪模拟技术研究进展［J］. 水科学进展，2010，21（1）：134－144.

［5］ 张建云. 城市化与城市水文学面临的问题［J］. 水利水运工程学报，2012（1）：1－4.

［6］ 谈广鸣，胡铁松. 变化环境下的涝渍灾害研究进展［J］. 武汉大学学报（工学版），2009，42（5）：565－571.

［7］ 张建云，宋晓猛，王庆，等. 变化环境下城市水文学的发展与挑战——I. 城市水文效应［J］. 水科学进展，2014，25（4）：594－605.

［8］ 朱杰. 城市化地区排涝计算中的几个问题［J］. 水利规划与设计，2008（1）：11－13.

［9］ 代斌. 城市化对海河天津段防洪排涝影响的研究［D］. 南京：河海大学，2005.

［10］ 王昊，张永祥，唐颖，等. 暴雨洪水管理模型的城市内涝淹没模拟［J］. 北京工业大学学报，2018，44（2）：303－309.

［11］ 刘攀. 水库洪水资源化调度关键技术研究［D］. 武汉：武汉大学，2005.

［12］ 邵东国，李玮，刘丙军，等. 抬高水库汛限水位的洪水资源化利用研究［J］. 中国农村水利水电，2004（9）：26－29.

［13］ 李玮. 洪水资源化利用模式及风险分析［D］. 武汉：武汉大学，2004.

［14］ 刘昌明，张永勇，王中根，等. 维护良性水循环的城镇化 LID 模式：海绵城市规划方法与技术初步探讨［J］. 自然资源学报，2016，31（5）：719－731.

［15］ 章双双，潘杨，李一平，等. 基于 SWMM 模型的城市化区域 LID 设施优化配置方案研究［J］. 水利水电技术，2018，49（6）：10－15.

［16］ 吴志宜. 余姚市平原水网区洪涝模拟和预测的应用研究［D］. 杭州：浙江大学，2017.

［17］ 邵玉龙，许有鹏，马爽爽. 太湖流域城市化发展下水系结构与河网连通变化分析——以苏州市中心区为例［J］. 长江流域资源与环境，2012，21（10）：1167－1172.

［18］ 王腊春，江南，周寅康，等. 太湖流域洪涝灾害评估模型［J］. 测绘科学，2003，28（2）：35－38.

［19］ 张建涛. 上海市中心城区雨洪模型研究［D］. 南京：河海大学，2007.

［20］ Bosch J M, Hewlett J D. A review of catchment experiments to determine the effect of vegeration change on water yield and evapotranspiration［J］. Journal of Hydrology, 1982, 55：3－22.

［21］ Richey J E, Nobre C, Deser C. Amazon River discharge and climate variability：1903－1985［J］. Science, 1989, 246：101－103.

［22］ Bari M A, Smettem K R J, Sivapalan M. Understanding changes in annual runoff following land use changes：a systematic data based approach［J］. Hydrological Processes, 2005, 19（13）：2463－2479.

［23］ Pfister L, Kwadijk J, Musy A, et al. Climate change, land use change and runoff prediction in the Rhine－Meuse basins［J］. River Research and Applications, 2004, 20（3）：229－241.

［24］ Bronstert A, Bardossy A, Bismuth C, et al. Multi－scale modeling of land－use change and river training effects on floods in the Rhine basin［J］. River Research and Applications, 2007, 23：1102－1125.

［25］ 李建柱. 流域产汇流过程的理论探讨及其应用［D］. 天津：天津大学，2008.

［26］ Campans N A, Tucci C E M. Predicting floods from urban development scenarios：case study of the Dilúvio Basin, Polo Alegre, Brazil［J］. Urban Water, 2001, 3（1－2）：113－124.

［27］ 王船海，王娟，程文辉，等. 平原区产汇流模拟研究［J］. 河海大学学报（自然科学版），2007（6）：627－632.

［28］ 冯淑琳. 泰州市城区不同土地利用方式下产汇流模拟［D］. 扬州：扬州大学，2013.

［29］ 李荣，李义天，曹志芳. 河网水情预报的神经网络模型及应用［J］. 应用基础与工程科学学报，2000，8（2）：179－186.

[30] 李振．济南市降雨入渗及下垫面产汇流特性研究 [D]．济南：山东建筑大学，2009.

[31] 于畅，郝曼秋，高成，等．平原城市自排区排涝模数计算方法研究 [J]．水资源与水工程学报，2014，25（6）：184－186，192.

[32] 张靖晨．基于 SWMM 模型的深圳市某流域排涝系统规划研究 [D]．天津：天津大学，2016.

[33] 宋晓猛，张建云，王国庆，等．变化环境下城市水文学的发展与挑战——II．城市雨洪模拟与管理 [J]．水科学进展，2014，25（5）：752－764.

[34] 岑国平．城市雨水径流计算模型 [J]．水利学报，1990（10）：68－75.

[35] 周玉文，赵洪宾．城市雨水径流模型研究 [J]．中国给水排水，1997，13（4）：4－6.

[36] 耿艳芬．城市雨洪的水动力耦合模型研究 [D]．大连：大连理工大学，2006.

[37] 曾扬．水库风险调度与湖南省洪水资源化利用 [J]．湖南水利水电，2005（5）：31－33.

[38] 刘波．变化环境下石门水库洪水资源化利用可行性分析及风险效益评价研究 [J]．水土保持应用技术，2018，182（2）：16－17，25.

[39] 廖昭迪．城西湖蓄洪区洪水资源化利用初步探讨 [J]．城市建设理论研究（电子版），2015，5（12）：1932.

[40] 王文广．天津市雨洪水资源化利用探讨 [J]．北京水务，2012（6）：7－10.

[41] 孙艳伟，魏晓妹，Pomeroy C A．低影响发展的雨洪资源调控措施研究现状与展望 [J]．水科学进展，2011，22（2）：287－293.

[42] 李继清，李建昌，纪昌明．一种基于库容补偿法的梯级水库洪水资源化利用方法：中国，CN201810003590.1 [P]．2018－9－28.

[43] 徐丽娟，郝娜．大清河系洪水资源化利用初探 [J]．水科学与工程技术，2013（s1）：20－22.

[44] 郭方，刘国纬．海河流域洪水资源化利用初析 [J]．海河水利，2004（1）：8－11.

[45] 聂成良，聂汉江．基于河渠和坑塘联通的雨洪资源综合利用研究 [J]．水利科技与经济，2016（11）：86－90.

[46] 张虹，周德民，胡珊珊，等．利用雨洪资源恢复北京市房山区水景观湿地研究 [J]．湿地科学，2016，14（1）：12－19.

[47] 王银堂，胡庆芳，高长胜．流域雨洪资源高效开发利用技术及示范 [J]．中国环境管理，2017，9（3）：113－114.

汉北流域"自然-社会"二元水特征浅析

闫少锋 曹国良 曾台衡

[摘要] 随着社会经济的发展，在高强度人类活动的影响下，汉北流域水资源状况发生了极大的变化，尤其是在三峡水库蓄水运用和南水北调中线调水的影响下，汉北流域水资源短缺的问题日益凸显。本文对湖北省、汉北流域的自然水资源量、社会用水量进行了初步分析，并针对汉北流域水循环的"自然-社会"二元特性，对流域的水资源、水循环情况进行了分析。分析表明，湖北省自然水资源量呈减小趋势，社会用水量呈增大趋势，用水压力持续增大；汉北流域用水压力同样突出，需要对用水进行严格控制，提高水资源管理效率。

[关键词] 二元水循环；自然水循环；社会水循环；水资源；汉北流域

1 引言

由于高强度人类活动的影响和自然来水的减少，水资源的供需矛盾日益凸显，水资源短缺已成为全球性问题，并引发了一系列的水生态退化以及水环境恶化等生态环境问题。一方面，中国水资源本底差是客观存在的；另一方面，受人为活动的影响、水资源管理的不完善也进一步加剧了这一危机。由于水资源短缺引发了一系列与水相关的生态问题和环境问题，要实现可持续发展的水资源利用，必须维持水资源的和谐发展。

由于人类活动的影响，实际存在的水循环包括自然系统水循环与社会系统水循环两部分。社会经济系统水循环主要有农业水循环、工业水循环、生活水循环等，包括取水、供水、用水、耗水、中水回用、排水（回归水）等几个环节。自然水循环与社会水循环相互联系，相互影响，构成了矛盾着的统一体——水循环的整体。在现代社会，人类社会系统与自然水资源系统的相互作用是空前的。水在社会经济系统的活动状况正成为控制社会系统与自然水系统相互作用的主导力量。因此，在研究水在自然界中的运动过程的同时，也应关注水在经济社会系统的运动过程。

近年来，众多学者在二元水循环方面开展了大量的研究。王浩院士提出了"自然-人工"二元水循环基本结构与模式，给出了社会水循环的科学概念。王浩等论述了基于二元模式的年径流演化理论并应用于无定河流域、提出了基于二元水循环模式的水资源评价理论方法。王西琴等研究了基于二元水循环的河流生态需水水量与水质综合评价方法。周祖昊等探析了基于二元水循环理论的用水评价方法。魏娜等研究了基于二元水循环的用水总量与用水效率控制研究。同时,《自然》和《科学》等知名期刊也有大量关于人为活动、社会经济发展对河流生态环境影响的研究,Bakker K、Palmer MA、Vörösmarty C J、Lovett R 以及 O'Connor J E 等研究了流域引水、水资源开发等社会活动对河流水资源安全、水生态系统的影响研究。人为活动、社会经济发展对水循环的影响研究逐渐受到国外研究学者重视,标志着水科学领域对社会水循环作用于自然水循环过程的认识已进入深刻化与系统化阶段。

有了人类活动以后,发挥单一生态功能的流域自然水循环格局就被打破,形成了"自然-社会"二元水循环。人类社会经济发展服务的社会水循环结构日趋明显,水不单纯在河道、湖泊中流动,而且在人类社会的城市和灌区里通过城市管网和渠系流动,水不再是仅依靠重力往低处流,而可以通过人为提供的动力往高处流、往人需要的地方流,这样就在原有自然水循环的大格局内,形成水循环的侧枝结构——社会水循环,使得流域尺度的水循环从结构上看,也显现出"自然-社会"二元水循环结构;随着人类社会经济活动发展,社会水循环日益强大,使得水循环的功能属性也发生了深刻变化,即:在自然水循环中,水仅有生态属性,但流域二元水循环中,又增加了环境、经济、社会与资源属性,强调了用水的效率(经济属性)、用水的公平(社会属性)、水的有限性(资源属性)和水质与水生陆生生态系统的健康(环境属性),因此从水循环功能属性上看,流域水循环也演变成了"自然-社会"二元水循环。

汉北流域位于湖北省中南部,人口居住密集,人均水资源量为 $1100m^3$,低于湖北省人均水资源量 $1658m^3$,属水资源相对较缺乏地区。在高强度的人为活动影响下,水循环具有明显的"自然-社会"二元特性,在人为干涉下,呈现出流域产流、河川径流等自然水循环通量显著减少,而供水、用水、耗水、排水等社会水循环通量日益增大的演变趋势。为全面诊断和解决流域水资源的问题,本文对汉北流域的自然、社会水循环进行了分析,从而为水循环过程调控和水资源管理提供支撑。

2 自然水循环与社会水循环综合分析

2.1 自然水循环

水循环包括自然水循环和社会水循环。在人类社会早期,人类活动对水资源的影响尚且很弱,流域水循环主要是指降水、蒸发、径流、水汽输送等自然现象,具体表现为大气水、地表水、土壤水、地下水等四种不同的形态。各形态的水量保持相对稳定,不会发生较大的变动,时刻处于动态平衡之中,这就是自然水循环。

自然水循环的要素一直处于四种形态,所有的水因子都在这四种形态间发生、消长、变化,根据外在环境的变化,在此四种状态间进行不中断的循环,主要的运动过程有水汽输送、降水、蒸发、径流、入渗等。自然水循环的各项因子在不同状态间此消彼长，但其总量和多年平均值是保持相对稳定的，一般不会随外界因素的改变而发生较大变化，这就是自然水循环的平衡。

2.2 社会水循环

随着人类活动的加强，人类已不满足简单的用水需求方式，在劳动过程中积累了更多的取水用水经验，包括修建水库蓄水、开挖水渠、利用水泵提水等来满足自身日益增长的需求，原来单一的自然水循环状态被打破，最明显的反应在自然水资源通量的改变上。地表水资源量锐减、江河湖泊径流萎缩、地下水位下降等现象，表明自然水循环的通量日益减少，而水工建筑物、生活用水、污水排放量的增多，表明社会水循环通量越来越大，这种人类为满足自身需求而人工干预的水循环则称为社会水循环。社会水循环主要由人类活动的影响造成，包括农业水循环、工业水循环、生活水循环等。社会水循环与自然水循环，二者相互联系，相互影响。

社会水循环系统包含取水系统、供水系统、用水系统、排水系统、再生回用系统。

2.2.1 取水系统

取水系统是自然水循环与社会水循环的分离点，主要包括地表水取水系统、地下水取水系统等，是人类社会利用水资源的起点，地表水通过蓄、引、提、调等过程，地下水通过水泵抽取等过程，进入供水系统。取水系统的水源地一般为最邻近的江河湖泊或地下水源，但人们的用水量日益增加且得不到满足，导致人类将目光投向更远处的水资源，从而出现了大规模远距离调水等一系列取水工程，同时多方面开源，例如加大雨水收集、污水回用、海水淡化等非常规水源的开发使用力度，来满足经济社会的用水需求。

2.2.2 供水系统

供水系统是社会水循环的关键环节，主要由水厂与输配水管网组成。首先需要从地表水源或地下水源地进行取水，然后通过输水管道，一般送至最近的水厂进行一系列水质处理，直至水质达到相应标准后，再经配水管网送到不同的用水户，此过程中可能需要二次加压。目前水厂多为地表水厂、地下水厂，但水资源短缺促使更多的水源（包括雨污水、海水淡化等）得到利用，因此也新建了各种相应的水厂。

2.2.3 用水系统

用水系统是社会水循环的目的所在，根据不同的用水户，用水系统又可划分为不同的子系统，包括生活用水系统、生产用水系统以及生态用水系统，各子系统对水质的要求不同，因而也需要通过不同的配水管网进行输送。对水质要求最高的是生活用水，其次是生产用水，最后为生态景观用水。

2.2.4 排水系统

排水系统是指对排放的废污水的回收、处理、再利用。经不同用水用户使用过的废水，均受到不同程度的污染，理化性质得到改变，此时需经排水管网进行回收、处理，直到达到相应的排水标准。根据水质的处理程度，一部分水质标准较高的可用于地下水回灌、生态景观用水等，另一部分直接排入河道，回归自然水循环当中。

2.2.5 再生回用系统

再生回用系统是水循环的纽带，一部分处理达标的污水，重新作为水源供给回到用水系统，将整个水循环系统重新联结在一起。社会水循环的通量日益增加，导致污水排放规模也越来越大，因此需加大污水的处理力度，防止未经处理的污水直接排入河道，同时，要更加重视污水的再生回用，有效增加水源，缓解水资源短缺局面。

社会水循环过程如图1所示。

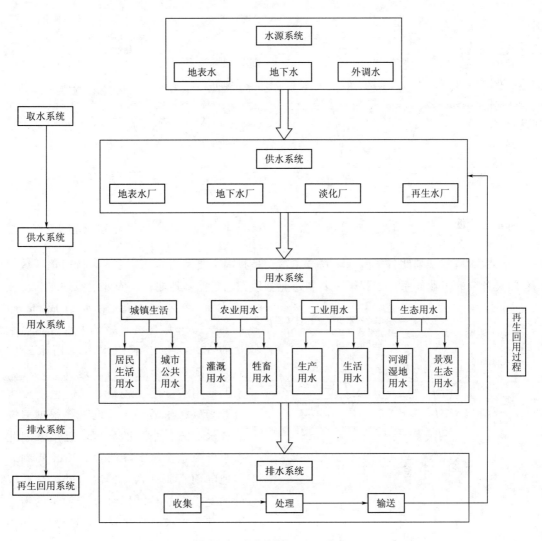

图1 社会水循环过程图

2.3 自然水循环与社会水循环综合分析

根据《中国水资源公报》《湖北省水资源公报》发布的水资源数据，对全国、湖北省水资源情况进行分析，如图2～图5所示。

图2、图3为1997—2016年全国水资源总量与用水量的变化图，分别代表自然水循环通量和社会水循环通量。如图2所示，近20年来全国水资源总量总体呈现出小幅度递减的趋势，表明水资源总量在减少，自然水循环通量在减少；如图3所示，近20年来全国用水量基本呈现逐年增长的态势，社会水循环通量在增加。自然水循环通量的减少与社会水循环通量的大幅度增加之间产生了一个较大的用水矛盾，随着时间的推移，矛盾会持续加大。

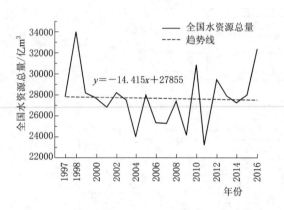

图2 1997—2016年全国水资源总量变化图

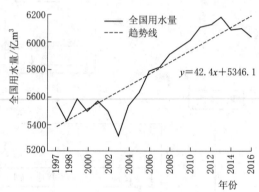

图3 1997—2016年全国用水量变化图

汉北流域位于湖北省中南部，物产丰富，是我国主要商品粮基地之一，同时该区域拥有门类齐全的工业体系，是我国主要制造业基地和老工业基地之一。农业灌溉用水、工业用水是该区域主要用水组成部分，1999—2016年，农业灌溉用水占总用水量的53.6%，工业用水占总用水量的33%。随着社会经济的迅速发展，社会水循环用水量增长较快，同时也引发水资源短缺、水质污染等问题。根据《湖北省水资源公报》的数据，近年来湖北省水资源总量呈下降趋势（2016年湖北多地降雨百年一遇，情况特殊，存在统计偏差，不考虑2016年水资源量的情况下，湖北省水资源量呈下降趋势），如图

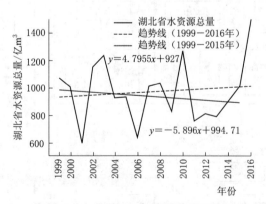

图4 1999—2016年湖北省水资源总量

4所示；同时地下水总量也呈下降趋势，如图5所示；而省内用水量却呈大幅度上升趋势，水资源形势严峻，如图6所示。

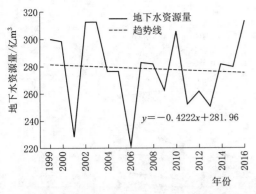

图 5　1999—2016 年湖北省地下水资源总量

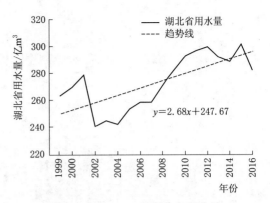

图 6　1999—2016 年湖北省用水量

2.3.1　湖北省社会用水分析

2.3.1.1　居民生活用水量

基于《湖北省水资源公报》（2003—2016 年）统计湖北省各行政区的生活用水量，如图 7 所示。湖北省各行政区的居民家庭生活用水量从 2003 年到 2016 年均呈上升趋势，其中武汉市居民生活用水量最大，且上升趋势最为明显。

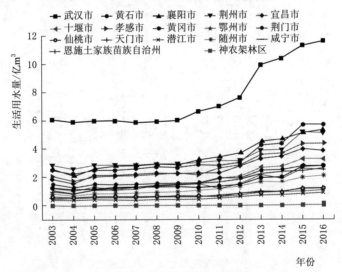

图 7　2003—2016 湖北各行政区生活用水量

2.3.1.2　工业用水量

图 8 所示为湖北省各行政区工业用水情况，黄石市、襄阳市、十堰市、孝感市、黄冈市、鄂州市、荆门市、天门市、潜江市、咸宁市、恩施土家族苗族自治州、神农架林区呈上升趋势，其余地区表现为下降趋势。武汉市工业用水高于其他行政区，平均年工业用水量占据了湖北省工业用水总量的 19.2%。

2.3.1.3　农业用水量

图 9 为湖北省部分行政区 2003—2016 年农业用水变化趋势，图中可见湖北省近年来农业用水呈上升趋势，其中除武汉市、黄石市、十堰市、随州市、咸宁市以及神农架林区农业用水呈下降趋势外，其余均为上升趋势。

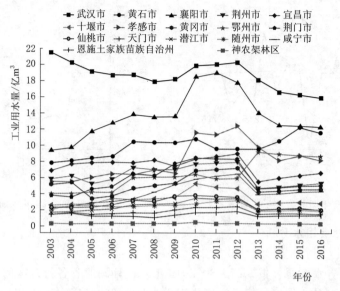

图 8　2003—2016 年湖北各行政区工业用水量

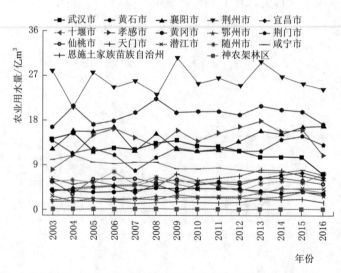

图 9　2003—2016 年湖北省各行政区农业用水量

　　以上对湖北省各行政区的居民生活用水、工业用水以及农业用水量进行了统计分析。总体上来说，湖北省用水量较高，各行政区的居民生活用水、工业用水以及农业用水主要表现为逐年上升趋势，水资源压力较大。

2.3.2　汉北流域社会用水分析

　　汉北流域主要涉及范围包括钟祥市、京山县、孝感市（云梦县、应城市、汉川市）、天门市，基于上文对各行政区社会用水的分析，汉北流域内社会用水呈上升趋势，用水需求呈增大趋势。

　　对 2015 年汉北流域范围内行政区的提水、蓄水、引水以及地下水供应量和用水情况进行分析计算，详见图 10、图 11。提水、蓄水、引水以及地下水供应和用水的主要活跃

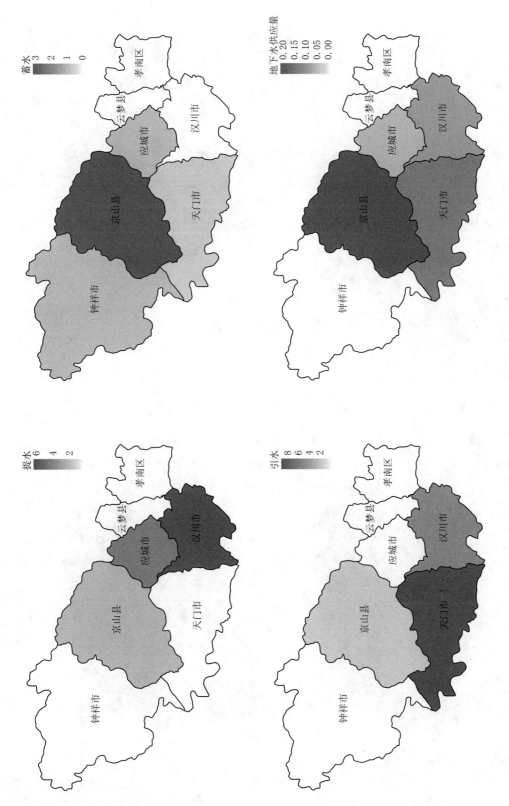

图 10　2015年汉北流域行政区提水、蓄水、引水以及地下水供应情况（单位：亿m³）

图 11　2015 年汉北流域各行政区用水情况（单位：亿m³）

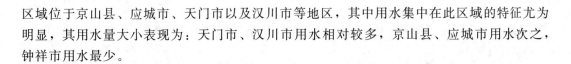

区域位于京山县、应城市、天门市以及汉川市等地区，其中用水集中在此区域的特征尤为明显，其用水量大小表现为：天门市、汉川市用水相对较多，京山县、应城市用水次之，钟祥市用水最少。

3 结论

（1）基于对水资源公报数据的分析，全国、湖北省均表现为总体水资源量减少、用水量增多趋势，用水压力问题趋于严重。

（2）对湖北省各行政区的居民生活用水、工业用水以及生活用水量进行分析，结果显示，湖北省各行政区的社会用水情况整体呈上升趋势，用水缺口呈增大趋势。

（3）汉北流域人均水资源量较低，而社会用水呈逐步上升趋势，当地部分用水（农业用水为主）通过汉江引水进行补充，以缓解流域水资源短缺问题。在未来水资源管理中，在引水的基础上，还需要对汉北流域用水进行严格控制，提高水资源管理效率，以缓解流域水资源短缺的问题。

4 结语

在人类活动影响下，流域水资源情况正在发生前所未有的变化，流域水资源的"自然-社会"二元属性日益增强，人们对流域水资源二元属性的探索愈发重要。本文仅针对自然、社会水资源量进行了分析探讨，但是河流水生态、水环境同样受水资源二元属性的影响，水资源短缺、水环境恶化及水生态退化三大问题间的关系错综复杂。在未来的研究中，不仅要考虑水资源量的多寡，同时还要将水环境、水生态问题结合起来进行研究，以保证流域水系统和经济社会的可持续发展。

参 考 文 献

[1] 袁鑫 . 蒲河流域二元水循环生态需水研究 [J]. 水利发展研究，2015，15（4）：32 - 34.

[2] 王浩，杨贵羽 . 二元水循环条件下水资源管理理念的初步探索 [J]. 自然杂志，2010，32（3）：130 - 133.

[3] 王西琴，刘昌明，张远 . 基于二元水循环的河流生态需水水量与水质综合评价方法——以辽河流域为例 [J]. 地理学报，2006，61（11）：1132 - 1140.

[4] 崔琬苗，张弘，刘韬，等 . 二元水循环理论浅析 [J]. 东北水利水电，2009，27（9）：7 - 8.

[5] 王浩，陈敏建，秦大庸，等 . 西北地区水资源合理配置和承载能力研究 [M]. 郑州：黄河水利出版社，2003.

[6] 王浩，王成明，王建华，等 . 二元年径流演化模式及其在无定河流域的应用 [J]. 中国科学：技术科学，2004，34（s1）：42 - 48.

[7] 王浩，王建华，秦大庸，等 . 基于二元水循环模式的水资源评价理论方法 [J]. 水利学报，2006，

37 (12)：1496 - 1502.

[8] 周祖昊，王浩，贾仰文，等．基于二元水循环理论的用水评价方法探析 [J]．水文，2011，31 (1)：8 - 25.

[9] 魏娜，游进军，贾仰文，等．基于二元水循环的用水总量与用水效率控制研究——以渭河流域为 例 [J]．水利水电技术，2015，46 (3)：22 - 26.

[10] Bakker K. Water security：Research challenges and opportunities [J]. Science, 2012, 337（6097）：914 - 915.

[11] Palmer M A. Water resources：Beyond infrastructure [J]. Nature, 2010, 467 (7315)：534 - 535.

[12] Vörösmarty C J，Mclntyre P B，Gessner M O，et al. Global threats to human water security and river biodiversity [J]. Nature, 2010, 467：555 - 561.

[13] Lovett R A. Dam Remal：Rivers on the run [J]. Nature, 2014, 511：521 - 523.

[14] O'Connor J E, Duda J J, Grant G E. 1000 dams down and counting [J]. Science, 2015, 348 (6234)：496 - 497.

[15] 王浩，贾仰文．变化中的流域"自然-社会"二元水循环理论与研究方法 [J]．水利学报，2016，47 (10)：1219 - 1226.

[16] 刘家宏，秦大庸，王浩，等．海河流域二元水循环模式及其演化规律 [J]．科学通报，2010，55 (6)：512 - 521.

基于水环境改善的城市湖泊群河湖连通方案研究

杨卫

[摘要] 河湖水系连通作为水资源调配、水生态修复与改善的重要手段，已成为江河湖泊治理工作的重点之一。河湖水系连通方案的选择和连通效应的评估直接关系到连通工程对湖泊水动力和水环境的改善效果，但目前缺乏对水系连通后河湖水动力和水质的综合评估体系。本文以汤逊湖湖泊群为研究对象，构建二维水动力水质数学模型，选取 NH_3-N、TN 和 TP 作为水质指标，模拟不同连通方案下汤逊湖湖泊群的流场及水质变化情况，结合水动力、水质和经济社会三个方面的评价指标建立综合评价体系，对各连通方案下湖泊群的改善效果进行评估。研究结果表明：引水后湖泊水体流动性有了很大的改善，河湖连通工程能够在短时间内达到改善湖泊水质的目的，但随着引水时间的增长，改善率逐渐减小。通过对比五种连通方案发现，方案五对水动力和水质的改善都取得了最显著的效果，且能够带来最大的引水效益。

[关键词] 河湖连通；水动力水质模型；水环境改善；方案评估；汤逊湖湖泊群

1 引言

城市湖泊是城市的重要水体形态，在抵御洪水、调节径流、改善气候、维持生态平衡等方面发挥着重要作用。近年来，随着城市化进程的加快，我国城市湖泊面临着个数锐减、面积萎缩、水系割裂等重大问题，致使湖泊调蓄功能弱化，自净能力下降，生态功能逐步丧失。生活污水、工业废水的排入造成湖泊氮、磷含量严重超标，水体富营养化日益严重。目前，大部分城市湖泊的水质难以达到使用功能的要求，对城市居民的健康和生态安全构成严重威胁。

河湖水系连通作为水资源调配、水生态修复和改善、水灾害防御的重要手段，在国内外得到了广泛应用。河湖水系连通通过以动制静、以清释污，达到恢复湖泊自净能力、提高水环境容量和改善水质的目的，对于水资源的可持续利用、支持经济社会发展、提高生态文明水平具有重要意义。目前，河湖水系连通的技术理论和评估方法尚处于探索阶段，一些专家学者对河湖连通工程改善效果进行了研究。康玲等建立湖泊群水动力水质模型，分析比较了三种调度模式下大东湖的 COD、TN 和 TP 水质改善效果。Xie Xingyong 等通过对比引水前后的 TN、TP 和 Chl－a 浓度，表明调水能够有效改善巢湖水质。陈振涛等利用水质改善率、类别变化指数和浓度变化指数分析了不同的引水水量和水源水质方案下河网水质改善情况。这些研究大多将水质改善效果作为连通方案确定的依据,也有一些研究关注河湖连通后湖泊水动力改善效果,并以此确定最佳连通方案。Li Yiping 等通过湖体水龄来研究引江济太工程下不同引水路线、流量和风场等对太湖的影响。卢绪川等以换水率为研究对象,分析不同调水方案下太仓市主城区河网水体交换的改善情况。此外,还有一些其他指标来评估河湖连通改善效果。刘佳明等提出成本与效益评估方法,对八种不同引水流量工况模拟结果进行分析,计算得到磁湖最佳引水流量方案。谢丽莉等通过河道水面线、城市水面率、河湖生态水量等指标分析潮州市城区河湖连通后的防洪、生态、水文化景观效果。

这些研究大多仅对河湖连通后湖泊水动力或水质改善效果单一方面进行评价,作为确定连通方案的依据,缺乏湖泊水动力和水质改善的综合评估体系。由于河湖连通是通过改善湖泊的水动力条件,加快水资源循环更新速度,从而提高湖泊的自净能力,改善湖泊的水环境质量。因此,单指标评价方法不能全面地反映河湖连通工程对湖泊水动力和水环境的改善效果,从而造成连通方案选择的不合理。本文以汤逊湖湖泊群为研究对象,构建二维水量水质数学模型,从水动力评价指标、水质评价指标和社会经济指标三个方面建立河湖连通方案评价体系,对五种连通方案下汤逊湖湖泊群的水动力和水质改善情况进行综合评估,提出最佳的连通方案。

2 研究区域概况

汤逊湖位于武汉市东南部,是国内最大的城中湖,横跨江夏、洪山和东湖高新科技开发区 3 个行政区,面积为 52.19km²,调蓄容积为 3285 万 m³,流域汇水面积为 206.80km²,是武汉市的备用水源地。汤逊湖流域属于我国长江中下游典型的平原水网地区,河道纵横交错,通过青菱河、巡司河与周围的青菱湖、黄家湖、南湖等湖泊相互连通,形成庞大的河湖水网体系。

近几十年来,由于汤逊湖湖泊群周边人口密度不断增加、产业园与开发区的快速建设以及水产养殖的迅猛发展,大量营养物质进入湖泊,导致湖泊水质逐渐恶化,富营养化日趋严重,湖泊生态健康受到严重威胁。2011—2013 年汤逊湖整体水质为Ⅳ类,2014 年以后汤逊湖整体水质已降至Ⅴ类,南湖、野湖、野芷湖水质目前均为劣Ⅴ类,远低于规划的水质管理目标,难以达到使用功能的要求。针对汤逊湖湖泊群的水环境问题,武汉市提出实施河湖水系连通工程,完善汤逊湖水系与大东湖水系、梁子湖水系的水力联系,通过引江济湖和湖湖连通,将"死水"变"活水",恢复汤逊湖湖泊群的水生态环境。如图 1 所示。

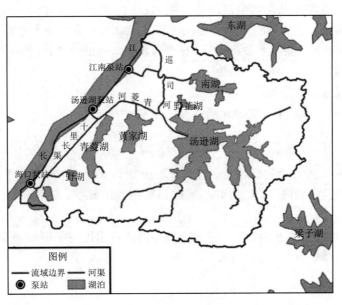

图 1　汤逊湖水系图

3　研究方法

3.1　基于 DEM 的二维水动力-水质数学模型

汤逊湖湖泊群水面面积较大，平均水深在 $1.5 \sim 3.3 \mathrm{m}$ 之间，湖底的平均坡降约为 5‰，其垂直方向的尺度远小于水平方向上的尺度，是典型的宽浅型湖泊，因此假定沿水深方向上的分布是均匀的，采用基于 DEM 的平面二维水动力-水质模型来描述湖泊流场和水质浓度的动态变化过程。

3.1.1　水动力模型

二维非恒定浅水运动方程为

$$\frac{\partial h}{\partial t}+\frac{\partial hu}{\partial x}+\frac{\partial hv}{\partial y}=q \tag{1}$$

$$\frac{\partial hu}{\partial t}+u\frac{\partial hu}{\partial x}+v\frac{\partial hu}{\partial y}=fhv-g\frac{\partial h^2}{\partial x}-gh\frac{\partial z}{\partial x}-gn^2\frac{u\sqrt{u^2+v^2}}{h^{1/3}}+\frac{\partial}{\partial x}\left(\varepsilon_x h\frac{\partial u}{\partial x}\right)$$
$$+\frac{\partial}{\partial y}\left(\varepsilon_x h\frac{\partial u}{\partial y}\right)+\frac{C_a\rho_a W_x(W_x^2+W_y^2)^{1/2}}{\rho} \tag{2}$$

$$\frac{\partial hv}{\partial t}+u\frac{\partial hv}{\partial x}+v\frac{\partial hv}{\partial y}=-fhu-g\frac{\partial h^2}{\partial y}-gh\frac{\partial z}{\partial y}-gn^2\frac{v\sqrt{u^2+v^2}}{h^{1/3}}+\frac{\partial}{\partial x}\left(\varepsilon_y h\frac{\partial v}{\partial x}\right)$$
$$+\frac{\partial}{\partial y}\left(\varepsilon_y h\frac{\partial v}{\partial y}\right)+\frac{C_a\rho_a W_y(W_x^2+W_y^2)^{1/2}}{\rho} \tag{3}$$

式中：x、y 分别为湖水纵向和横向的流动距离；t 为水体流动时间；q 为湖泊的区间入流；u、v 分别为 x、y 方向的流速；h 为水深；z 为水位；g 为重力系数；f 为柯氏力常数；n 为糙率；C_a 为风阻力系数；ρ、ρ_a 分别为水和空气的密度；ε_x、ε_y 分别为 x、y 方向的涡动黏滞系数；W_x、W_y 分别为 x、y 方向上的风速。

3.1.2 污染物迁移转化方程

根据质量平衡原理，平面二维水质迁移转换基本方程为

$$\frac{\partial hc}{\partial t} + u\frac{\partial hc}{\partial x} + v\frac{\partial hc}{\partial y} = \frac{\partial}{\partial x}\left(E_x\frac{\partial hc}{\partial x}\right) + \frac{\partial}{\partial y}\left(E_y\frac{\partial hc}{\partial y}\right) + h\sum S_i \tag{4}$$

式中：c 为湖泊中某种污染物的浓度；E_x、E_y 分别为 x、y 方向的分子扩散系数、紊动扩散系数和离散系数之和；$\sum S_i$ 为湖泊水体污染物的汇源项；其他符号意义与水运动方程相同。

模型采用有限体积法进行离散，通过交替方向隐式迭代法（ADI）和三对角矩阵直接算法（TDMA）求解。

3.2 连通方案评估方法

结合二维水动力-水质数学模型模拟结果，对引水前后湖泊的水动力和水质状况进行综合分析评估。利用湖泊流速、水体滞水区面积比例和流场分布等对湖泊水动力条件进行评估，通过浓度改善率、浓度变化指数和水质类别比例、水质超标率等指标对引水后湖泊水质改善情况进行评估，通过环境效益、运行成本、净效益等对河湖连通带来的经济效益进行评估。

这些指标分别从不同角度反映湖泊水体的改善程度，本文建立的综合评价体系见表1。

表 1 河湖连通方案评价体系

指标类别	指标名称	单位	指 标 含 义
水动力评价指标	全湖平均流速	m/s	反映湖泊置换速率和自我恢复能力。湖水流速大，则水体活性较好，复氧能力强
	最大流速	m/s	反映引水后湖泊的最大水流流速
	滞水区面积比例	%	反映滞水区或死水区面积大小，滞水面积小，表明湖水整体更新程度好
水质评价指标	水质浓度改善率	%	反映湖泊各水质指标的变化趋势及改善程度
	浓度变化指数	—	反映整体水质的改善程度，浓度变化指数越大，说明水质改善效果越好
	水质类别比例	%	反映引水前后水质变化的空间分布情况
	水体超标率	%	反映湖泊超标水体面积的变化情况
社会经济指标	环境效益	万元	反映引水后污水治理费用减少所带来的效益
	运行费用	万元	反映工程运行期间产生的费用
	净效益	万元	评估方案好坏，净效益越大，引水效果越好

3.2.1 水质浓度改善率

水质浓度改善率计算公式为

$$R_i = \frac{C_{bi} - C_{ai}}{C_{bi}} \times 100\%$$ (5)

式中：R_i 为第 i 种水质指标的浓度改善率；C_{bi} 为引水前第 i 种污染物的平均浓度；C_{ai} 为引水后第 i 种污染物的平均浓度。

$R_i > 0$，说明引水后水质得到改善；$R_i < 0$，说明引水后水质恶化；R_i 越大，说明水质改善程度越大。

3.2.2 浓度变化指数

浓度变化指数计算公式为

$$P = \frac{2}{n} \sum_{i=1}^{n} \frac{C_{bi} - C_{ai}}{C_{bi} + C_{ai}}$$ (6)

式中：P 为浓度变化指数；C_{bi} 为引水前第 i 种污染物的平均浓度；C_{ai} 为引水后第 i 种污染物的平均浓度，n 为参加评估因子的数目。

P 用来综合反映多种水质指标的变化趋势和变化程度，$P > 0$，说明引水后水质得到改善；$P < 0$，说明引水后水质恶化；P 越大，说明水质改善程度越大。

3.2.3 水体超标率

水体超标率是指超标水体的面积占总面积的比例，根据各水质指标超标水体比例的平均值进行计算。汤逊湖水质管理目标为Ⅲ类，因此汤逊湖水体超标率是指超过Ⅲ类标准的水体面积占总面积的比例。青菱湖、黄家湖水质管理目标为Ⅲ类，南湖、野湖水质管理目标为Ⅳ类。

水体超标率计算公式：

$$T = \frac{1}{n} \sum_{i=1}^{n} \frac{A_i}{A}$$ (7)

式中：T 为水体超标率；A_i 为第 i 种水质指标超标水体的面积；A 为湖泊总面积；n 为参加评估因子的数目。

3.2.4 成本和效益评估法

本文通过改进刘佳明提出的成本和效益评估法来评估不同方案的引水效益。效益是由于引水调控的作用，湖泊内污染物浓度降低，使得湖泊污水治理费用减少所带来的环境效益，不考虑引水带来的生态、景观等效益。污水治理费采用排污收费标准表征法，用调整后的污染物排放收费标准来表示，可通过式（8）进行计算：

$$B = P_b / \alpha$$ (8)

式中：B 为经济效益，即引水后减少的湖泊污水治理费；α 为调节系数，为排污收费对环境污染的补偿度，每年全国收取的排污费约为环保投入的 1/30，因此调节系数取 1/30；P_b 为引水后减少的污染物排放费，按排污者排放污染物的种类、数量以污染当量计征，按污染当量数多少取前三项污染物，本文取 NH_3-N、TN 和 TP。

$$P_b = \sum_{i=1}^{3} R_i N_i = \sum_{i=1}^{3} R_i \times \frac{M_{bi} - M_{ai}}{K_i}$$ (9)

式中：N_i 为第 i 种污染物指标减少的污染当量数；R_i 为每一污染当量的征收标准，NH_3-N、TN 和 TP 征收标准分别为每污染当量 1.4 元、0.7 元、0.7 元；M_{bi} 为引水前第 i 种污染物总量，kg；M_{ai} 为引水后第 i 种污染物总量，kg；K_i 为第 i 种污染物的污染当量值，kg，NH_3-N、TN 和 TP 污染当量值分别为 0.8kg、0.8kg、0.25kg。

在本文中，成本不考虑水系连通工程的建设成本，仅考虑其运行成本，主要为泵站的运行费用，可通过式（10）计算

$$C = P_c Q T \tag{10}$$

式中：C 为运行成本；P_c 为泵站单位引水量运行费，元/m³，可通过式（11）计算；Q 为引水流量，m³/s；T 是引水时间，s。

$$P_c = \frac{f \rho g H_{st}}{3600000 \eta_{st}} \tag{11}$$

式中：f 为当地电价，元/(kW·h)；ρ 为水的密度，kg/m³；g 为重力加速度，取 9.8N/kg；H_{st} 为泵站的净扬程，m；η_{st} 为泵站效率。

根据湖北省电网销售电价表（2016 年 6 月 1 日起执行），一般工商业电价为 0.85 元/(kW·h)。参考汤逊湖泵站取工作扬程为 6m，泵站效率 η_{st} 取 80%，计算得到泵站单位引水量运行费约为 0.017 元/m³。

工程净效益（E）为经济效益（B）与运行成本（C）的差值，当净效益大于 0 时，经济效益大于运行费用，说明方案是可行的。净效益越大，说明连通方案的改善效果越好。

4 二维水动力-水质数学模型构建

4.1 湖底地形与计算网格

根据已有的汤逊湖湖泊群水下地形图，利用 ArcGIS 工具生成 DEM 网格数据，得到模型的地形文件，如图 2 所示。空间步长纵向距离 $\Delta X = 30m$，横向距离 $\Delta Y = 30m$，汤逊湖、南湖、黄家湖、野湖、野芷湖和青菱湖分别被划分成 44526、8200、7496、1527、1805 和 7540 个网格。

4.2 初始及边界条件

汤逊湖湖泊群的水流运动受到湖面风场影响，风速取武汉市多年平均值 2.8m/s，风向取频率最高的东南风。时间步长取 3600s，初始浓度根据采样点，如图 3 所示实测浓度值插值生成湖泊浓度场，经模型反复计算，最终形成稳定的初始场，初始水位设定为湖泊的正常蓄水位，初始流速设为 0m/s。

边界条件包括引水口、出水口以及点源和面源的输入。入流边界采用流量条件控制，水质浓度采用实测资料输入，出流边界采用水位条件控制。汤逊湖湖泊群周边点源排污口

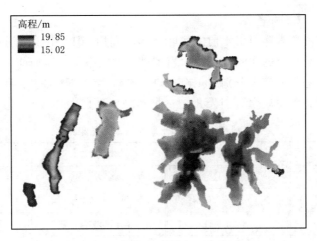

图 2　汤逊湖湖泊群水下地形图

众多，将其整合成 23 个排污口，如图 3 所示，采用实测的入湖点源浓度数据。城市面源污染主要是由降雨径流冲刷产生的，汤逊湖流域 NH_3-N、TN 和 TP 面源污染物平均年入湖总量分别为 93.5 t/a、204.5 t/a 和 74.2t/a，结合汤逊湖流域地形资料，对降雨径流的汇流路径进行分析，将汤逊湖流域划分成 24 个子汇水区，每个子汇水区概化成 1 个汇水入流口，位置如图 3 所示。由于缺乏面源污染实测数据，各汇水区面源污染根据汤逊湖流域年入湖面源总量，按降雨量和子汇水区面积大小进行时空分配。子汇水区的汇水流量根据径流系数法进行计算，根据王浩等研究，汤逊湖区域径流系数取为 0.49。降雨量采用邻近研究区域的武汉站实测逐小时降雨量数据。根据汤逊湖湖泊群水质超标情况选取 NH_3-N、TN 和 TP 为水质模拟指标。

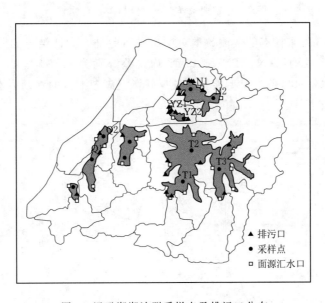

图 3　汤逊湖湖泊群采样点及排污口分布

4.3 模型率定和验证

根据汤逊湖湖泊群未连通引水前的实际情形，利用 2014 年 2 月汤逊湖、南湖、野芷湖和青菱湖的 9 个采样点的实测数据，对模型进行参数率定。连通前边界入流包括点源污染和面源污染，汤逊湖和南湖分别有 1 个出口。参数率定结果如表 2 和图 4 所示，率定期 NH_3-N、TN 和 TP 平均误差分别为 8.9%、10.27%、13.39%。

表 2   模型水动力和水质参数率定结果

参数名称	数值	参数名称	数值
柯氏力常数	$7.27\times10^{-5}/s$	风阻力系数	0.0012
横向扩散系数	$0.5\ m^2/s$	纵向扩散系数	$0.8\ m^2/s$
横向涡动黏滞系数	$8.9\ m^2/s$	纵向涡动黏滞系数	$8.9\ m^2/s$
糙率	0.02	NH_3-N 降解系数	0.05/d
TP 降解系数	0.008/d	TN 降解系数	0.015/d

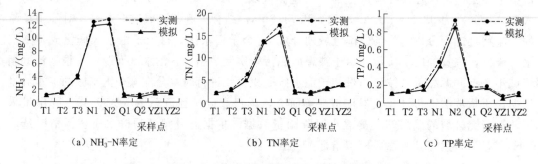

图 4   率定期采样点模拟值与实测值对比

利用 2014 年 6 月采样点的实测数据对模型进行验证，验证结果如图 5 所示，模拟值与实测值非常接近，NH_3-N、TN 和 TP 平均误差分别为 9.18%、11.14% 和 14.56%，说明建立的二维水量水质数学模型能较好地反映汤逊湖湖泊群的水动力水质情况，可以作为方案计算的有效工具。

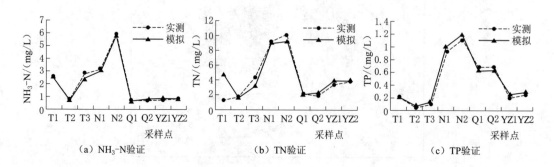

图 5   验证期采样点模拟值与实测值对比

5 汤逊湖水系连通方案评估研究

5.1 连通方案设计

根据《武汉市湖泊保护总体规划》，将汤逊湖水系与大东湖水系和梁子湖水系连通，最终实现长江、大东湖、梁子湖、汤逊湖、金水河互通的江南水网。从大东湖引水，通过新建渠道连通南湖和汤逊湖；从梁子湖引水，通过东坝河流入汤逊湖；如图1所示；出水由巡司河、青菱河经陈家山闸和汤逊湖泵站排入长江，并新建渠道流入下游黄家湖和青菱湖。

参考国内现有的调水工程引水库容比，选取 $40m^3/s$ 为引水流量。根据不同引水口和出水口组合，制定5种不同的连通方案，见表3。其中，引水路线如图1所示：①线路A：大东湖→南湖→野芷湖→汤逊湖→巡司河（青菱河）→汤逊湖泵站（陈家山闸）→长江；②线路B：大东湖→南湖→巡司河（青菱河）→长江；③线路C：梁子湖→东坝河→汤逊湖→巡司河（青菱河）→汤逊湖泵站（陈家山闸）→长江；④线路D：汤逊湖→黄家湖→青菱湖→野湖→十里长廊→海口泵站→长江。

表3　　　　　　　　　　　　　　　汤逊湖水系连通方案

连通方案	引水流量/(m³/s)		出水口情况	引水路线
	东湖	梁子湖		
方案一	40	0	出口1、出口2	线路A、线路B
方案二	0	40	出口2	线路C
方案三	40	40	出口1、出口2	线路A、线路B、线路C
方案四	0	40	出口2、出口3	线路C、线路D
方案五	40	40	出口1、出口2、出口3	线路A、线路B、线路C、线路D

初始水质根据采样点2014年实测水质数据的年平均值，生成湖泊初始浓度场。入流边界上，从东湖引水水质设定为东湖改善后的目标水质，根据《地表水环境质量标准》（GB/T 3838—2002）所规定的Ⅲ类水质标准，NH_3-N、TN和TP浓度分别为 1.0mg/L、1.0mg/L、0.05mg/L。由于目前南湖水质比汤逊湖差，因此对南湖排出的水进行处理，待达到Ⅲ类水质标准后再引入汤逊湖；从梁子湖引水水质设定为梁子湖现状水质，为Ⅱ类水，NH_3-N、TN和TP浓度分别为 0.5mg/L、0.5mg/L、0.025mg/L。出流边界采用水位控制在正常蓄水位。

5.2 各连通方案水环境改善评估

5.2.1 流场分析

通过数学模型对5种方案下湖泊水动力水质情况进行模拟，引水前后汤逊湖湖泊群流速及滞水面积情况见表4。引水前，汤逊湖湖泊群整体流动性较差，流速大部分小于

0.006m/s，滞水区域（流速小于0.0006m/s）面积占总面积的31.4％。引水后汤逊湖湖泊群整体流动性有了一定的改善，湖泊平均流速和最大流速均有了提高，滞水区域面积比例明显减少。方案一和方案二分别设置1个引水口，仅改善部分湖泊的水动力条件，因此湖泊群整体水动力改善效果不明显，平均流速仅增大到0.005m/s左右。方案五同时从东湖和梁子湖引水，将汤逊湖、南湖、黄家湖等6个湖泊连通起来，湖泊水体流动性有了很大程度的改善，平均流速增大到0.0087m/s，滞水区域面积比例降至21.6％。

表4   汤逊湖湖泊群引水后流速及滞水面积比例

方案	平均流速/(m/s)	最大流速/(m/s)	滞水区面积比例/%
引水前	0.0015	0.0065	31.4
方案一	0.0051	0.483	29.9
方案二	0.0056	0.690	24.8
方案三	0.0079	0.666	23.7
方案四	0.0084	0.749	23.0
方案五	0.0087	0.743	21.6

以汤逊湖为例，对引水前后湖泊的流场空间分布情况进行分析，如图6所示。引水前汤逊湖在东南风的作用下形成局部环流，整体流速较小。方案一引水后汤逊湖流动性改善较小，由于进水口和出水口距离较短，水体置换范围仅局限在湖泊西北区域。方案二下，汤逊湖的流场分布发生显著变化，从梁子湖引水后，湖泊内呈现从东南入湖口到西部出湖口的定向水体运动，出入口处流速较大，但远离主流线上区域水体依然以环流形式运动，汤逊湖南部流速仍然较小。与方案二相比，方案三和方案四分别多设置了一个引水口和一个出水口，水体置换范围更大，整体的流速有了一定的提高。方案五设置2个引水口和2个出水口，引水后水体流动性改善最明显，水体置换范围最大。说明增设引水口和出水口，能够有效地加速湖泊水体流动，减少滞水区域面积。

5.2.2 水质分析

对5种方案下的汤逊湖、南湖、黄家湖、青菱湖和野湖水质模拟结果进行分析，从汤逊湖水体超标率随引水时间的变化关系，如图7所示，方案一引水后超标水体比例有缓慢的增大趋势，方案二～方案五引水后，汤逊湖超标水体比例随着引水时间的增长逐渐下降，但下降幅度逐渐减小，引水0～10d汤逊湖超标水体比例显著下降，20d后基本处于稳定状态。

进一步对引水20d后各湖泊浓度改善率、浓度变化指数及水质类别比例进行分析，见表5。可以看出，方案一从东湖引水后，南湖水质改善效果较明显，NH_3-N、TN和TP改善率分别为31.21％、38.85％和55.97％，水体超标率由98.03％减少到32.89％，劣V类水体明显减少。汤逊湖整体水质有一定改善，但改善率较低。由于未连通下游湖泊，因此方案一引水对下游黄家湖等湖泊没有影响。方案二仅从梁子湖引水，对上游南湖水质没有影响，汤逊湖NH_3-N、TN和TP均有了很大程度的改善，水体超标率明显减少。方案三从东湖和梁子湖同时引水，南湖和汤逊湖水质均得到明显改善，Ⅰ～Ⅲ类水体比例显著增加，V类和劣V类水体有不同程度的下降。由于南湖位于汤逊湖上游，从梁子湖

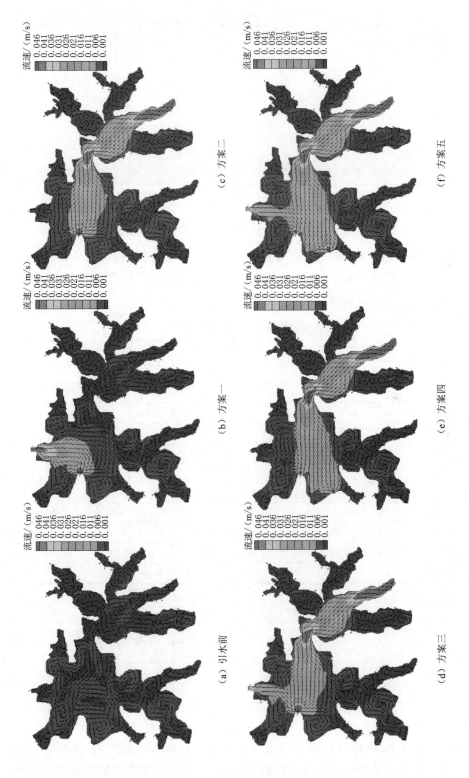

图 6 汤逊湖引水前后流场分布图

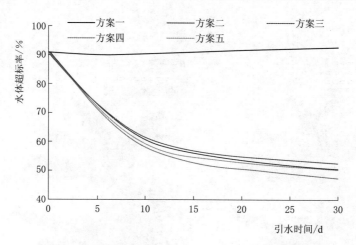

图 7　各方案下汤逊湖水体超标率随引水时间的变化

引水对南湖没有影响，因此南湖的改善效果与方案一仅从东湖引水时相同。方案四和方案五连通了下游湖泊，引水后黄家湖和野湖水质有了一定改善，但由于黄家湖初始水质比位于下游的青菱湖差，连通后青菱湖水质有所恶化。

表 5　　　　　　　　　　　　　汤逊湖湖泊群引水前后水质情况

方案	湖泊	水质浓度改善率/%			浓度变化指数	水质类别比例/%				水体超标率/%
		NH_3-N	TN	TP		I～Ⅲ类	Ⅳ类	V类	劣V类	
引水前	汤逊湖	—	—	—	—	9.18	23.78	40.38	26.66	90.82
	南湖	—	—	—	—	0	1.97	6.93	91.1	98.03
方案一	汤逊湖	−1.32	12.54	10.81	0.078	8.33	49.97	23.89	17.8	91.67
	南湖	31.21	38.85	55.97	0.543	4.57	62.54	16.4	16.49	32.89
方案二	汤逊湖	16.51	31.42	30.63	0.305	46.49	28.69	13.98	10.84	53.51
方案三	汤逊湖	15.85	33.5	32.43	0.321	45.31	31.48	13.37	9.83	54.69
	南湖	31.21	38.85	55.97	0.543	4.57	62.54	16.4	16.49	32.89
方案四	汤逊湖	17.17	31.32	31.53	0.311	49.41	25.28	13.51	11.79	50.59
	黄家湖	21.52	14.87	51.72	0.366	6.91	15.25	43.45	34.39	93.09
	青菱湖	2.33	−1.6	−62.14	−0.298	21.03	19.03	29.74	30.2	78.97
	野湖	27.71	2.13	36.57	0.264	0	33.33	50.6	16.07	66.67
方案五	汤逊湖	16.04	32.65	31.53	0.313	47.31	28.66	12.93	11.1	52.69
	南湖	31.21	38.85	55.97	0.543	4.57	62.54	16.4	16.49	32.89
	黄家湖	17.63	22.97	52.47	0.388	0.04	23.91	48.32	27.72	99.96
	青菱湖	2.37	−0.85	−62.03	−0.295	22.52	19.07	32.03	26.38	77.48
	野湖	27.76	2.2	36.83	0.265	0	33.35	50.57	16.08	66.65

对汤逊湖引水前后 NH_3-N、TN 和 TP 水质空间分布情况进行分析，如图 8～图 10 所示，引水后由于水体流动性增强，有利于湖泊污染物的扩散和降解，汤逊湖大部分区域水质得到了改善，但湖泊南部水质改善效果不明显。方案一水质改善范围最小，方案四和

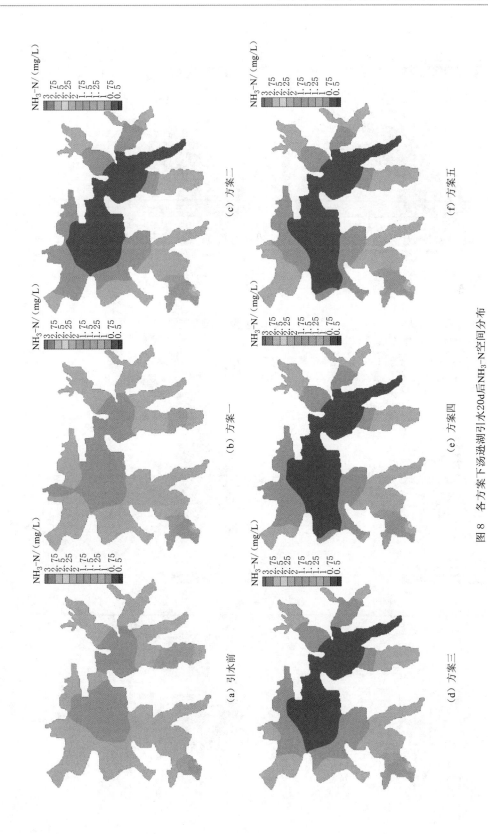

图 8 各方案下汤逊湖引水20d后NH₃-N空间分布

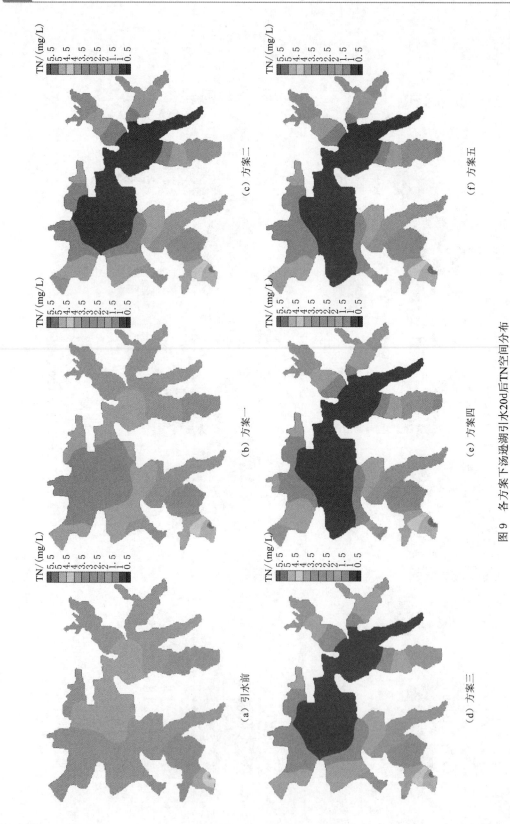

图 9 各方案下汤逊湖引水20d后TN空间分布

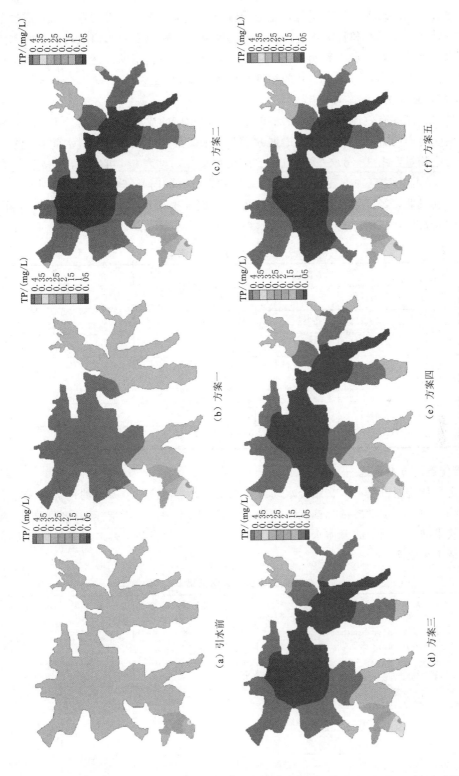

图 10　各方案下汤逊湖引水 20d 后 TP 空间分布

方案五水质改善范围最大。与流场分布图对比可以看出，水体流动性对水质改善有很大影响，流速越大，水质改善效果越明显，主流线流经区域水体大部分得到置换，水质改善效果显著，均转变为Ⅱ类水和Ⅲ类水。汤逊湖南部区域由于距离引出水口较远，引水水流影响较小，水体置换率低，水体流动性仍然较差，尤其是湖泊西南湖汊区域，由于两个排污口的持续排污，NH_3-N、TN 和 TP 的浓度较引水前增大。

5.2.3 引水效益评估

增设进水口能够有效地改善湖泊的整体水质，但相应的成本也会提高。本文采用成本和效益评估法对不同方案进行评估。根据方案总引水流量和模拟得到的引水前后 5 个湖泊水体中的污染物量，由式（8）～式（11）求出相关指标，见表 6。可以看出，5 种方案净效益均大于 0，说明这 5 种方案均可行。方案三和方案五同时从东湖和梁子湖引水，引水后污染物浓度最低，经济效益最大，但相应的运行成本也增加。5 种方案对比可以看出，方案五净效益最大，说明方案五水质改善效果最好。

表 6　　　　　　　　　　　各连通方案引水后的效益与成本

方案	引水流量 /(m³/s)	污染物量/kg			经济效益/万元	运行成本/万元	净效益/万元
		NH_3-N	TN	TP			
引水前	—	133821.2	212388.9	18383.1	—	—	—
方案一	40	119334.1	174779.1	14984.7	203.33	117.50	85.83
方案二	40	122782.3	167619.4	16223.4	193.62	117.50	76.11
方案三	80	107856.8	144923.0	13418.5	355.11	235.01	120.11
方案四	40	119391.0	165971.8	14044.5	234.05	117.50	116.54
方案五	80	105319.4	143262.0	11252.8	390.99	235.01	155.98

5.2.4 最佳连通方案优选

为确定最佳连通方案，本文结合水动力、水质和社会经济三个方面的评价指标对 5 种方案进行综合评估，水动力指标选取平均流速和滞水区比例，水质指标选取能够反映整体水质改善效果的 5 个湖泊的整体水质浓度改善率和浓度变化指数，社会经济指标选取净效益，评估结果见表 7。

表 7　　　　　　　　　　　各连通方案综合评估结果

方案	水动力评价指标		水质评价指标				社会经济指标
	平均流速 /(m/s)	滞水区比例 /%	水质浓度改善率/%			浓度变化指数	净效益/万元
			NH_3-N	TN	TP		
方案一	0.0051	29.9	2.85	12.66	13.57	0.114	85.83
方案二	0.0056	24.8	10.61	20.19	19.68	0.196	76.11
方案三	0.0079	23.7	13.88	26.13	27.46	0.271	120.11
方案四	0.0084	23.0	14.23	21.61	19.9	0.213	116.54
方案五	0.0087	21.6	16.78	28.02	26.62	0.281	155.98

从综合评估结果可以看出，方案五湖泊的平均流速和浓度变化指数均最大，滞水区域比例最少，NH_3-H 和 TN 水质浓度改善率最大，TP 水质浓度改善率稍低于方案三，综合来看，方案五水动力和水质改善效果均最明显。从经济效益和运行成本来看，方案五的净效益最大，说明方案五能够带来最大的引水效益。此外，方案五能够将汤逊湖、野芷湖、南湖、黄家湖等 6 个湖泊连通起来，通过从东湖和梁子湖联合引水，同时改善这 6 个湖泊的水动力和水质条件。因此，方案五为最佳连通方案。

6 结论与讨论

本文通过构建二维浅水湖泊水动力水质数学模型，对 5 种连通方案下汤逊湖湖泊群的水动力和水质进行了耦合模拟，利用建立的水动力、水质和社会经济等评价指标对引水前后湖泊的水动力和水质改善情况进行综合评估，该评估方法可为今后河湖连通方案的确定提供一定的参考依据。

（1）河湖连通后湖泊水体流动性明显增强，有利于湖泊污染物的稀释和降解，从而有效改善湖泊的水环境。引水 0～10d，湖泊水动力和水质状况得到显著改善，但随着引水时间的增长，改善幅度逐渐减小，最终趋于稳定，这与之前的研究结论一致。

（2）5 种方案的综合评估结果可以看出，方案一和方案二分别从东湖和梁子湖引水，分别改善南湖和汤逊湖的水动力与水质条件，对其他湖泊影响较小。方案五同时从东湖和梁子湖引水，将汤逊湖、南湖、黄家湖等 6 个湖泊连通起来，引水后滞水区域最小，水质改善效果最好，且能够带来最大的引水效益，选取该方案为最佳连通方案。说明增设进水口和出水口，能够有效地加速湖泊水体流动，从而改善湖泊水环境状况。

（3）本文对成本和效益评估法进行了改进，通过排污收费标准表征法来计算污水治理费，相比生活污水处理费法，这种方法引入"污染当量"的概念，可以同时对多种污染物进行统一处理；刘佳明等通过参考现有泵站估算得到单位引水量运行费，没有具体的计算方法，本文通过电价和泵站扬程计算单位引水量运行费，实现了单位引水量运行费的具体计算方法，为运行成本的计算提供了更可靠的支撑。

（4）河湖连通会改变湖泊水体的流动形态和水质状况，从而改变水生生物的生活环境，对水生植物、浮游植物、浮游动物、底栖动物等湖泊主要生物类群的生长和繁殖造成一定影响。在今后的研究中，可结合水生态模型对引水后湖泊的水动力、水质和水生态进行综合模拟。

（5）河湖水系连通性已成为河流健康以及提高水资源利用的一个重要指标。维持水系连通性实质上就是要保持河湖水体的流动性和连续性，以此来增强湖泊的自我恢复能力，实现湖泊的长久健康稳定存在，达到良性水循环的综合目标。在开展河湖连通工程的同时应采取全面截污、生态修复等综合治理措施，以达到全面改善湖泊水生态环境的目的。

参 考 文 献

[1] 谭飞帆，王海云，肖伟华，等. 浅议我国湖泊现状和存在的问题及其对策思考 [J]. 水利科技与经济，2012，18（4）：57-60.

[2] 陈晓江. 我国城市湖泊富营养化状况与监测 [J]. 科技信息，2010（5）：416，465.

[3] 崔国韬，左其亭，窦明. 国内外河湖水系连通发展沿革与影响 [J]. 南水北调与水利科技，2011，9（4）：73-76.

[4] 李宗礼，李原园，王中根，等. 河湖水系连通研究：概念框架 [J]. 自然资源学报，2011，26（3）：513-522.

[5] 康玲，郭晓明，王学立. 大型城市湖泊群引水调度模式研究 [J]. 水力发电学报，2012，31（3）：65-69.

[6] Xie Xingyong, Qian Xin, Zhang Yuchao. Effect on water quality of Chaohu Lake with the water transfer project from Yangtze River [C]//International Conference on Bioinformatics and Biomedical Engineering. IEEE, 2009：1-4.

[7] 陈振涛，滑磊，金倩楠. 引水改善城市河网水质效果评估研究 [J]. 长江科学院院报，2015，32（7）：45-51.

[8] Li Yiping, Acharya Kumud, Yu Zhongbo. Modeling impacts of Yangtze River water transfer on water ages in Lake Taihu, China [J]. Ecological Engineering, 2011, 37（2）：325-334.

[9] Li Yiping, Tang Chunyan, Wang Chao, et al. Assessing and modeling impacts of different inter-basin water transfer routes on Lake Taihu and the Yangtze River, China [J]. Ecological Engineering, 2013, 60（11）：399-413.

[10] 卢绪川，李一平，黄冬菁，等. 平原河网调水引流水动力改善效果分析 [J]. 水电能源科学，2015，33（4）：93-95，138.

[11] 刘佳明，张艳军，宋星原，等. 江湖连通方案的最佳引水流量研究——以湖北磁湖为例 [J]. 湖泊科学，2014，26（5）：671-681.

[12] 谢丽莉，刘霞，黄程，等. 潮州市城区水系治理中的河湖连通方案及效果评价 [J]. 广东水利水电，2015（10）：8-11.

[13] 崔国韬，左其亭，李宗礼，等. 河湖水系连通功能及适应性分析 [J]. 水电能源科学，2012，30（2）：1-5.

[14] 褚俊英，秦大庸，王浩，等. 武汉汤逊湖未来水环境演变趋势的模拟 [J]. 中国环境科学，2009，29（9）：955-961.

[15] 杨华东，袁伟华，欧阳雪君，等. 武汉市汤逊湖水体富营养化现状及其对策分析 [J]. 水资源与水工程学报，2009，20（4）：34-38.

[16] 武汉市水务局. 武汉市水资源公报 [R]. 2011—2016.

[17] Zhang Yanjun, Jha Manoj, Gu Roy et al. A DEM-based parallel computing hydrodynamic and transport model [J]. River research and applications, 2012, 28（5）：647-658.

[18] 张艳军，雒文生，雷阿林，等. 基于 DEM 的水量水质模型算法 [J]. 武汉大学学报（工学版），2008，41（5）：45-49.

[19] 翟淑华，张红举，胡维平，等. 引江济太调水效果评估 [J]. 中国水利，2008（1）：21-23.

[20] 谭亚荣，郑少锋. 环境污染物单位治理成本确定的方法研究 [J]. 生产力研究，2007（24）：52-53.

[21] 蒋梦惟. 我国排污收费仅为环境治理投入 1/30 [N]. 北京商报，2014-04-08（2）.

[22] 王贵明. 排污费征收标准管理办法 [J]. 广西节能，2003（3）：1-6.

[23] 国家发改委，财务部，环境保护部. 关于调整排污费征收标准等有关问题的通知 [J]. 绿色财会，

2014，(10)：37-38.

[24] 王浩，秦大庸，肖伟华，等.汤逊湖流域纳污能力模拟与水污染控制关键技术研究 [M].北京：科学出版社，2012.

[25] 张一龙，王红武，秦语涵.城市地表产流计算方法和径流模型研究进展 [J].四川环境，2015，34（1）：113-119.

[26] 毕胜.河流与浅水湖泊水流数值模拟及污染物输运规律研究 [D].武汉：华中科技大学，2014.

[27] 刘伯娟，邓秋良，邹朝望.河湖水系连通工程必要性研究 [J].人民长江，2014（16）：5-6.

[28] 夏军，高扬，左其亭，等.河湖水系连通特征及其利弊 [J].地理科学进展，2012，31（1）：26-31.

[29] 吴道喜，黄思平.健康长江指标体系研究 [J].水利水电快报，2007，28（12）：1-3.

湖泊多目标水位调控技术及应用

刘伯娟　陈颖姝

[摘要]　湖泊是水资源的重要载体，其生态健康关乎人们生产生活以及区域经济社会发展。水位是湖泊的重要水文要素，本文分析了水位变动对湖泊发挥生态系统服务功能的影响，阐述了湖泊特征水位和确定适宜湖泊调度方案的基本依据，提出了分期水位调控关键要点和方案，并以梁子湖流域鸭儿湖水系为例，提出了具体的湖泊水位调控方案，为湖泊管理和调度决策提供科学依据。

[关键词]　湖泊生态系统服务功能；多目标；水位调控

1　引言

水是生命之源、生产之要、生态之基。湖泊是水资源的重要载体，是自然生态系统的重要组成部分，在调蓄洪水、提供水源、交通航运、美化景观、休闲娱乐、鱼类繁衍、水产养殖以及提供生物栖息地、维护生态多样性、净化水质、调节气候等方面发挥着不可替代的作用。湖泊生态系统服务功能能否正常发挥直接关乎居民生产生活，关系到区域乃至国家经济社会发展。湖泊生态系统服务能力包含两方面内涵，满足人类社会合理要求的能力和生态系统本身自我维持与更新的能力，即湖泊能为人类提供健康的生态服务功能，同时自身能够维持良好、稳定的水生态系统结构与水环境状况，实现"人湖和谐"。

影响湖泊生态系统服务功能正常发挥的因素很多，水位变化是控制湖泊生态系统的重要力量，特别是在浅湖生态系统中，其影响显得更为突出。湖泊水位变动的发生时间、变化幅度、频率、持续时间等是影响湖泊生态系统长期变化的核心水文要素。通过调控湖泊水位，实现湖泊不同生态服务功能、维持湖泊自身生态系统安全，已成为目前我国湖泊保护与管理的重要环节与手段。

2　水位调控对湖泊生态系统服务功能的影响

湖泊生态系统服务功能多样，通过水位调控，将湖泊水位控制在一定的范围内，可以保证湖泊不同功能的正常发挥，保证湖泊水体服务的多功能性。

（1）调蓄雨洪资源，合理储备淡水资源。湖泊有着天然的调蓄水资源、削峰填谷的作用。在汛期，洪涝灾害发生前，通过降低汛前水位，腾出蓄水湖容，汛中蓄滞洪水、错峰下泄，可有效调节汛期来水，变害为利，增强抵御水旱灾害能力，保障人民生命财产安全，发挥巨大的防洪效益。在非汛期，蓄积的雨洪资源成为宝贵的可利用水源，可作为生产、生活、市政、景观等用水水源，实现水资源的合理配置。

（2）维护生物多样性，保证水生态系统的稳定性。自然水文情势是湖泊湿地生物群落结构和分布格局的主要决定因素，水深、持续期、频率、水位变动速率等是其重要的几个方面。水位变动形成的消落区为湿生植物提供了良好的发育条件。如冬春季挺水植物种子冬眠，保持较低水位可以给植物提供充足的光照条件，促进植物种子和繁殖体的萌发，这应要求有一定的滩地出露面积；夏季是湖滨带挺水植物生长旺季，适当的高水位可以促进挺水植物的快速生长。变动水位同时也提供多样的生境，尤其在水位波动频率较高、波动幅度较大湖泊，形成兼具流水和静水的生境，可为不同种类和不同发育阶段的鱼类提供良好栖息条件。

（3）促进流域污染治理，增强湖泊自净能力。水位持续波动可带来动态水位差，且湖泊地形越复杂，水位差越大，可有效形成动态的局部流场，促进水体双向流动，可以增强湖泊水循环动力，加快水体交换，增强水体流动性，改善湖泊水动力条件，扩大流场作用范围，减少死水区域，增强水体纳污能力，进而有效改善湖泊水质，延缓湖泊富营养化进程，提高湖泊健康保障能力，对流域污染治理、改善地区水生态环境问题具有积极意义。

（4）维持生态景观，充分发挥湖泊休闲娱乐功能。城中湖及郊野型湖泊是城市居民重要的休闲娱乐场所，其在发挥湖泊自然生态系统服务功能的同时，更注重体现社会服务功能，如旅游、休闲等。将水位维持在一定的生态景观水位，可以形成优美的城市水景观，为居民营造出多样性亲水空间，改善滨水区人居环境，促进人与自然和谐共生。

3 湖泊多功能目标水位调控技术

3.1 湖泊特征水位

根据湖泊多功能使用需求，确定维持湖泊健康的特征水位主要有两大类，防汛特征水位和水资源利用控制水位。其中防汛特征水位主要包括汛前控制水位、汛期限制蓄洪水位、湖泊最高蓄水位等。水资源控制利用水位包括湖泊的最低生态水位、城镇供水保证水位、冬季控制水位（越冬水位）、设计最低通航水位等。

3.1.1 防汛特征水位

（1）汛前控制水位（起排水位）。湖泊在汛前为满足防洪排水安全需要，根据水文气象预报，在暴雨洪峰来临之前，通过涵、闸、泵站抢排，预先将湖泊水位降至该水位，以腾出湖泊调蓄容积，迎接汛期。

汛前控制水位的确定要兼顾流域内的防洪除涝、生产、生活、生态等方面的综合需求。一般而言，随着汛前控制水位的抬高，流域防洪除涝的压力也逐渐增大。但同时，随着汛前控制水位的抬高，湖泊水面扩大、湖容增加，湖区纳污能力得到提高，可更好满足湖泊周边生产生活以及生态渔业、通航、旅游等需求。

汛前控制水位主要通过防洪除涝排涝演算分析、水资源平衡分析计算等综合确定。

（2）汛期限制蓄洪水位。湖泊汛期限制蓄洪水位是湖泊在汛期正常运用情况下允许蓄洪的最高水位，是为了使湖泊留有容积调蓄流域汛期多余水量需要保持的最高水位。

该水位主要是防洪部门根据长期防汛实践经验和堤防等工程出险基本规律分析确定的。

（3）湖泊最高蓄水位（保证水位）。即湖泊设计水位，是湖泊汇水区遭遇设计标准暴雨时，湖泊在正常运用情况下，允许达到的最高水位。该水位是湖泊围堤等工程设计、建设、调度、管理的依据。

主要湖泊的最高蓄水位一般以近 30 年来实际出现的高水位为依据，结合工情确定。

3.1.2　水资源利用控制水位

湖泊水资源的利用控制水位是保护湖泊水资源、保障湖泊功能且可持续利用的关键。水资源控制利用水位包括湖泊的最低生态水位、城镇供水保证水位、冬季控制水位（越冬水位）、设计最低通航水位等。

（1）湖泊的最低生态水位。湖泊的最低生态水位是指能够保证特定发展阶段的湖泊生态系统结构稳定、发挥湖泊生态系统正常的生态功能和环境功能、维持湖泊生物多样性和生态系统的完整性所需的最低水位，是生态系统可以存在和恢复的极限水位，在此水位以下必须实施生态补水，以维持湖泊的生态功能。

湖泊的最低生态水位的计算方法有年保证率法、湖泊形态法、天然水位资料法、曲线相关法、最低年平均水位法和功能法等。不同湖泊可根据其具体情况和保护目标，并参考湖泊相关规划，运用上述计算方法确定湖泊的最低生态水位。

（2）城镇供水保证水位。城镇供水保证水位是指以供水为主的湖泊在枯水年需要满足供水要求的保证水位，低于此水位应禁止其他用水户取水。

可统计历年能满足城镇供水要求的水位，取其满足供水保证率的最低水位作为湖泊的城镇供水保证水位。

（3）冬季控制水位（越冬水位）。为保证冬季农业生产对水资源的需求，以及冬季湖泊中鱼类生长等所需的最小水深相应的水位。

（4）设计最低通航水位。针对有航运功能的湖泊，标准载重船舶在某一航道上能正常通航的最低水位。

3.2　湖泊水位调控方案

3.2.1　湖泊水位调控方案确定依据

湖泊水位调控以有利于排涝、生态和景观的需求为原则，确定适宜调度方案的依据如下：

（1）湖泊水位变化。掌握湖泊历史至今的水位变化情况，根据历史数据，分析湖泊在年内季节以及年际时间尺度上的水位变化规律，明晰水位涨落变动与湖泊水生生物生长繁衍、湖泊水质变化等的内在联系与特征，研究水位变化与水资源、水质、水生态之间的响应规律。

（2）湖泊水下地形。湖盆形态是约束湖水运动的重要条件，不但影响湖泊内水位的变

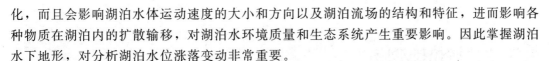

化，而且会影响湖泊水体运动速度的大小和方向以及湖泊流场的结构和特征，进而影响各种物质在湖泊内的扩散输移，对湖泊水环境质量和生态系统产生重要影响。因此掌握湖泊水下地形，对分析湖泊水位涨落变动非常重要。

（3）湖泊特征水位。采用适宜的方法，分析确定维持湖泊各项功能的特征水位，主要包括汛前控制水位、汛期限制蓄洪水位、湖泊最高蓄水位、湖泊的最低生态水位、城镇供水保证水位、冬季控制水位（越冬水位）、设计最低通航水位等。

（4）主要生物类群群落变化。调查了解历史至今时期的湖泊主要生物类群组成及分布，掌握生物种群变化规律，研究其与水位涨落变动之间的对应关系。

3.2.2 分期调控湖泊水位

为充分发挥湖泊多种生态服务功能，根据湖泊水雨情特性，结合流域工情信息，分非汛期、前汛期、主汛期、后汛期，分期调控湖泊水位。

（1）非汛期（11月至次年3月），对于农村湖泊，可在保证湖泊最低生态水位、越冬水位基础上，降低冬、春季湖泊水位，增加露滩面积，为鱼类产卵和水生植物种子萌发提供适宜场所和温度、光照等条件，同时可通过晒底对湖泊底质环境进行改善；对于城市湖泊，为充分发挥其生态景观、休闲娱乐功能，可控制湖泊水位在正常蓄水位，营造良好水生态空间和水景观，满足旅游、通航等需求。

（2）前汛期（4—5月），随着降雨量增加，湖泊水位逐渐抬升，农村湖泊水位通过涵闸泵站抢排降至汛前控制水位，腾出湖容，迎接汛期；城市湖泊水位适当抬高，控制水位上涨速率，增加湖泊水位变幅和流动性，水位控制在正常蓄水位以下，保证一定的景观水位。

（3）主汛期（6—8月），持续性强降雨过程增多，湖泊水位迅速抬升，应结合水雨情、工情等情况，将湖泊水位控制在汛期限制蓄洪水位（起排水位），最高不能超过湖泊最高蓄水位（保证水位）。当水位超过起排水位，或湖泊水位接近起排水位且预报近3日有大到暴雨时，需立即开启排水泵站排湖；当湖泊水位超过湖泊保证水位，水位仍在上涨时，全力排湖，保证湖堤安全；若排水泵站全部开机，湖泊水位仍不能稳定在保证水位时，为保证湖堤及下游安全应向分洪围垸和分蓄洪区分洪。

（4）后汛期（9—10月），可拦蓄降雨径流，逐步回蓄至湖泊正常蓄水位。

总体而言，在保证湖泊最低生态水位基础上，农村湖泊可尽量恢复冬低夏高、接近自然的水位变化过程，以满足实现湖泊生态系统平衡的不同水位需求；城市湖泊在不影响防洪排涝功能基础上，尽量将水位维持在较高水位，一方面可以扩大湖泊水面、增加湖容，提高湖区纳污能力，另一方面可以更好满足湖周生产生活以及生态渔业、通航、旅游等需求。

2016年大洪水后，湖北省启动了水利补短板工作，计划用三年时间重点加强防洪抗旱减灾、农田水利设施、农村饮水安全和水生态文明等四大工程建设，补强水利基础。截至2019年6月，湖北省补短板工作进展顺利，八成补短板工程逐步投产使用，实现了重点易涝地区外排能力提升一倍、五大湖泊主要湖堤全面整治等主要目标。补短板工程的顺利投产给湖泊多目标利用创造了更多机遇和更好的条件。

53

4 水位调控技术应用

梁子湖水系位于湖北省东南部，长江中游南岸，由梁子湖、鸭儿湖、保安湖、三山湖等湖泊组成，历史上诸湖自然沟通，总流域面积 3265km²。其中鸭儿湖水系位于梁子湖流域内长港以北、梁子湖以西的区域，主要由五四湖、四海湖、红莲湖、梧桐湖等大小 24 个湖泊组成，流域面积 652km²。为修复湖区水生态，增强水体流动性，改善水环境，同时新增排洪通道，提高排洪能力，鄂州市规划实施梁子湖水系连通工程，实现梁子湖多通道入江，破解区域水多、水少、水脏的困局。梁子湖水系主要水网连通线路中，梁子湖—鸭儿湖水系连通工程为西翼方案，即构建梁子湖—梧桐湖—红莲湖—五四湖水系连通工程，恢复湖泊之间的自然连通，缓解流域防洪排涝压力，增强水体交换能力，改善鸭儿湖流域湖泊的水质及生态环境，恢复湖泊生态功能，促进流域生态修复重建。

鸭儿湖水系湖泊综合功能包括生态调节、景观娱乐、雨水调蓄、渔业养殖等，主要功能目标为：①水质管理目标为Ⅲ类；②防洪目标为不分洪防御 50 年一遇洪水；③通航目标为服务生态文化旅游功能，形成水上旅游通道，满足旅游船只通航要求。

4.1 湖泊功能特征水位

4.1.1 湖泊最低生态水位

本次根据梁子湖流域湖泊多年水位资料、生物资料和湖泊形态特征参数，采用生态水位法、生物最小生存空间法和湖泊形态分析法三种方法分别进行最低生态水位分析计算，并综合上述几个方面的因素，确定湖泊最低生态水位，成果见表 1。

表 1　　　　　　　　　　　**梁子湖流域湖泊最低生态水位成果表**　　　　　　　　单位：m

湖泊	生态水位法	最小生物生存空间法	湖泊形态法	采用
梁子湖	14.85	13.06	13.06	14.85
梧桐湖	14.89	13.74	13.84	14.89
红莲湖	14.89	13.74	13.84	14.89
鸭儿湖	14.39	14.04	14.04	14.39

4.1.2 兴利水位

以梁子湖、鸭儿湖现状实际调度为基础，根据防洪、兴利等综合要求分析确定湖泊兴利水位。根据实际运行资料统计分析，梁子湖多年来实际汛前水位大多维持在 15.56～16.06m；根据梁子湖实地调查，流域内实际耕作线也均在 15.56～16.06m。根据樊口泵站 8 个大水年份的开机运行资料，对比同期梁子湖、鸭儿湖水位进行分析，鸭儿湖水系兴利水位大多数年份均高于 15.54m，因此，本次确定鸭儿湖水系兴利水位为 15.54m，梁子湖起调水位为 16.06m。

4.1.3 特有鱼类（武昌鱼）最低生存水位

武昌鱼属鲤形目，鲤科，鲌亚科，鲂属。武昌鱼主产于长江中下游，原产于梁子湖、长港及入江樊口，其食性范围较广，以苦草、轮叶黑藻、眼子菜等水生维管束植物为主要食料，也能摄食部分湖底植物碎屑和少量浮游动物。卵具有微黏性，淡黄色，黏附于水草或其他物体上，产卵场多在浅水多草的地方。成鱼喜栖息于水深 1.5～2.0m 的河湾、湖汊，底质为淤泥，并生长有沉水植物的敞水区的中、下层中。根据湖泊地形、武昌鱼生存习性，拟定梁子湖、梧桐湖、上鸭儿湖的武昌鱼最低生存水位分别为 13.56m、14.26m 和 14.56m。

4.1.4 最低通航水位

根据梁子湖历年非汛期实测水位，统计历年 3 月、4 月、5 月、10 月、11 月、3—4 月、10—11 月 7 种情况的月最低水位、上旬最低水位、中旬最低水位、下旬最低水位，将统计出的各个系列进行排频分析，保证率为 80% 时，梁子湖水位最低为 14.5m，以 14.5m 作为最低通航水位，会使得梁子湖—梧桐湖通道渠底太低，后期渠道易淤积。考虑到梁子湖最低生态水位为 14.85m，在非汛期通航水位也应高于湖泊最低生态水位，梁子湖最低通航水位取湖泊枯期常水位，为 15.0m。同样方法分析确定梧桐湖、红莲湖最低通航水位取 15.0m。

4.1.5 生态常水位

本次综合考虑湖泊最低生态水位、兴利水位、特有鱼类武昌鱼最低生存水位、旅游景观水位、通航水位等需求，尽可能满足常态化自流引水的需求，恢复武昌鱼等水生生物的生存空间，满足梧桐湖新区、红莲新城、周边乡镇集镇的生态景观需求以及通航需要，鸭儿湖水系梧桐湖、红莲湖、上鸭儿湖等生态常水位均拟定为 15.54m。

4.2 水位调度

4.2.1 生态运行调度

生态补水时，梁子湖生态常水位为 16.06m，梧桐湖、红莲湖、五四湖等湖泊生态常水位一致，均为 15.54m。生态运行调度时，湖泊水位原则上不低于生态常水位。梁梧连通渠、梧红连通渠两段连通渠渠首均设置节制闸，由于鸭儿湖水系各湖泊生态常水位一致，生态补水工况时，可通过两座节制闸灵活调度，控制湖泊之间水位，对有需求湖泊进行自流生态补水。

梁子湖是中国水生植物多样性最高，长江中下游水生植被覆盖率最高，唯一常年水质稳定在 II 类水以上的湖泊，也是亚洲湿地保护名录上保存最好的湿地保护区之一，由于梁子湖生态作用和功能突出，需在保证梁子湖生态安全的情况下才能对鸭儿湖实施生态补水，生态补水调度时梁子湖最低控制水位为 15.74m，高于梁子湖水利综合治理规划的生态死水位（14.85m），可基本满足梁子湖基本生态用水需求。当出现部分时段梁子湖水质降低，未能满足水质管理目标时，若继续引水，将降低梁子湖的水环境容量，此时应暂停引水，待梁子湖水质改善、生态需水得到保障后，再对鸭儿湖进行生态补水。

4.2.2 防洪调度

西翼通道优先排除鸭儿湖洪水，梁子湖洪水优先经长港主通道、樊口泵站抽排入江，即汛期时先关闭梁梧连通渠渠首节制闸，鸭儿湖水系洪水经薛家沟由樊口二站抽排入江，当鸭儿湖水位不超过警戒水位 17.04m，而梁子湖水位达到 19.06m 时，且根据预报短期不会发生大暴雨时，可考虑开启梁梧连通渠渠首节制闸下泄梁子湖洪水，以缓解梁子湖防洪压力，期间通过控制闸门开启度，控制鸭儿湖水位不超过其 17.04m；但如果预报短期会发生大暴雨时，应立即关闭梁梧连通渠渠首节制闸，全力抢排鸭儿湖水系洪水，保证鸭儿湖水系防洪安全。

4.2.3 通航调度

设计最低通航水位与湖泊生态常水位一致，通航调度方式与生态运行调度相同，均通过节制闸控制湖泊之间水位差，实现通航功能。

5 结论与展望

水位是保证湖泊水生动植物繁衍生息的重要条件，水位调控是实现湖泊生态系统健康的重要手段。本文分析了影响湖泊生态系统服务功能的主要特征水位，阐述了广适性水位调控方案。但湖泊生态系统是复杂且多样化的，存在多种多样的需求，每个需求对应不同水位过程，需要继续加强研究，进一步为湖泊生态系统健康、平衡、稳定提供技术支撑。

参 考 文 献

[1] 陈雷. 加强湖泊管理与保护 促进湖泊健康与可持续发展——在首届中国湖泊论坛上的主旨报告 [J]. 水政水资源，2011 (A2)：6-8.

[2] 金相灿，王圣瑞，席海燕. 湖泊生态安全及其评估方法框架 [J]. 环境科学研究，2012，25 (4)：357-362.

[3] Coops H, Beklioglu M, Crisman T L. The role of water-level fluctuations in shallow lake ecosystems—workshop conclusions [C]//International Conference on Limnology of Shallow Lakes. Balatonfured, Hungary：Kluwer Academic Pub，2002：23-27.

[4] Poff N L, Allan J D, Bain M B, et al. The natural flow regime：a paradigm for river conservation and restoration [J]. Bioscience，1997，47 (11)：769-784.

[5] 王化可. 基于水生生物需求的巢湖生态水位调控初步研究 [J]. 中国农村水利水电，2013 (1)：27-30.

[6] 周耀华，仲伯彬，史银桥. 关于武汉市湖泊调蓄调洪潜力的思考 [J]. 中国防汛抗旱，2015 (3)：18-21.

[7] 朱志龙. 湖北省典型湖泊最低生态水位分析 [C]//实行最严格水资源管理制度高层论坛优秀论文集，2010.

[8] 张发兵，胡维平，秦伯强. 湖底地形对风生流场影响的数值研究 [J]. 水利学报，2004，35 (12)：34-38.

长距离、跨区域引调水工程水资源优化配置理论 —— 以鄂北地区水资源配置工程为例

黄绪臣　林杰　孔维娜　柳小珊

[摘要]　鄂北地区水资源配置工程作为长距离、跨区域引调水工程的典型，其水资源优化配置理论对该类工程具有极大的参考借鉴价值。本文在系统分析国内外水资源优化配置及调度研究现状的基础上，以鄂北地区水资源配置工程特点为切入点，提出充蓄、在线和补偿调节三类调蓄水库概念，提出外引水与当地水相结合、水库群联合调度、区域用水互相调剂的水资源优化配置理论，并通过建立水资源优化配置模型和对模型优化求解，大大缩减了工程的输水规模，节省了工程投资，为长距离、跨区域引调水工程的水资源优化配置提供了理论参考。

[关键词]　长距离、跨区域；优化配置；调蓄水库；鄂北地区水资源配置工程

1　引言

我国水资源空间分布不均，南方多北方少，东部多西部少，自新中国成立以来陆续建成了相当数量的大型调水工程，重要的有南水北调中线及东线工程、引滦入津工程、引黄济青工程、东深供水工程、辽宁省东水西调工程等。世界范围内已有40多个国家和地区建成了350余项调水工程，年调水规模超过了5000亿 m^3，其中最具代表性的有美国加州北水南调工程、以色列北水南调工程、澳大利亚雪山工程、俄罗斯莫斯科运河工程和埃及西水东调工程等。

随着跨流域调水工程的大量兴建，针对跨流域调水工程的水资源优化配置模型和方法逐渐出现，从研究的目的来说一般可分为两类：①规划调度模型：综合考虑经济、生态、环境等因素来确定水源区可调水量、受水区范围和调水工程规模；②实际水量调度模型：主要用于已建调水工程的调度运行和管理，包括中长期水量调度及水库、泵站、水闸等水利工程的实时调度等。

对于规划调度模型的水资源优化配置理论研究，已从单水源水量配置发展到多水源水量、水质综合配置；在水资源配置方法来说，从单一的集中式方法发展到综合的分布式方法。国内外学者做了大量丰富的研究，为长距离、跨区域引调水工程的水资源优化配置研究提供了坚实的基础。

对于实际水量调度模型，国内外研究从传统单库调度到多库联调，从区域水资源配置

到流域、跨流域配置；研究内容从单一的水量配置发展到结合生态、经济等多层次优化配置；研究方法从传统数理统计方法到多学科交叉的系统优化方法。分析方法从简单水资源系统到复杂水资源大系统，从单目标、确定型问题到多目标、不确定性和模糊优化模型；技术手段方面，从纯粹的数学模型到计算机智能化与数学模型结合、"3S"技术与分布式水文模型结合。

2 鄂北地区水资源优化配置理论

2.1 鄂北地区水资源配置工程

2.1.1 鄂北地区水资源配置工程概况

鄂北地区泛指湖北省武当山、大洪山和桐柏山、大别山南麓余脉双峰山之间的区域，涉及襄阳市的老河口市、樊城区、襄州区、枣阳市，随州市的随县、曾都区、广水市和孝感市的大悟县。鄂北地区是湖北省著名的"旱包子"，但是鄂北地区却是湖北省人口相对集中区。供水区国土面积占全省的5.49%，人口占全省的6.59%，耕地面积占全省的9.73%，粮食产量占全省的13%左右，是全省的粮食主产区和农业活动活跃区。由于资源型缺水已严重影响了经济社会持续发展，农业生产成本高、干旱造成的损失大，难以长期稳产高产；工业基础薄弱，发展不协调，缺水对该地区经济社会发展产生了明显的制约作用。

鄂北地区水资源配置工程以丹江口水库为水源，在不影响南水北调引水的前提下，通过工程措施引丹江口水库水至鄂北受水区，从根本上解决鄂北地区干旱缺水问题。工程多年平均引水量为7.70亿 m^3，全线长269.672km，穿越襄阳市的老河口市、襄州区、枣阳市，随州市的随县、曾都区、广水市，终到孝感市的大悟县，向沿线城乡生活、工业和唐东地区农业进行供水。

2.1.2 鄂北地区水资源配置工程特点

（1）工程引水水源地为丹江口水库，与南水北调中线共用水源，工程可引水过程不均匀，工程用水指标紧张。鄂北地区水资源配置工程的水源地为丹江口水库，丹江口水库为南水北调中线一期工程水源地，承担水源区在内的三个区域的供水任务：分别为通过陶岔渠首供水的南水北调中线一期工程受水区、由清泉沟渠首供水的湖北省唐西唐东地区、通过水库下泄供水的汉江中下游干流用水区，影响供水量的重要前提条件还有汉江中下游的生态、航运要求，在优先满足上述用水户用水需求后，可分配给鄂北地区水资源配置工程的用水指标较为紧张，可引水过程具有较大的不均匀性。

（2）与湖北省唐西引丹灌区共用一个取水口，其中唐西引丹灌区以农业灌溉为主，兼顾乡镇生活和工业供水，已建成的引丹灌区（即唐西地区）各级渠系设计流量均较大，如今引丹总干渠渠首设计流量已达100m³/s。目前区内已形成了大中小型水库联合调度、长藤结瓜的供水格局，大部分水库为多年调节，多能进行充蓄调度，为调度运行创造了有利条件。

（3）工程线路长，输水距离远，输水水头紧张。鄂北地区水资源配置工程全线长269.672km，线路穿越襄阳市的老河口市、襄州区、枣阳市，随州市的随县、曾都区、广水市，终到孝感市的大悟县，工程渠首取水水位147.70m（黄海，下同），终点王家冲水库水位100.00m，工程线路长，输水距离远，输水水头紧张。

（4）调蓄水库众多，可调蓄库容大。鄂北受水区现有46座大中型水库，还规划新建4座中型水库，合计50座大中型水库，区内还有大量的小型水库。为尽可能地减少对南水北调中线和汉江中下游的影响，以及减少工程引水规模创造了条件。

2.2 水资源优化配置理论

本工程受水区和唐西地区均从丹江口水库清泉沟引水，与南水北调中线工程共用一个水源，为减少对其他供水区的影响，受水区和唐西地区应首先进行节水型社会建设，通过对灌区进行续建配套与节水改造实现农业节水；通过提高人们的节水观念，普及节水器具，降低输水管网漏失率等措施来实现生活节水；通过提高重复利用、串联使用、节水器具和工艺改造等措施，提高工业用水重复利用率，实现工业节水等。在此基础上，进一步挖掘当地供水潜力，通过择地兴建部分中小型工程、适当考虑城市中水回用等措施有效增加供水。在充分考虑开源节流措施后，仍不能满足受水区供水目标要求时，再考虑区外引水。

考虑到工程线路长、用水指标不足、引水过程不均及调蓄水库多等特点，本着尽可能减少引水量、缩减工程规模、节省工程投资的原则，在进行水资源配置时，应充分利用区内已建水库的调节作用，提出三类调蓄水库，"忙时供水，闲时充库"，构建了外引水与当地水相结合、水库群联合调度、区域用水互相调剂的水资源优化配置理论，以提高鄂北地区的水资源调配能力。

三类调蓄水库如图1所示，其运行方式如下：

（1）补偿调节水库。其位置较高，外引水不能充蓄该类水库，但该类水库可以调蓄当地径流，对用水起补偿调节作用，即可引水量多时，该类水库减少供水；可引水量少时，及时加大供水，补偿引水供水不足。

（2）充蓄调节水库。其不仅可以调蓄当地径流，还可以充蓄外引水，但充蓄的外引水

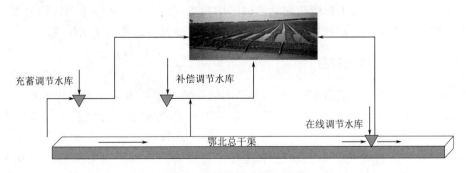

图1 三类调蓄水库示意图

只能通过该水库的供水系统供水，不能返回到总干渠。

（3）在线调节水库。其位于输水干线上，外引水既可充蓄入库，又能在需要时向总干渠供水。

2.3 水资源优化配置模型

由于鄂北地区水资源配置工程关系到的引丹灌区与鄂北受水区是两个既独立又有一定水力联系的供水系统，本文将其概化为不同的计算单元进行调算。根据概化的计算单元及配置计算原则，需要在满足各个供水目标供水任务的前提下，尽可能地增加当地水资源利用率，减少引水规模，为节水型社会建设奠定基础。

2.3.1 目标函数

鄂北地区水资源配置工程总引水量最小，即

$$\min z_1 = \sum_{i=1}^{n} \sum_{j=1}^{m} w(i,j) \tag{1}$$

式中：$w(i,j)$ 为第 i 个用水单元第 j 个用水户鄂北最小引水量；z_1 为鄂北地区总引水量；n 为总计算用水单元；m 为用水户数。

2.3.2 约束条件

（1）保证率约束：生活工业用水保证率不低于95%；灌溉保证率不低于70%。

（2）需水量约束：鄂北地区各用水户的供水量应不大于其需水量，即

$$\sum_{j=1}^{m} ws(i,j) \leqslant WX_i \quad (i=1,2,3\cdots,n) \tag{2}$$

式中：$ws(i,j)$ 为第 i 个用水单元第 j 个用水户的供水量；WX_i 为第 i 个用水单元的需水水量。

（3）各水库水量平衡约束：

$$\Delta V = W_{in} - W_g - W_{sun} \tag{3}$$

式中：ΔV 为各水库蓄水量变化；W_{in} 为水库入库水量，包括水库来水量及鄂北干渠充蓄水量；W_g 为水库供水量；W_{sun} 为各水库蒸发渗漏损失及弃水量。

（4）变量非负约束：各变量均不小于0。

2.3.3 求解方法

鄂北地区水资源配置工程优化配置模型采用动态规划法，对各用水单元的分水流量及各个供水单元的水库的充蓄及补偿系数进行优化。模型调算步长采用旬历时。

2.4 鄂北地区水资源优化配置

根据鄂北地区水资源优化模型，设置不同的计算方案，方案一为对用水户的不设置分水流量和水库充蓄及补偿系数；方案二为对用水户设置分水流量和水库充蓄及补偿系数，但不予以优化；方案三为对各用水单元的用水流量及各个供水单元的水库的充蓄及补偿系数均进行优化。本文仅选择具有代表性的计算单元进行分析，优化配置计算结果见表1。

表1 鄂北地区水资源优化配置不同方案典型单元配置成果表

计算方案	计算单元	分水流量/(m³/s)	充蓄补偿系数	需水量/万m³			供水量/万m³			弃水及损失水量/万m³	引水流量/(m³/s)	供水保证率/%	灌溉保证率/%
				小计	其他需水	农业需水	小计	本地工程供水量	鄂北引水量				
方案一	刘桥水库单元	8.2	—	8833	7027	1806	14963	8394	6569	171	8.2	96.6	51.2
	北郊水库单元	7.4	—	3419	1865	1554	5559	3184	2375	181	7.4	96.2	46.5
	滚河干流中下游单元	13.4	—	15204	1245	13959	16431	13344	3087	2928	13.4	96.7	62.8
	封江口水库单元	10.5	—	13988	7400	6588	18025	12983	5042	1448	10.5	93.2	54.8
	鄂北合计			249508	103707	145801	226703	160953	65750	21596	44	91.2~98.3	37.2~72.1
方案二	刘桥水库单元	6	1	8823	7027	1796	16653	8419	8234	248	4.8	99.3	85
	北郊水库单元	5	0.8	3415	1865	1550	6170	3193	2977	262	4.5	98.1	76.7
	滚河干流中下游单元	10	1	15188	1245	13943	17252	13383	3869	4244	9	99.7	72.1
	封江口水库单元	10	1	13973	7400	6573	19340	13021	6319	2098	8.5	98.8	81.4
	鄂北合计			249237	103707	145530	243830	161422	82408	31299	43	96.5~99.9	72.1~85.7
方案三（推荐）	刘桥水库单元	3.5	0.8	8841	7027	1814	16426	8732	7694	205	3.5	98.8	76.7
	北郊水库单元	2.5	0.6	3422	1865	1557	6094	3312	2782	217	2.5	98.1	74.4
	滚河干流中下游单元	8	0.8	15218	1245	13973	17496	13881	3615	3511	8	99.5	72.1
	封江口水库单元	6.5	0.7	14001	7400	6601	19410	13505	5905	1736	6.5	98.5	79.1
	鄂北合计			249737	103707	146030	244430	167425	77005	25896	38	96.4~99.9	72.1~85.4

由表 1 可以看出：方案一在未设置充蓄补偿系数时，虽然弃水损失较少，但是工程的供水缺水较大，未达到保证率要求；方案二在设置充蓄补偿系数后，可以将清泉沟引水入库，增加了外引水，满足了保证率要求，但是增加了弃水及损失；方案三通过对分水流量及充蓄补偿调节水库各系数的优化，在满足保证率的前提下，减少了弃水及损失，增加了工程当地水资源的利用率，减少了清泉沟引水量及鄂北干渠的引水规模，节约了水资源及工程投资。

3 结语

鄂北地区水资源配置工程结合鄂北地区水资源配置工程特点，充分利用区内已建水库的调节作用，提出 3 类调蓄水库，"忙时供水，闲时充库"，构建外引水与当地水相结合、水库群联合调度、区域用水互相调剂的水资源优化配置理论，并建立水资源优化配置模型，模型通过对调蓄水库各运行控制水位及各分水口分水流量的优化，在满足各供水目标的供水需求下，大大优化了可引水量，提高当地的水资源利用率、减少工程投资，为长距离、跨区域引调水工程规模的确定提供了新思路，具有广泛的应用和参考价值。

参 考 文 献

[1] 王劲峰，刘昌明，于静洁，等. 区际调水时空优化配置理论模型探讨 [J]. 水利学报，2001 (4)：7-14.
[2] 韩万海，马牧兰，栾元利. 石羊河流域水资源优化配置与可持续利用 [J]. 水利规划与设计，2007 (5)：22-26.
[3] 张静，黄国和，刘烨，等. 不确定条件下的多水源联合供水调度模型 [J]. 水利学报，2009，40 (2)：160-165.
[4] 李玲跃，甘泓. 试论水资源合理配置和承载力概念与可持续发展之间的关系 [J]. 水科学进展，2000，11 (3)：307-313.
[5] 方庆，董增川，刘晨，等. 基于 PSR 模型的唐山地区生态系统健康评价 [J]. 中国农村水利水电，2013, (6)：26-29.
[6] 刘卫林. 水资源配置系统的计算智能方法及其应用研究 [D]. 南京：河海大学，2008.
[7] 肖晓伟，肖迪，林锦国，等. 多目标优化问题的研究概述 [J]. 计算机应用与研究，2011，28 (3)：805-808，827.
[8] 胡志东. 调蓄水库对南水北调河南受水区水资源配置影响研究 [D]. 郑州：郑州大学，2007.
[9] 吴浩东，胡建平，莫莉萍，等. 运用动态规划方法来解决水资源的最优分配 [J]. 资源环境与工程，2006 (6)：781-783.
[10] 阮本清，梁瑞驹，王浩，杨小柳. 流域水资源管理 [M]. 北京：科学出版社，2001.

中小河流洪水地区组成理论研究

柳小珊　孔维娜

[摘要]　随着社会经济的发展，人类对江河进行了治理与开发，在河流上开发修建了水库等水利工程。经水库调蓄后的洪水与天然洪水相比，一般情况下洪峰流量和时段洪量减少，洪峰出现时间滞后，并随天然洪水的大小和洪水过程的形状不同而异。上游水库的下泄流量过程与区间洪水过程组合后，形成下游设计断面受上游工程影响的洪水过程。本文系统总结了洪水地区组成的理论方法，主要包括典型洪水组成法和同频率洪水组成法，同时重点归纳了当前洪水地区组成的前沿方法，即JC法和Copula法。

[关键词]　洪水地区组成；典型洪水组成法；同频率洪水组成法；JC法；Copula法

1　引言

人类对江河进行了治理与开发，在河流上开发修建了水库等水利工程，水库群的调蓄或蓄滞洪作用将对下游控制断面的设计洪水产生较大影响。经上游工程调蓄后的洪水过程与天然洪水过程相比，一般情况下洪峰流量和时段洪量减少，洪峰出现时间滞后，并随天然洪水的大小和洪水过程的形状不同而异。上游工程的下泄流量过程与区间洪水过程组合后，形成下游设计断面受上游工程影响的洪水过程。

洪水地区组成就是研究下游设计断面受上游工程影响的洪水过程，本质上就是研究洪水洪量在设计断面或防洪控制断面以上各个区间的分配情况。

2　受水库调洪影响的几种常见类型

2.1　单库下游有防洪对象

如图 1 所示，设计的水库 A 下游有防洪区（以 C 为控制断面），A 与 C 之间有未控制的区间 B。为了研究水库 A 对防洪控制断面 C 的防洪作用，需要推算 C 断面受上游水库 A 调洪影响后的设计洪水。

2.2　梯级水库

梯级水库的设计洪水计算，一般都会涉及推求受上

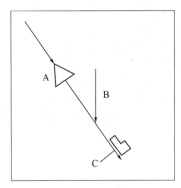

图 1　单一水库承担下游防洪

游水库调蓄影响后的设计洪水。上、下游两个水库组成的梯级水库是最常见的，具有一定的代表性，而多级水库可以看做是两级水库的各种组合。

对于两级水库的情况，可以归纳为三种类型。

（1）两级水库均不承担下游防洪对象的防洪任务。如图 2 所示，A_d 水库的洪水是经 A_u 水库调洪后的下泄洪水与区间 B 的洪水组合而成的，所以在进行 A_d 水库的防洪设计时，就需要推求 A_d 水库受 A_u 水库调洪影响后的设计洪水。

（2）两级水库下游有防洪对象。如图 3 所示，如果所要设计的工程是 A_u 水库，为研究 A_u、A_d 两个梯级水库对防洪对象 C 的防洪效果，就需要推求 C 断面受上游 A_u、A_d 两水库调洪综合影响后的设计洪水；如果所要设计的工程是 A_d 水库，除需推求 A_d 受 A_u 水库调洪影响的设计洪水外，同时还要推求 C 断面受 A_u、A_d 两水库调洪共同影响的设计洪水。

（3）两级水库之间有防洪对象。如图 4 所示，在设计 A_u 水库时，为研究 A_u 水库对防洪对象 C 的防洪作用，需推求 C 断面受 A_u 水库调洪影响后的设计洪水；在设计 A_d 水库时，就需推求 A_d 受 A_u 水库调洪影响后的设计洪水；当两库联合调度时，A_u 的下泄流量不仅取决于本断面来水的大小，也取决于 A_d 断面来水的大小，即设计断面 C 受上游水库调蓄影响后的洪水，同时受 A_u、B_1、B_2 三部分洪水组成的影响。

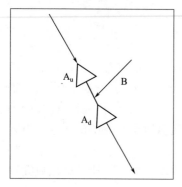 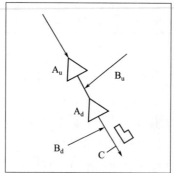 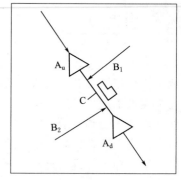

图 2　两级水库不承担下游防洪　　图 3　两级水库承担下游防洪　　图 4　两级水库之间有防洪对象

2.3　并联水库下游有防洪对象

如图 5 所示，在设计 A_1 或 A_2 水库时，都要计算 C 断面受 A_1 和 A_2 水库调洪影响后

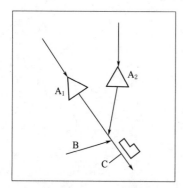

图 5　并联水库承担下游防洪

的设计洪水。当 A_1、A_2 采用独立调洪方式时，为推求 C 断面的设计洪水，应研究 A_1、A_2 及两库与 C 断面之间的区间 B 三部分洪水的不同组成对 C 断面设计洪水的影响。当水库 A_1、A_2 采用联合补偿调洪方式，共同承担 C 断面的防洪任务时，水库总的调洪效果主要取决于 A_1、A_2 两断面洪水的总和，除了可直接分析 A_1、A_2 及 B 三部分洪水的地区组成外，也可将 A_1、A_2 两断面的洪水合并成一个虚拟断面 A 的洪水，首先分析 A 与 B 两部分洪水的组成，再将 A 的洪水分配给 A_1 及 A_2，这种方法

便于判断对 C 断面不利的洪水组合。

3 洪水地区组成研究现状

《水利水电工程设计洪水计算规范》（SL 44—2006）指出："当设计断面上游有调蓄作用较大的水库或设计水库对下游有防洪任务时，应对大洪水的地区组成进行分析，并拟定设计断面以上或防洪控制断面以上设计洪水的地区组成，设计洪水的地区组成可采用典型洪水组成法或同频率洪水组成法拟定，两种洪水组成法的各分区设计洪水过程均应采用同一次洪水过程线为典型。"

地区组成法研究当设计断面发生设计标准的天然洪水时，上游水库及区间的洪水地区组成情况。当设计断面发生设计频率的天然洪水时，通过拟定若干个以不同地区来水为主的组成方案，对每一组成方案计算上游工程所在断面和无工程控制区间洪水的洪峰与洪量，以及各断面统一时间坐标的相应洪水过程线，对工程所在断面的洪水过程线经调洪计算得到下泄洪水过程线，再与区间洪水过程线组合（一般要进行洪水演进），推求出设计断面的洪水过程线，从中选出可能发生又能满足设计要求的洪水成果。

3.1 典型洪水组成法

典型洪水组成法是从实测洪水资料中选择几个有代表性的、对防洪不利的大洪水作为典型，以设计断面的设计洪量作为控制，按典型年各分区洪量站设计断面洪量的比例，计算各分区相应的洪量。

在对梯级水库中某一水库工程进行防洪安全设计时，如果设计断面的洪水只受到上游一个调蓄作用较大的水库的调洪影响，并且这种影响仅与该水库本身断面洪水大小有关，则在拟定设计断面的设计洪水地区组成方案时，只涉及一个水库及一个区间的较为简单的情况。如图 2 所示，设计断面为下水库 A_d 时，应根据选定的典型洪水，按典型洪水 A_u 与 B 区间两部分洪量占设计断面洪量的比例，将设计断面的设计洪量分配给 A_u 与 B 区间。

两个梯级水库对设计断面洪水的影响，可分为两种情况。

（1）设计断面上游有两个梯级水库。如图 3 所示，为推求设计断面 C 的设计洪水，需要拟定上水库 A_u、上区间 B_u 及下区间 B_d 三个分区的洪水地区组成方案。若以 W_c 表示一场洪水的洪量，根据上下游水量平衡原则，则有 $W_c = W_{A_d} + W_{B_d}$ 和 $W_{A_d} = W_{A_u} + W_{B_u}$。因此在分配设计洪量时，可以分两级进行，方法如下：

选择一个典型大洪水，按典型洪水 A_u、B_u、B_d 三个分区洪量占设计断面洪量的比例，将设计断面的设计洪量分配给三个分区。受水库调洪影响后设计断面的设计洪水与上游水库的调洪影响密切相关，水库调洪作用越小，所推求设计断面的设计洪水越大，工程防洪越安全。因此在选择典型洪水时，在符合流域洪水遭遇规律的基础上，选取水库断面洪水所占比例相对较小，而两个区间洪水所占比例较大的洪水典型。

（2）设计断面位于两个联合防洪调度的梯级水库之间。如图 4 所示，当两库采用联合调洪方式时，上水库 A_u 的下泄洪水过程不仅与上水库本身断面的来水有关，而且与下水库 A_d 断面的天然来水有关，也就是说设计断面 C 的设计洪水与 A_u、B_1、B_2（在实际应用中常考虑上下水库之间的大区间 B，$W_B = W_{B_1} + W_{B_2}$）三个分区洪水的组成有关。因此在拟定设计断面的设计洪水的地区组成时，除了将设计断面 C 的设计洪量分配给 A_u、B_1 两个分区外，还要同时确定 B_2 的洪量。

3.2　同频率洪水组成法

同频率洪水组成法，就是根据防洪要求选定某一分区出现与下游设计断面同频率的洪量，其余分区的相应洪量则按水量平衡原则推求。如果其余分区不止一个，而是有几个，则可选择一个典型洪水，计算该典型洪水各分区洪量的组成比例，并按此比例将相应洪量分配给各分区。

在中小流域经常遇到受水库调洪影响类型是水库 A 与工程未控制的区间 B。

（1）当设计断面 C 发生设计频率 P 的洪水 $W_{C,P}$（设计洪量）时，上游水库断面 A 也发生频率为 P 的洪水 $W_{A,P}$，区间 B 则发生相应的洪水 W_B，按水量平衡原则，有 $W_B = W_{C,P} - W_{A,P}$。以 $W_{A,P}$ 和 W_B 对水库断面洪水和区间洪水进行放大。

（2）当设计断面 C 发生设计频率 P 的洪水 $W_{C,P}$ 时，区间 B 也发生频率为 P 的洪水 $W_{B,P}$，上游水库 A 则发生相应的洪水 W_A，按水量平衡原则，有 $W_A = W_{C,P} - W_{B,P}$。以 W_A 和 $W_{B,P}$ 对水库断面洪水和区间洪水进行放大。

4　洪水地区组成研究前沿

随着基础研究的深入，新的技术和方法被引入水文领域，设计洪水地区组成研究进一步得到完善和发展，其中代表性成果有 JC 法和 Copula 法。

4.1　JC 法

JC 法是结构安全度联合委员会（JCSS）推荐用于计算工程结构可靠度的一种方法。其基本原理是，将所求结构的极限状态方程用泰勒级数展开，使之线性化，然后用该方程的一阶矩和二阶矩求解结构的可靠度。JC 法相较于一次二阶矩法，对一次二阶矩法等计算方法有了很大的改进，不仅可以对非线性的状态方程求解，而且对状态方程中变量的分布不加限定，可以求解出变量在失效边缘的最不利组合及失效风险。发展至今，该理论本身已比较完善，并被广泛应用于其他领域，如大坝的水力设计、水库泄洪的安全设计等。

设计洪水地区组成的洪水风险定义为上游下泄与区间来水和大于设计断面的设计值的概率。假设上游水库 A 在控制时段 t 内的最大入库洪量为 $W_{t,\text{入}}$，区间 B 在控制时段 t 内的最大洪量为 $W_{t,c}$，设计断面 C 在控制时段内的设计值为 $W_{t,d}$，如图 2 所示，转化为极限状态方程

$$g = W_{t,d} - W_{t,\text{入}} - W_{t,c} = 0 \tag{1}$$

则设计风险可表示为

$$P_f = 1 - P(W_{t,c} + W_{t,\lambda} < W_{t,d}) \tag{2}$$

若下游防护对象为洪峰流量为控制，则极限状态方程为

$$g = Q_d - Q_B - Q_C = 0 \tag{3}$$

式中：Q_d 为设计断面对应设计频率的洪峰流量；Q_B、Q_C 分别为上游水库的下泄流量和区间的流量。

JC 法模型的求解过程主要包括：用 JC 法进行洪量分配；根据洪量分配结果计算风险；结合典型年推求洪水过程线。

JC 法从断面洪水组成因素的概率分布出发，直接在失效边界上寻求洪量分配的最不利组合，弥补了以往方法中可能漏掉不安全方式的不足，在求解洪水分配方式的同时计算了断面设计洪水的风险，根据允许风险，可进一步判别断面设计安全。

4.2 Copula 函数推求设计洪水的地区组成

Copula 函数是定义域为 [0，1] 均匀分布的多维联合分布函数，通过 Sklar 定理，它可以将多个随机变量的边缘分布连接起来构造联合分布。对于二维来说，可以表述为如下形式：

$$F(x,y) = C_\theta(F_X(x), F_Y(y)) = C_\theta(u,v) \tag{4}$$

式中：C 称为 Copula 函数；θ 为 Copula 参数；$u = F_X(x)$，$v = F_Y(y)$ 分别为随机变量 X 和 Y 的边缘分布。

相应的联合概率密度函数为

$$f(x,y) = c(u,v) f_X(x) f_Y(y) \tag{5}$$

式中：$c(u,v) = \partial^2 C(u,v)/\partial u \partial v$ 为 Copula 函数的密度函数；$f_X(x)$ 和 $f_Y(y)$ 分别为随机变量 X 和 Y 的概率密度函数。

Sklar 定理是 Copula 函数构造联合分布的理论根据，它可以将联合分布分为边缘分布和相关性结构两部分，形式灵活，构造简单，使得 Copula 函数理论在水文及其他领域有了广泛应用。

4.2.1 梯级水库设计洪水的最可能地区组成法

如图 1 所示，C 为设计断面，其上游有 n 个水库 $A_1, A_2, \cdots, A_{n-1}, A_n$；$n$ 个区间流域 $B_1, B_2, \cdots, B_{n-1}, B_n$。随机变量 X、Y_i 和 Z 分别表示水库 A_1、区间流域 B_i 和断面 C 的天然来水量，取值依次为 x、y_i 和 z（$i = 1, 2, \cdots, n$）。

受上游 A_1—A_2—$\cdots$—A_{n-1}—A_n 梯级水库的影响，分析断面 C 设计洪水的地区组成需要研究天然情况下水库 A_1 断面和 n 个区间 $B_1, B_2, \cdots, B_{n-1}, B_n$ 共（$n+1$）个部分洪水的组合。由于河网调节等因素的影响，往往难以推求设计洪峰流量的地区组成，且对调洪能力大的水库洪量起主要作用。因此通常将断面 C 某一设计频率 p 的时段洪量 z_p 分配给上游（$n+1$）个组成部分，以研究梯级水库的调洪作用。由水量平衡原理得

$$x + \sum_{i=1}^{n} y_i = z_p \tag{6}$$

式中：z_p 为断面 C 的天然设计洪量；x、y_i 分别为水库 A_1、区间 B_i 相应的天然洪量。

设计洪水的地区组成本质上是给定断面 C 的设计洪量 z_p，在满足通式（1）约束条件

下分配 z_p，得到组合 $(x,y_1,y_2,\cdots,y_{n-1},y_n)$。得到洪量分配结果后，可以从实际系列中选择有代表性的典型年，放大该典型年各分区的洪水过程线可得各分区相应的设计洪水过程线，然后输入到 A_1—A_2—$\cdots$—A_{n-1}—A_n 梯级水库系统进行调洪演算，就可以推求出同一频率 P 断面 C 受上游梯级水库调蓄影响的设计洪水值。

推导梯级水库设计洪水的最可能地区组成的计算通式如下。

不同洪量组合发生的相对可能性大小，可以用 X 和 Y_i $(i=1,2,\cdots,n)$ 的联合概率密度函数值 $f(x,y_1,y_2,\cdots,y_{n-1},y_n)$ 大小来度量。联合概率密度函数值越大，表明该地区组成发生的可能性越大。欲得到最可能地区组成，即为求解 $f(x,y_1,y_2,\cdots,y_{n-1},y_n)$ 在满足通式（1）条件下的最大值，即

$$\max f(x,y_1,y_2,\cdots,y_{n-1},y_n) \tag{7}$$

X 和 Y_i $(i=1,2,\cdots,n)$ 的联合分布函数用 $F(x,y_1,y_2,\cdots,y_{n-1},y_n)$ 表示，表达式如下

$$F(x,y_1,y_2,\cdots,y_{n-1},y_n)=P(X\leqslant x,Y_1\leqslant y_1,\cdots,Y_n\leqslant y_n) \tag{8}$$

相应的概率密度函数为

$$f(x,y_1,y_2,\cdots,y_{n-1},y_n)=\partial^{n+1}F(x,y_1,y_2,\cdots,y_{n-1},y_n)/\partial x\partial y_1,\cdots\partial y_n \tag{9}$$

近年来 Copula 函数理论的应用和日趋完善使之成为可能，能够灵活地构造具有任意边缘分布的多变量联合分布。

4.2.2　基于 Copula 函数推导最可能地区组成的计算通式

借助 Copula 函数，联合分布函数 $F(x,y_1,y_2,\cdots,y_{n-1},y_n)$ 可以表示为 $F(x,y_1,y_2,\cdots,y_{n-1},y_n)=C(u,v_1,v_2,\cdots,v_{n-1},v_n)$。式中 $C(u,v_1,v_2,\cdots,v_{n-1},v_n)$ 为 Copula 函数；$u=F_X(x)$，$v_i=F_{Y_i}(y_i)$ 分别为水库 A_1、区间 B_i 洪水的边缘分布函数。通过一系列数学方法推导出基于 Copula 函数推求的最可能地区组成法应满足的计算通式。以各分区控制面积占设计断面的比例分配洪量 z_p 的结果作为初始解，采用牛顿迭代法进行迭代求解，得到断面 A_1 断面、区间流域 B_1、$B_2\cdots B_n$ 洪水的最可能地区组成 $(x^*,y_1^*,y_2^*,\cdots,y_{n-1}^*,y_n^*)$。

5　实例研究

清江流域地处湖北省西南部，清江干流全长 $423km$，流域面积 $17000km^2$，在宜都市陆城镇汇入长江。干流从上到下依次建有水布垭—隔河岩—高坝洲梯级水库，实例采用最可能地区组成法计算水布垭—隔河岩—高坝洲梯级水库的调洪作用对宜都断面设计洪水的影响。

在基于 Copula 函数推导最可能的计算通式中，令 $n=3$，即为 3 个水库的情形，可以求解出宜都断面设计洪水的最可能地区组成，计算结果见表 1。采用规范推荐的同频率地区组成法，则需要拟定 8 种不同的地区组成方案，现选取对宜都断面防洪较为有利的组成方案Ⅰ（即高坝洲断面、隔河岩断面和水布垭断面与宜都断面同频率，而高—宜区间、隔—高区间和水—隔区间按水量平衡原则分别发生相应洪水）和较为不利的组成方案Ⅷ

（即高—宜区间与宜都断面同频率、隔—高区间与高坝洲断面同频率，水—隔区间与隔河岩断面同频率，而高坝洲断面、隔河岩断面和水布垭断面则分别发生相应洪水），对比分析和验证最可能地区组成计算结果的合理性。通过表1可以看出，最可能地区组成法得到的水—隔区间洪量较两种同频率地区组成方案要小，而水布垭断面、隔—高区间和高—宜区间洪量则介于两种同频率地区组成方案之间。

表 1　　　　　　宜都断面同频率和最可能设计洪水地区组成结果　　　　单位：亿 m³

设计频率/%	天然情况	同频率地区组成 I				同频率地区组成 Ⅷ				最可能地区组成			
		水布垭	水—隔区间	隔—高区间	高—宜区间	水布垭	水—隔区间	隔—高区间	高—宜区间	水布垭	水—隔区间	隔—高区间	高—宜区间
0.1	46.58	25.33	14.01	3.55	3.69	21.28	14.11	5.14	6.05	22.30	13.64	4.93	5.71
0.2	42.97	23.51	12.79	3.27	3.40	20.01	12.83	4.66	5.47	20.87	12.45	4.47	5.18
0.5	38.16	21.07	11.17	2.90	3.02	18.31	11.13	4.02	4.70	18.93	10.88	3.88	4.47
1	34.47	19.19	9.93	2.62	2.73	16.96	9.85	3.54	4.12	17.44	9.67	3.42	3.94
2	30.73	17.27	8.69	2.34	2.43	15.58	8.55	3.06	3.54	15.90	8.46	2.97	3.40
5	25.68	14.67	7.03	1.95	2.03	13.64	6.84	2.42	2.78	13.80	6.82	2.36	2.70

得到宜都断面设计洪水的地区组成结果后，即可计算水布垭—隔河岩—高坝洲梯级水库调洪影响下的宜都断面设计洪峰流量。以水布垭断面、水—隔区间、隔—高区间和高—宜区间分配到的相应洪量为控制，按1997年典型洪水过程线同倍比放大得到各自的设计洪水过程线，输入到梯级水库系统进行调洪演算。水布垭—隔河岩区间考虑了河道洪水演算，由于隔河岩—高坝洲区间和高坝洲—宜都区间洪水传播时间较短，未进行河道演算。为了比较分析梯级水库的削峰作用，假设天然情况下宜都断面年最大洪峰流量与洪峰流量设计频率相同。不同设计频率的宜都断面天然洪峰流量及两种同频率地区组成方案和最可能地区组成推求的受上游梯级水库影响的洪峰流量见表2。

表 2　　　　　　受梯级水库调蓄影响的宜都断面洪峰流量对比　　　　单位：m³/s

设计频率/%	天然情况	同频率地区组成 I			同频率地区组成 Ⅷ			最可能地区组成		
		调蓄情况	削减量	削减率/%	调蓄情况	削减量	削减率/%	调蓄情况	削减量	削减率/%
0.1	25700	16300	9400	36.6	19100	6600	25.7	18700	7000	27.2
0.2	24000	15900	8100	33.8	18300	5700	23.8	18000	6000	25
0.5	21700	13200	8500	39.2	14600	7100	32.7	14400	7300	33.6
1	19900	12800	7100	35.7	14000	5900	29.6	13900	6000	30.2
2	18000	12500	5500	30.6	13400	4600	25.6	13300	4700	26.1
5	15500	11800	3700	23.9	12200	3300	21.3	12200	3300	21.3

由表2可知，水布垭—隔河岩—高坝洲梯级水库的联合调洪对下游宜都断面的削峰作用显著，对各频率的设计洪水削峰率均在20%以上。以宜都断面100年一遇洪峰流量为例，同频率地区组成法计算的流量区间为 [12800，14000]，而最可能地区组成的结果为 13900m³/s，位于该流量区间之内，最可能地区组成法具有较强的统计学基础，能较好反

应流域洪水的自然规律，一定程度上避免了选取设计成果时的任意性。

6 小结

经上游工程调蓄后的洪水过程与天然洪水过程相比，一般情况下洪峰流量和时段洪量减少，洪峰出现时间滞后，并随天然洪水的大小和洪水过程的形状不同而异。上游工程的下泄流量过程与区间洪水过程组合后，形成下游设计断面受上游工程影响的洪水过程。本文系统总结了受水库调洪影响的几种常见类型及当前广泛使用的洪水地区组成方法，地区组成随着水库数量的增加越来越复杂，JC 法和基于 Copula 函数推导最可能地区组成法是梯级水库洪水地区组成具有良好前景的方法。

参 考 文 献

[1] 水利部 . SL 44—2006 水利水电工程设计洪水计算规范 [S]. 北京：中国水利水电出版社，2006.
[2] 谢小平，黄灵芝，席秋义，等 . 基于 JC 法的设计洪水地区组成研究 [J]. 水力发电学报，2006，25 (6) 125 - 129.
[3] 刘章君，郭生练，李天元，等 . 梯级水库设计洪水最可能地区组成法计算通式 [J]. 水科学进展，2014，25 (4)，575 - 584.

02

工程地勘与测量

引江济汉工程膨胀土分类及关键处置技术

董忠萍　邹勇　黄定强

[摘要]　膨胀土问题是引江济汉工程的关键技术问题之一。本文在大量的试验分析、研究的基础上，经对比分析，确定适合引江济汉工程区特点的分类指标及分类方法。为适应膨胀土分布不均一的特性，采取"样本1/3"法则对单层土体的膨胀性进行判别及"过水断面厚度1/3"法则对渠道膨胀土进行界定。并根据膨胀土的宏观地质特征，进行野外快速判别，以指导工程施工。根据渠道膨胀土等级的划分，采取水泥改性土对膨胀土渠坡进行置换处理，并对处置效果进行数值模拟分析。实践证明，对于膨胀土关键技术研究及运用取得了良好的效果。

[关键词]　膨胀土分类；快速判别；水泥改性土置换处理；数值模拟

1　引言

引江济汉工程是汉江中下游4项治理工程之一，它的主要任务是：从长江引水，补给汉江兴隆以下河段流量和补充东荆河灌区水源，改善汉江下游灌溉、供水、航运和河道内生态用水条件，促使汉江下游的生态环境得到合理的保护和健康发展，达到南水北调中线调水区和受水区经济、社会、生态的协调发展，实现"南北双赢"。

引水线路从长江荆江河段荆州龙洲垸引水，在潜江市高石碑穿江汉干堤汇入汉江，渠道全长67.23km，调水流量为350m³/s，年均引水量为22.8亿 m³，设计渠底宽度60m，渠道按限制性Ⅲ级通航规模设计，沿途交叉建筑物100余座。为大型水利工程。该工程于2010年3月26日正式开工，于2014年9月26日主体工程完工，并正式通水运行。

引江济汉工程地处江汉盆地西缘，位于长江及其最大支流汉江两大水系之间。渠线穿越长江和汉江的一、二级阶地，全长67.23km，其中膨胀土渠段长48.4km，占总长的72%。膨胀土问题是引江济汉工程的关键技术问题之一。通过多年来对引江济汉工程膨胀土的勘察、研究与实践，在膨胀土的分类、膨胀土野外快速判别、膨胀土的强度参数取值、边坡稳定分析及渠道膨胀土的工程处理等方面取得了一系列的成果，不仅解决了引江济汉工程的膨胀土问题，同时，可为江汉平原、鄂北岗地膨胀土分布区的同类工程提供参考。特别是在膨胀土的分类、膨胀土野外快速判别及膨胀土改性利用等方面有着独特的见解。

2 膨胀土分类

2.1 膨胀土分类研究现状

国内外多个行业和部门基于不同的目的和侧重点，对膨胀土开展了大量的研究工作，提出了许多判别与分类方法，如按黏粒含量、液限与自由膨胀率分类，按蒙脱石含量、比表面积与阳离子交换量分类，按总胀缩率分类，按塑性图分类等。由于影响膨胀潜势的因素较多且复杂，各因素之间也存在一定的相关关系，目前对此缺乏透彻的研究，使膨胀土分类较为复杂，尚难统一。现在还没有一个单一指标能充分表述作为工程环境或工程结构体一部分的膨胀土的复杂性态，多是考虑一些因素的某种组合来对膨胀土进行判别与分类。

目前，国内外膨胀土的分类方法很多，所选用的指标和标准也不相同，代表性的分类方法有：①美国垦务局法（USBR 法），评价指标为塑性指数、缩限、膨胀体变、小于 0.001mm 胶粒含量；②杨世基标准，评判指标为液限、塑性指数、胀缩总率、吸力、CBR 膨胀量；③国家标准《膨胀土地区建筑技术规范》（GBJ 112—87）判别法，判别指标为自由膨胀率；④按最大胀缩性指标进行分类（柯尊敬教授分类）；⑤按自由膨胀率与胀缩总率进行分类；⑥按塑性图判别与分类；⑦按多指标综合判别分类；⑧利用多指标数学式判别与分类；⑨南非威廉姆斯（Williams）分类标准，联合使用塑性指数及小于 $2\mu m$ 颗粒的成分含量作图对膨胀土进行判别分类；⑩风干含水量法分类（潭罗荣教授分类）；⑪《公路路基设计规范》（JTGD 30—2004）分类，评判用自由膨胀率、标准吸湿含水量、塑性指数 3 项指标；⑫《铁路工程地质膨胀土勘测规则》（TB 10042—1995）分类，采用自由膨胀率、蒙脱石含量与阳离子交换量 3 项指标来判定；⑬五指标判别分析法，以能充分反映和表征膨胀土胀缩机理和特性的液限、塑性指数、自由膨胀率、小于 0.005mm 颗粒含量、胀缩总率 5 个指标作为膨胀土的判别指标。

上述分类方法反映了膨胀土的一些工程特性，并且有的已经在工程中得到成功的应用。但现有的膨胀土分类方法主要为试验室分类，局限于对膨胀土单个样本的分类。在同一地段，同一层土体中由于土层结构、黏土矿物的含量、包含物的差异及裂隙发育不均等因素，膨胀土的膨胀性在空间上分布具有不均一性，土体的膨胀潜势等级都可能不一样。要准确地判别膨胀土体的类别，利用现有的这些方法是有局限性的，难于解决生产实践的需要。

南水北调中线工程总干渠对膨胀土的分类是在室内试验的基础上，采用"样本 1/3 法则"对同一层膨胀土体进行膨胀潜势分类，在总干渠输水渠道工程建设中得到了广泛的应用。"样本 1/3 法则"是对同一层膨胀土体进行的膨胀潜势分类，它突破了单个样本分类的局限，在工程实践中得到了有效的应用，但它不能解决呈层状分布，即每层土体膨胀潜势不一样的复杂结构土体的膨胀潜势分类。

2.2　引江济汉工程渠道膨胀土分布特点

在引江济汉工程施工过程中，根据渠道施工开挖的情况来看，膨胀土具有明显的垂直分带性，每层土的膨胀性也不尽相同。在多数渠段，渠坡上弱、中膨胀土相间成层分布。总的看来，边坡土层结构主要分为 3 种，如图 1 所示。

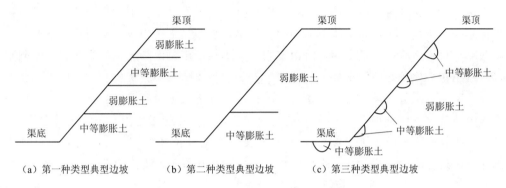

（a）第一种类型典型边坡　　（b）第二种类型典型边坡　　（c）第三种类型典型边坡

图 1　渠坡土层典型结构示意图

第一种：边坡土层从上至下分为 4 层，呈弱—中—弱—中成层分布，渠底为中等膨胀土。此种结构多分布在挖方渠段。

第二种：边坡土层从上至下分为 2 层，呈弱—中成层分布，渠底为中等膨胀土。此种结构在半挖半填渠段较为典型。

第三种：边坡土层总体较均质，成层性不明显，中等膨胀土呈团块状在边坡无规则分布。此种结构土层在工程区分布范围较小。

2.3　渠道膨胀土综合分类研究

根据引江济汉工程渠道膨胀土分布比较复杂的特点，该工程对膨胀土的分类分为三个步骤：①选取分类指标，对单个膨胀土样本进行分类；②采用"样本 1/3 法则"对同一层膨胀土体进行分类；③采用"过水断面厚度 1/3 法则"对渠道膨胀土进行综合分类。

2.3.1　膨胀土单个样本分类

对单个样本的膨胀土分类属于试验室分类，是国内外研究的重点。首先是选取合理的、符合本工程膨胀土特点的判别指标，这些指标能反映膨胀土基本性质。然后在此基础上研究各指标间的相关关系，以及这些指标的组合规律。常见的分类指标如下：

（1）界限含水量。土的界限含水量指黏性土由一种稠度状态转到另一种状态时的分界含水量，是反映土粒与水相互作用的灵敏指标之一，在一定程度上反映了土的亲水性能。它与土的颗粒组成、黏土矿物成分、阳离子交换性能、土的分散度和比表面积，以及水溶液的性质等有着十分密切的关系，对于工程具有较大的实际意义。通常有液限、塑限、缩限 3 种定量指标。一般来说，膨胀土是具有高塑性与高收缩性的黏土，液限越高、缩限越低，则土的膨胀潜势就越大。因此，采用界限含水量特征值，作为膨胀土的判别指标是可行的。

（2）粒度组成。土的粒度成分（颗粒级配）是指土中各粒组的相对含量，通常用各粒组占土粒总质量（干土质量）的百分数表示。粒度成分是反映膨胀土物质组成的基本特性指标，土中小于 0.005mm 的黏粒与小于 0.002mm 的胶粒成分含量愈高，一般表明蒙脱石成分越多，分散性越好，比表面积越大，亲水性越强，膨胀性越大。所以采用土中黏粒含量指标，也同样可以区分膨胀土与非膨胀土。

（3）自由膨胀率。自由膨胀率指一定质量的烘干、过筛土颗粒，在无结构约束状态下自由吸水的体积膨胀量与原始体积之比，以百分率表示，是反映土的膨胀特性的最直接量度指标之一。研究表明，当膨胀土的结构相似时，土中黏土矿物成分蒙脱石含量愈多，自由膨胀率愈大；高岭石含量愈多，自由膨胀率愈小。采用自由膨胀率作为膨胀土的判别指标，一般能获得比较好的结果。

（4）风干含水量。风干含水量指在室内自然条件下风干后所具有的含水量。不仅依赖于土样中细粒（特别是小于 $1\mu m$ 粒径的胶粒）含量，更依赖于土中黏土矿物种类。

（5）比表面积和阳离子交换量。土的比表面积是单位体积（cm^3）或单位质量（g）的固体颗粒具有的表面积总和。土壤阳离子交换量指在一定 pH 值为 7 时，每千克土壤中所含有的全部交换性阳离子（K^+、Na^+、Ca^{2+}、Mg^{2+}、NH_4^+、H^+、Al_3^+ 等）的总摩尔数。

比表面积和阳离子交换量与膨胀土中蒙脱石黏土矿物成分的含量有密切关系，从某种意义来讲，通过对土中黏土颗粒的比表面积和阳离子交换量的测定，可以大致了解膨胀土中蒙脱石黏土矿物成分的近似含量。

（6）矿物成分。不同类型、不同含量及其组合而成的膨胀土必然在物理化学、物理力学和物化-力学性质方面，反映出明显的差异。蒙脱石由二层硅氧四面体中间夹一层氧八面体组成的二八面体构造，晶格之间的氧层相连接，具有极弱的键和良好的解理，使极性水分子容易进入单位晶层之间，形成水膜，产生晶格扩张膨胀，当膨胀土蒙脱石含量达到5％时，即可对土的胀缩性和抗剪强度产生明显影响，若膨胀土蒙脱石含量超过20％时，土的胀缩性和抗剪强度基本上全由蒙脱石控制。

（7）标准吸湿含水量。标准吸湿含水量指在标准温度（通常为25℃）和标准相对湿度下（通常为60％），膨胀土试样恒重后的含水量。标准吸湿含水量与比表面积、阳离子交换量、蒙脱石含量之间存在线性相关的关系。

选取判别指标时，实验方法宜简单易行，指标容易获得且速度较快，以便于指导工程施工。根据引江济汉工程大量的膨胀土试验指标及统计成果，在对各项指标进行综合分析后，选取自由膨胀率、塑性指数作为膨胀潜势判别的指标，其中自由膨胀率为主判指标，塑性指数为参考指标，见表1。

表 1　　　　　　　　　膨胀土单个样本的膨胀等级分类标准

判别指标	膨胀性等级		
	弱	中	强
塑性指数 I_p	[15，23)	[23，30)	≥30
自由膨胀率 δ_{ef}/%	[40，65)	[65，90)	≥90

2.3.2 膨胀土体的分类

膨胀土的膨胀性在空间上分布具有不均一性，同一地段，同一层土体中由于土层结构、黏土矿物的含量、包含物的差异及裂隙发育不均等因素，土体的膨胀潜势等级都可能不一样。鉴于此，从工程安全角度出发，结合南水北调中线河南段的试验成果，对膨胀土体膨胀潜势分类按照样本数的 1/3 来划分，即某一层土体中某一膨胀潜势等级的土的样本数超过该层土体中的总样本数的 33%，则将该层土体膨胀土的膨胀潜势等级定为该等级，同时在判定时按膨胀土等级由强至弱优先定级。

2.3.3 渠段膨胀土等级综合确定

根据渠道施工开挖的情况来看，引江济汉工程区膨胀土具有明显的垂直分带性，每层土的膨胀性也不尽相同。在多数渠段，渠坡上弱、中膨胀土相间成层分布。针对江汉平原膨胀土分布的特殊情况，探索出了"过水断面厚度 1/3 法则"来对渠道膨胀土进行综合分类，并依据由强到弱的优先顺序依次来确定渠段的膨胀土等级。即当渠道过水断面边坡上强膨胀土的厚度超过过水断面坡高的 1/3 时，该渠段定为强膨胀土渠段；当渠道边坡上中等膨胀土和强膨胀土的厚度超过过水断面坡高的 1/3 时，该渠段定为中等膨胀土渠段；当渠道边坡上强、中、弱膨胀土的总厚度超过过水断面坡高的 1/3 时，该渠段定为弱膨胀土渠段。

另外，在渠坡中强膨胀土出露厚度未达到坡高的 1/3，但接近 1/3，且弱膨胀土的自由膨胀率在 60% 左右所占的比重较大或边坡上有地下水渗出，对边坡稳定不利时，将渠段膨胀土的等级判定为弱偏中渠段。

同时，在上述原则的基础上，确定膨胀土等级时，充分考虑坡高、地下水特征、中强膨胀土在渠坡的分布部位、裂隙的分布特征和产状、运行水位高程等因素，从确保边坡稳定的安全角度出发，对渠道膨胀土等级进行调整。

由于膨胀土分布不均一，特别是引江济汉工程区膨胀土的分布比较独特：在垂向上呈层状分布，对分类工作带来了很大的难度。我们对工程区膨胀土的分类进行了大量的试验研究，对多种分类方法进行了对比分析，总结了一套适合本工程特点的膨胀土分类方法。

3 膨胀土野外快速判别

工程施工对工期要求比较高，在渠道基坑开挖后，现场地质工程师必须准确、快速地对膨胀土的等级进行界定，没有进行试验分析的时间，以满足现场施工的需要。为此，根据前期勘察阶段大量的试验成果，结合渠道施工开挖的断面及地质素描和编录资料，在技施阶段对不同表观地质特征的膨胀土取样进行膨胀性复核，从而探寻膨胀土的宏观地质特征与膨胀潜势的普遍对应关系。

根据膨胀土的宏观地质特征，从地层岩性、地形地貌、成因类型、土体颜色、钙质结核含量及分布、裂隙发育特征 6 个方面对渠道膨胀土等级进行快速判别，以指导工程施工。

3.1　膨胀土表观特征

引江济汉工程膨胀土成因类型为河流相冲积、冲洪积堆积，岩性主要为灰白色、灰绿色、灰黄色、黄褐色、棕黄色黏性土，呈硬塑—坚硬状态，裂隙较发育，裂面上充填灰白、灰绿色黏土。土体中含铁锰质结核、团块及斑点，结核大小一般为 0.1～0.5cm，呈豆状。不同地段，铁锰质结核含量差别较大，多为 5％～15％，局部富集。钙质结核少见，主要分布于中强膨胀土层中。

3.2　膨胀土的宏观地质特征与膨胀潜势的对应关系

根据前期勘察阶段大量的试验成果，结合渠道施工开挖的断面及地质素描和编录资料，在技施阶段对不同表观地质特征的膨胀土取样进行膨胀性复核，从而探寻膨胀土的宏观地质特征与膨胀潜势的普遍对应关系。根据现场调查、试验研究及分析结果，渠道膨胀土具有明显的垂直分带性，每层土的膨胀性也各不相同。各土层的主要特征如下：

（1）灰黑色、灰褐色，黄褐色、棕褐色黏土、粉质黏土，孔隙发育，含铁锰质结核，局部结核聚集成层，裂隙不发育或发育一般，地表浅部主要以灰黑色、灰褐色为主，下部主要以黄褐色、棕褐色为主，根据"样本1/3法则"判定为弱膨胀性土。

（2）黄色、棕色及杂色黏土、粉质黏土，裂隙发育，裂隙面平直、延伸较长，裂隙面充填灰白色、灰绿色黏土，含铁锰质结核，局部含钙质结核，在垂直剖面上分布一层或数层，根据"样本1/3法则"判定为中等膨胀性土。

（3）棕黄色、红色、灰白色、灰绿色黏土、粉质黏土，长大裂隙发育，裂隙中充填较多灰白色、灰绿色黏土，此层总体分布呈透镜状或团块状，但分布长度和厚度均很小，根据"样本1/3法则"判定为强膨胀性土。

3.3　膨胀土等级快速判别

根据膨胀土的宏观地质特征，从地层岩性、地形地貌、成因类型、土体颜色、钙质结核含量及分布、裂隙发育特征6个方面对渠道膨胀土等级进行快速判别，以指导工程施工。其判别标准见表2。

表2　　　　　　　　　　　　　　　膨胀土野外快速判别标准

地层时代及岩性	工程区膨胀土均为第四系上更新统（Q_3）黏土、粉质黏土			
地形地貌特征、成因类型	地形较平坦，与现代河湖相连，受人类活动、地表水等后期改造明显。分布于长江、汉江的二级阶地	岗波状平原，地势略有起伏；冲积成因，分布于长江、汉江的二级阶地	岗波状平原、垄岗状平原，冲积、冲洪积成因，分布于长江、汉江的二级阶地	岗波状平原、垄岗状平原，冲积、冲洪积成因，分布于长江、汉江的二级阶地

地层时代及岩性	工程区膨胀土均为第四系上更新统（Q_3）黏土、粉质黏土			
土体颜色，结构特征	灰褐色、灰黑色、红褐色黏土、粉质黏土，含铁锰质结核，无钙质结核	灰黑色、灰褐色、黄褐色、棕褐色黏土、粉质黏土，孔隙较发育，含铁锰质结核，局部结核聚集成层，地表浅部主要以灰黑色、灰褐色为主，下部主要以黄褐色、棕褐色为主，钙质结核少见	灰黄色、棕黄色夹灰白色、灰绿色黏土、粉质黏土，裂隙发育，裂隙面平直、延伸较长，隙面上充填灰白色、灰绿色黏土，铁锰质结核含量较少，含钙质结核	棕黄色、红褐色、灰白色、灰绿色黏土、粉质黏土，此层总体分布呈透镜状或团块状，钙质结核含量较多
裂隙发育特征	裂隙不发育	裂隙发育轻微或一般。隙面上充填灰绿色、灰白色黏土。裂隙发育较短小，长度一般小于3m	裂隙发育，隙面上充填灰白色、灰绿色黏土，延伸长度多为1～5m，少数为5～10m	裂隙强烈发育，隙面上充填灰白色黏土，裂隙密集，延伸一般较长，呈网状发育
膨胀潜势判别	无膨胀	弱膨胀	中等膨胀	强膨胀

实践表明，这套快速判别方法简单、易行，并符合引江济汉工程膨胀土的特点。在地质素描工作完成后，现场就可对渠道膨胀土的膨胀潜势进行判别，指导现场施工，极大地提高了工作效率。

4 膨胀土渠坡关键处置技术

4.1 膨胀土边坡变形破坏机制

目前国内对于膨胀土边坡的变形破坏机制有了较为一致的认识：一种是近地表部位受外部大气环境影响，处于经常性的干湿交替状态，多裂隙、反复胀缩的特征明显，并具有强度时效性。边坡土体反复胀缩，形成浅表胀缩裂隙带，土体强度降低，边坡发生变形，最终形成浅层、渐进性、牵引式滑坡。这属于膨胀控制下的膨胀土滑坡。另一种是边坡土体中存在贯通性裂隙，边坡沿裂隙面滑坡，一般是深层滑坡，属于结构面控制下的膨胀土滑坡。

4.2 膨胀土边坡防护总体思路

膨胀土体的膨缩变形，主要缘于土体含水量的变化，因此，膨胀土边坡的防护措施均与抑制土体含水量变化有关。

4.2.1 对于膨胀土胀缩特性的抑制措施

（1）采取柔性材料对坡面、坡顶进行置换处理。柔性材料一般为非膨胀黏性土、砾质土以及石灰或水泥改性土，具有防渗、排水、隔热的效果；同时，置换层要有一定的厚度（一般不超过2m），起到覆盖层重力压制作用，对膨胀土的膨胀变形进行抑制，以维持膨胀土一定的超固结性。

（2）采用双层结构防护措施。表层用黏性土或改性土换土回填，下部铺设粗粒土或设置盲沟进行排水。粗粒土可以加速排水，防止地下水在膨胀土坡面滞留，抑制膨胀土含水量的变化，并起到隔热作用。

（3）坡顶防护。坡顶在置换层之下铺设土工膜，阻隔大气降水入渗，抑制边坡土体地下水的径流交替；防渗宽度与坡高有关，一般不小于坡高。在坡顶防渗体之外设置不透水式排水沟，以快速排走坡顶的大气降水、地表水；既抑制坡顶地表水的入渗，又防止地表水对坡面的冲刷。

4.2.2 对于结构面控制下的深层滑坡的抑制措施

主要是采用抗滑桩、土锚等工程措施，确保有足够的抗滑力，抑制裂隙土体沿结构面滑动变形或破坏。

4.3 采用改性土对膨胀土渠坡进行换填处理

对于膨胀土边坡的工程处理，有多种方法，如土工格栅、土工袋、换土回填、掺砂回填、水泥或石灰改性土回填、抗滑桩、土锚等。

鉴于引江济汉工程膨胀土在渠道边坡的分布特点（弱、中膨胀土相间分布），弱膨胀土中裂隙发育较弱或一般，且发育规模均较小，延伸长度一般小于3m；发育在中等膨胀土中规模较大的裂隙受弱膨胀土层的阻隔，在边坡上不具备贯通性，渠坡土层不存在沿裂隙面产生深层滑移的客观地质条件。因此，在引江济汉的膨胀土边坡工程处理中未考虑抗滑桩方案。

经过对多种处理方案的论证，该工程对判定为中等及弱偏中膨胀土的渠段进行工程处理，处理方式为换土回填；弱膨胀土渠段不进行工程处理。考虑工程区无非膨胀土料源，采用就地开挖的弱（中）膨胀土掺水泥改性后进行置换处理。弱膨胀土料源掺水泥4%，弱膨胀土和中等膨胀土的混合土料源掺水泥6%，而中等膨胀土是不允许单独利用的。同时，在高边坡地段，对于过水断面以上的边坡采取连拱处理。

水泥改性土换填处理方案解决了工程区无非膨胀土料源问题，采用开挖弃土（主要为由弱、中膨胀土的混合土）掺水泥进行改性，节约了土地资源，并降低了工程投资。

对全挖方段中膨胀土渠坡的处理措施为：最高水位以下渠坡用水泥改性土换土2m；最高水位以上草皮护坡的部位为防止雨水等造成膨胀土经常性脱坡，用水泥改性土换土1m；为防止渠顶雨水渗入，排水沟以内渠顶以下换土1m。当一级平台以上开挖边坡大于3m时，一级平台以上设C20混凝土连拱支护，间距2~3m，高3~4m。膨胀土渠段换基后，混凝土护坡和护底全部设计为透水式。

典型处理断面如图2所示。

4.4 弱膨胀土渠段局部换填处理

在绝大多数渠段，渠坡膨胀土在垂向上分带明显，坡脚及渠道底部均分布中等膨胀土。据"厚度1/3法则"判定为弱膨胀土的渠段，是不进行工程处理的。坡脚及近坡脚渠底，为应力集中区，在施工期受大气影响强烈，特别是在目前的施工过程中，受施工方法、天气的影响，不能完全贯彻"快速施工、及早封闭、注重防水"的原则，部分基坑存在泡水现象，坡脚膨胀土有可能产生变形破坏，从而最终形成"浅层性、逐级牵引式"滑坡。

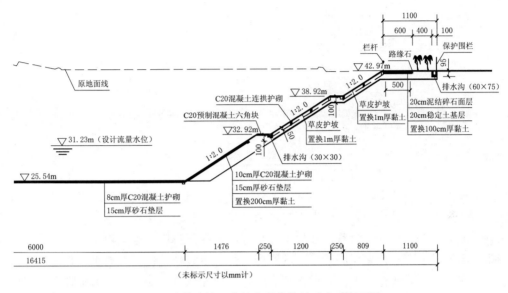

图 2　中等膨胀土全挖方段换填处理典型断面图

针对这种情况，对未换填处理的弱膨胀土渠道边坡的稳定性进行复核。鉴于目前非饱和土边坡稳定计算方法尚不成熟，边坡稳定计算成果与实际出入较大，对边坡进行应力、应变现场监测是必要的，尤其是对坡脚、近坡脚等应力集中区，且为中等膨胀土出露的部位进行重点监测。

为确保工程安全，并控制投资，对于坡脚部位中等膨胀土出露并受到施工扰动的膨胀土渠段，采取局部换填处理。膨胀土边坡滑坡的主要特点是"浅层性、逐级牵引式"，在对坡脚、近坡脚部位的中等膨胀土进行局部换填处理后，形成抗力体，在坡脚最容易、最早产生变形破坏的区域进行防范，从源头上阻止坡体变形破坏。换填土为水泥改性土（弱膨胀土掺3％水泥或中等膨胀土掺6％水泥），底部换填深度为1.5m（超过大气强烈影响深度1.35m），换填底宽兼顾施工碾压方便。局部换填处理方式如图3所示。

4.5　改性混合土换填在膨胀土渠坡关键部位

该工程膨胀土呈层状分布（弱、中膨胀土相间分布），施工开挖时弱、中膨胀土难于分离，因而在对膨胀土进行改性时采用的料源为混合土（弱、中膨胀土混合料），根据中等膨胀土在边坡的出露厚度比（即混合土料源中等膨胀土所占的比例），来确定水泥的掺量。而其他相似工程在输水渠道过水断面等关键部位的置换处理是禁止利用中等膨胀土作为改性料源的。

4.6　膨胀土渠坡换填处理数值模拟

膨胀土渠坡浅层滑坡的破坏失稳一般表现为多次降雨入渗后渐进的牵引式滑动破坏，

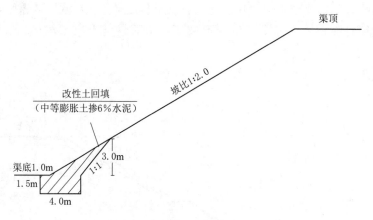

图 3 局部换填处理示意图

目前数值模拟降雨条件下边坡失稳破坏，通常先求解瞬态渗流场，再利用极限平衡法进行渠坡稳定性分析，但是降雨入渗情况下渠坡内部渗流场和应力场处于不断变化且相互耦合作用，渠坡滑坡是一渐变的过程，在模拟分析降雨条件下膨胀土渠坡稳定性时，引入合理的膨胀土本构关系，不但要反映膨胀土的膨胀特性、多裂隙特性以及遇水软化特性等，还要能反映膨胀土的非线性变形。采用大型非线性有限元软件 Abaqus 模拟膨胀土不同换填厚度对膨胀土渠坡在降雨情况下稳定性的影响。

4.6.1 膨胀土相关特性

4.6.1.1 降雨软化特性

降雨入渗会使膨胀土体含水率增加，吸力递减并致使抗剪强度大幅度降低，因此采用 Fredlund 非饱和土抗剪强度表达式，该公式是基于静应力 $(\sigma - u_a)$ 和基质吸力 $(u_a - u_w)$ 两个变量建立的，即：

$$\tau = c' + (\sigma - u_a)\tan\phi' + (u_a - u_w)\tan\phi_b \tag{1}$$

式中：c' 为有效凝聚力，kPa；ϕ' 为有效内摩擦角；σ 为总法向应力，kPa；ϕ_b 为与吸力 $(u_a - u_w)$ 相关的摩擦角，反映吸力对强度的贡献。

在 Abaqus 模拟中，有效应力定义为：$\sigma' = \sigma - (\chi u_w + (1-\chi)u_a)$，$\chi$ 简单地取为饱和度 S_r；u_w 和 u_a 分别为孔隙水压力和孔隙气压力，由于非饱和膨胀土渠坡面与大气接触，因此可以取 $u_a = 0$，本构模型中采用的就是有效应力，它反映了基质吸力的影响，这和考虑吸力导致黏聚力强度公式在表达上有所不同。因此在非饱和土流固耦合计算中，可以考虑材料性质随含水率变化而衰减的特性。

4.6.1.2 渗透系数和饱和度变化特性

饱和土中渗透系数一般为常量，但非饱和土渗透系数会随基质吸力或体积含水量的变化而改变，渗透系数 K_w、饱和度 S_r 与基质吸力 $(u_a - u_w)$ 之间存在如下关系：

$$K_w = \frac{a_w K_{ws}}{[a_w + (b_w(u_a - u_w))c_w]} \tag{2}$$

式中：K_{ws} 为土体饱和时的渗透系数；a_w、b_w、c_w 为材料系数。

$$S_r = S_i + \frac{(S_n - S_i)a_s}{[a_s + (b_s(u_a - u_w))c_s]} \tag{3}$$

式中：S_i 为残余饱和度；S_n 为最大饱和度，取 1；a_s、b_s、c_s 为材料系数。

在某一时刻计算得到单元积分点的饱和度之后，根据土的三相比例指标进行换算得到此刻的含水量，进而得到非饱和土的湿密度。

$$w = Se/G_s \tag{4}$$

$$\rho = \rho_d(1+w) \tag{5}$$

式中：ρ 为湿密度；w 为含水量；S 为饱和度；e 为孔隙比；G_s 为相对密度；ρ_d 为干密度。

4.6.1.3　膨胀特性

膨胀土吸水后含水率会发生变化，吸水膨胀进而引起湿度应力场的变化。湿度应力场与温度应力场是同源的问题，控制微分方程完全相似，可借助温度应力场来分析湿度应力场问题。其相似性来自共同的线膨胀形式。温度变化产生的应变 ε 可表示为

$$\varepsilon = \beta T \tag{6}$$

式中：β 为温度线膨胀系数；T 为温度变化量。

而含水率增加导致的线膨胀率 δ_e 可表示为

$$\delta_e = \alpha\theta \tag{7}$$

式中：α 为湿度线膨胀系数；θ 为含水率变化量。

当两者应变相等时，可得

$$\beta = \frac{\alpha\theta}{T} \tag{8}$$

因此，β，T 即可转化为湿度场参数对应的温度场参数，在二者之间可建立对应关系，实现互相转化。

4.6.2　降雨入渗模拟

模拟工况采取裸坡与换填处理后的边坡进行对比模拟，以验证换填处理效果。

计算采用膨胀土的非线性膨胀模型，考虑水泥改性土换填处理后渠坡在降雨作用下的稳定与变形，以渠道桩号 31+775 的渠段断面为模拟断面，如图 4 所示。

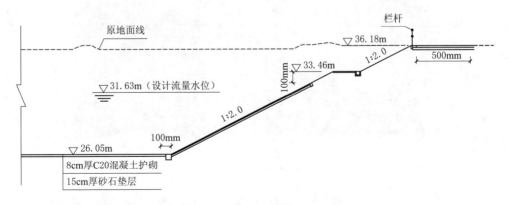

图 4　桩号 31+775 渠道开挖断面

降雨入渗模式采用 3 种情况：①降雨 24h，②降雨 48h，③强降雨停止后一天。

4.6.3 数值模拟计算步骤

（1）建立模型，选取强度参数，确定膨胀土本构关系模型、初始含水率等计算边界条件；

（2）开始降雨入渗数值模拟。考虑降雨导致的土体含水量变化。土体吸湿增重、抗剪强度吸湿软化、孔隙水压力与应力场耦合作用等过程；

（3）膨胀力施加分阶段进行，当计算达到某一时段，根据该计算点的应力和含水量的变化情况，假定计算过程中该点应力场恒定，将非线性膨胀本构模型计算的膨胀引起体变，转化为温度荷载，并施加到计算模型上；

（4）渠坡稳定安全系数计算，在降雨过程中的某一时刻，对抗剪强度参数进行折减，以等效塑性应变区域贯通作为膨胀土（岩）边坡失稳标志计取稳定性安全系数。

4.6.4 数值计算结果

数值模拟计算分别在 3 种不同降雨入渗模式下，对裸坡和水泥改性土换填处理后的渠道边坡进行边坡稳定性对比分析计算。以中等膨胀土渠坡为例，计算结果如下。

4.6.4.1 降雨 24h 后

中等膨胀土渠坡裸坡和水泥改性土换填处理后两种工况下的数值模拟计算云图如图 5 所示。

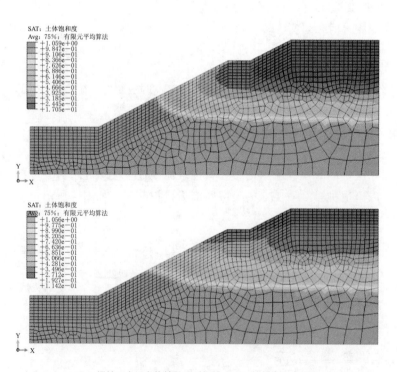

（a）裸坡（上）和换填处理后渠坡（下）坡体饱和度云图

图 5（一） 降雨 24h 后裸坡和水泥改性土换填处理后坡体云图

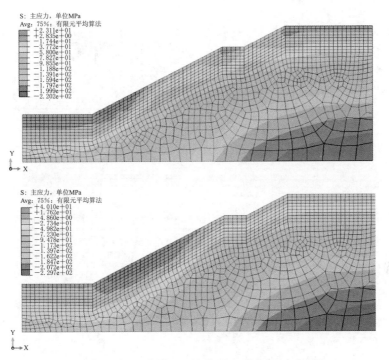

（b）裸坡（上）和换填处理后渠坡（下）坡体水平应力云图

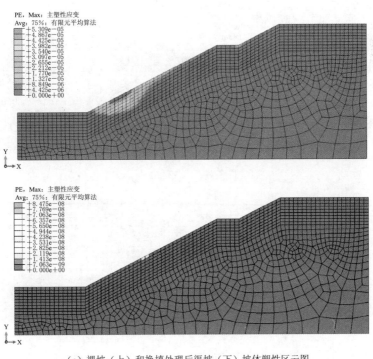

（c）裸坡（上）和换填处理后渠坡（下）坡体塑性区云图

图 5（二） 降雨 24h 后裸坡和水泥改性土换填处理后坡体云图

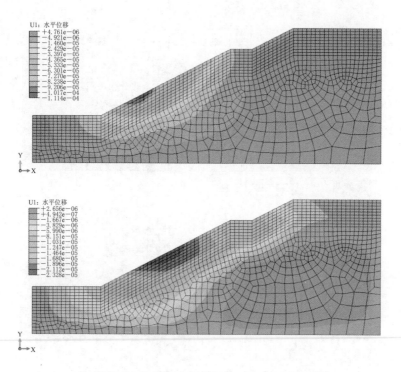

（d）裸坡（上）和换填处理后渠坡（下）坡体水平位移云图

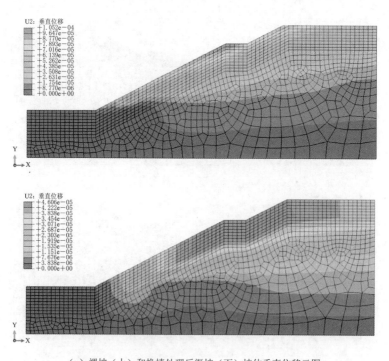

（e）裸坡（上）和换填处理后渠坡（下）坡体垂直位移云图

图 5（三）　降雨 24h 后裸坡和水泥改性土换填处理后坡体云图

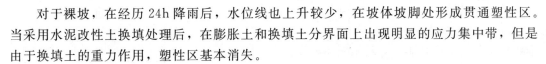

对于裸坡，在经历 24h 降雨后，水位线也上升较少，在坡体坡脚处形成贯通塑性区。当采用水泥改性土换填处理后，在膨胀土和换填土分界面上出现明显的应力集中带，但是由于换填土的重力作用，塑性区基本消失。

4.6.4.2 强降雨 48h 后

在 48h 强降雨后，坡体水位迅速升高，并且坡体表面形成暂态饱和区，对于换填处理后的渠坡，置换层对坡体的渗流场有显著的影响，这使得渠坡表面暂态饱和区域变小，换填层和坡体之间的应力集中带更加明显，对于裸坡，坡脚的塑性区继续发展，并且范围继续扩大，开始贯通，此时渠坡的稳定性较低。而换填处理后的坡脚不会出现塑性区，只在换填土和膨胀土界面产生较小范围的塑性区。

4.6.4.3 强降雨停止一天后

在强降雨停止一天后，由于坡体在降雨后一天内地下水位下降，坡体的瞬态饱和区变成了非饱和区，坡体的塑性区范围变小，当有置换层存在时，坡体基本不会出现塑性区。

计算结果表明，水泥改性土换填处理后，改善了坡体内的渗流及应力应变条件，对膨胀土渠坡的变形有较好的抑制作用，能显著提高边坡稳定性安全系数。

5 关键技术运用效果检验

引江济汉工程于 2014 年 8 月 8 日应急通水，于同年 9 月 26 日正式通水，正常运行已超过 6 年，到目前为止，膨胀土边坡总体稳定性良好，表明对工程区膨胀土的分类研究和工程处理是成功的。

（1）关于"过水断面厚度 1/3"法分类，解决了复杂结构膨胀渠道边坡的分类问题，在工程建设中得到了广泛的应用，其分类成果证明是合适的，并对江汉平原同类工程有很好的借鉴作用。在丹江口灌区、鄂北水资源配置工程中参考并采用了本项成果。

（2）在实际运用时，为了验证野外快速判别的准确性，我们进行了大量的试验对比分析，对渠坡的垂直分层膨胀土的膨胀潜势分类采取了 500 组样进行了自由膨胀率测定，野外快速判别出的膨胀土膨胀潜势准确率达 100%。

（3）采用混合土（弱、中膨胀土混合）水泥改性后置换在渠道过水断面等关键部位，目前渠道已经运行 6 年半，处理后的渠道边坡总体稳定。说明对膨胀土的处置措施是合理的、适宜的。

6 结语

膨胀土是一种"灾害土"，对渠系等水工建筑物的危害较大。在不同的地区，膨胀土的工程特性也不相同，建立一套适合本地区特点的膨胀土分类方法尤为重要。通过大量的试验研究，结合工程开挖揭露的实际情况，选取自由膨胀率、塑性指数两个指标对膨胀土的膨胀潜势进行判别，比较符合江汉平原二级阶地冲积、冲洪积成因的膨胀土的特点。且这两个指标试验方便、快捷，有利于野外快速判别，指导现场施工的可操作性较强。采取"样本1/3"法则对单层土体的膨胀性进行判别及"过水断面厚度1/3"法则对渠道膨胀土进行界定，可适应膨胀土分布不均一的特性。

在对渠道膨胀土判定的基础上，采取可靠、经济、适合本地区膨胀土特点的工程处理方式是解决问题的核心。由于工程区非膨胀土料源缺乏，采用水泥改性土是不得已而为之的一种办法。水泥改性土换填处理方法是南水北调中线河南段试验研究的成果，根据实践运用效果来看，总体来说是可靠的，也是相对经济的。一般来说，中、强膨胀土是禁止用来改性利用的，尤其是渠道过水断面等关键部位。本工程由于膨胀土呈层状分布（弱、中膨胀土相间分布），施工开挖时弱、中膨胀土难于分离，因而在对膨胀土进行改性时采用的料源为混合土（弱、中膨胀土混合料），并置换在渠道迎水坡过水断面等关键部位。

参 考 文 献

[1] 刘家明，孙峥．引江济汉干渠渠线选择 [J]．人民长江，2010，41（11）：5-9．

[2] 董忠萍，黄定强，刘家明，等．引江济汉工程渠道膨胀土分类及工程处理 [J]．南水北调与水利科技．2012，10（2）：14-18．

[3] 姚海林，杨洋，程平，等．膨胀土标准吸湿含水率试验研究 [J]．岩石力学与工程学报，2004（17）：3009-3013．

[4] 谭罗荣，张梅英，邵梧敏，等．风干含水量 W_（65）用作膨胀土判别分类指标的可行性研究 [J]．工程地质学报，1994（1）：15-26．

[5] 姚海林，杨洋，程平，等．膨胀土壤标准吸湿含水率及其试验方法 [J]．岩土力学，2004（6）：856-859．

[6] 廖世文．膨胀土与铁路工程 [M]．北京：中国铁道出版社，1984．

[7] 蔡耀军，等．膨胀土渠道处理措施研究 [J]．资源环境与工程，2008（1）：35-37，43．

[8] 湖北省水利水电规划勘测设计院，中国地质大学（武汉）．南水北调中线引江济汉工程渠坡膨胀土工程特性、分级评价及应用研究专题报告 [R]，2014．

[9] 湖北省水利学会膨胀土研究课题组，鄂北岗地膨胀土特性及渠道滑坡防护与整治的研究报告 [R]，1991．

GIS＋BIM 在水利水电工程地质勘察中的应用及展望

胡琳莹　彭义峰　张著彬

[摘要]　本文介绍了 GIS、BIM 技术的基本原理和特点，概述了 GIS＋BIM 技术在水利水电工程地质勘察领域中的应用情况，包括湖北省水利水电勘测设计院实际工程项目具体的应用情况；展望了 GIS＋BIM 在水利水电工程地质勘察应用的发展方向。

[关键词]　GIS；BIM；工程地质勘察

1　引言

水利水电工程地质项目大多线状分布，涉及地域广泛，地质环境复杂，特别是在地质工作和测量工作程度不高的区域，基础资料缺乏，野外工作开展极其不方便。传统工程地质勘察模式不能满足勘探事业的发展要求，且难以实现多维度信息的精准高效表达和集成模式管理。随着计算机技术的快速发展，计算机对数据库的管理能力及图形处理能力得到很大的提升，可通过信息模型对项目工程整个阶段内所接触到的资源、活动进行有效的管理，并利用 GIS＋BIM 技术为管理提供信息化、可视化的手段，提高信息共享水平。

工程地质勘察信息的特点是具有地理位置相关空间特性，通过 GIS 手段管理并分析地形以及地面上附着物的空间信息和属性信息，可处理图形、图片及属性信息等数据信息。可运用 GIS 技术对单体工程地质勘察项目或区域地质调查资料及其基础地理信息做进一步储存管理分析，为工程项目之后的输出成果做准备。结合 BIM 技术与三维地质建模理论，建立数字化的三维地质模型，可在计算机中可视化展现，快速精确地进行相关辅助设计和分析工作。基于 GIS＋BIM 的结合应用——"把微观领域的 BIM 信息和宏观领域的 GIS 信息进行交换和相互操作，满足查询与分析空间信息的功能，是未来 GIS 的发展方向"。必将为提高勘察工作效率及质量技术水平发挥积极的技术支撑作用。

本文研究的结论：①国内现存的大部分 GIS 对工程地质数据的管理还主要依托于二维平台，平台较为成熟，可得到工程勘察的各种类型的统计数据；②BIM 技术产品化能够模拟地质几何形态，经过存储和处理地质信息，能满足工程勘察、设计、施工全生命周期辅助决策的需要；③湖北省水利水电勘测设计院工程地质专业把外业采集到的地质信息导入 Civil 3D，并根据测绘专业生成的地形曲面，通过地质数据管理库自动建立各地层三维曲面和地质体模型，实现了下序专业设计人员直观、快速、准确地了解项目工程区域地质情况。

2 GIS 在工程地质勘察中的应用

GIS（地理信息系统）是指与所研究对象的空间地理分布有关的信息，它表示地表物体及环境固有的数量、质量、分布特征、联系和规律。GIS 作为重要的空间信息系统，可以在地理位置精确、空间地理信息分析上进行管理。

1981 年美国联邦高速公路管理处开发了岩土工程试验现场信息系统，系统基于 GIS 建立空间数据库，对所有的岩土工程试验中提取的数据进行分析、管理、输出。1997 年加拿大利用 GIS 模糊分类法和虚拟现实方法，重现斜坡形态，为工程勘察管理提供了有利依据。利用 GIS 的数据输入、存储、检索、显示和综合分析等功能，将工程中基础地质数据的空间信息与其相关的属性信息相结合，可以实现工程地质基础信息检索、统计、分析、修改等，为工程提供快速、准确的现代化管理手段。

国内很多高校、科研机构、企业，针对地质工程管理，开展了基于 GIS 的理论和应用研究。少数大城市的工程勘察单位采用 CAD 技术或地理信息系统技术建立工程勘察信息系统，如上海市地质调查研究院在 2006 年基于 GIS 建立了"上海市工程地质信息系统"，深圳市勘察研究院在 2004 年采用组件式 GIS 开发了"深圳市地质勘察信息系统"，另外北京、广州、杭州等大城市也先后建立了基于 GIS 的工程地质勘察信息系统。2002 年包慧明教授提出基于 GIS 技术的岩土勘察设计一体化理念，并成功应用在桂柳高速公路某滑坡治理项目中。2007 年张时忠采用大型商用数据库管理技术和 GIS 技术实现了 Info - Geotech 工程勘察管理信息系统。2009 年包惠明等利用 Web GIS 技术开发了工程勘察设计区域化、一体化。近几年来工程勘察信息系统的研究和应用已经成为工程勘察行业的前沿和热点课题，也成为工程勘察行业和城市规划、管理、建设等部门的迫切需要。

由于水利水电工程往往存在建筑物分布零散、地形地质条件复杂以及点多面广等特点，通过空间地理定位建立空间联系，可使分散的资料在空间上可以形成一个整体。制定统一的工程地质勘察数据标准，建立工程地质数据库，严格按照相关规范标准要求进行工程勘察资料的整理和录入，实时更新地质勘察数据库，即可提高工程管理信息化水平。同时，对规划、设计前期勘察任务具有更加直观、合理的参考作用。利用数据库生成编制各种钻孔柱状图、剖面图等工程地质图件，建立可视化三维地质模型，为工程设计提供辅助决策。

通过地理空间为基础，将钻孔数据、地形数据等元素形成一个有机整体，GIS 在工程地质勘察中有几个重要的功能：①图形要素的分层显示及输出；②基础资料数据的录入、编辑和修改；③空间属性结合的查询、统计与定位；④以点、线为基本单位，以钻孔数据为基础，将地质钻孔数据构成地层信息在三维空间中显示，建立三维地质模型，进行地下空间结构与关系的表达、分析。GIS 在工程地质勘察中具备以下几个特点：①GIS 系统的数字技术将采集到的各式各样的图像、数据信息借助计算机处理，具备准确性和规范性；②对采集到的各类信息通过数字转换保存到数据库中，具有实时性；③利用对现场勘查情况的记录，及时动态跟踪，保证了数据的客观性和真实性。通过详尽的 GIS 建设，保证工程的完整性，也对勘察信息进行集成化管理，保证各个环节具备有效信息，很大程度地提高工程勘察工作效率。

3　BIM 在水利水电工程地质勘察成果中的三维可视化应用

BIM（建筑信息模型）是利用数字信息系统，通过项目相关数据信息构建仿真建筑模型，虚拟建造信息管理。在建筑整个生命周期里，不同阶段下，各类相关专业参与方得到的数据可以在同一个信息平台共享，协同工作。BIM 是以三维数字技术为基础，把参数化、数字化、可视化的三维地质模型，整合到项目中进行设计、施工、运营等不同时期的信息管理。

目前，BIM 在建筑和结构、设计等专业应用较成熟，在工程勘察领域中 BIM 技术的应用集中体现在工程勘察成果的三维可视化，即属于三维地质建模范畴。所谓的三维地质建模，即通过各种原始数据包括钻孔、地形、物探数据等为基础，建立能够反映地质构造形态、构造关系以及地质体内部属性规律的数字化模型。运用可视化的方式，虚拟展现工程地质的真实环境，辅助关联专业设计。

国内 BIM 在地质建模方面的应用有：①中国水电顾问集团北京勘测设计研究院基于 AutoCAD、Civil 3D 二次开发，研发的"水电工程三维地质模型及可视化分析系统"，建立了三维地质模型，实现了地质模型的三维可视化、地质图件任意剖切等功能，为设计专业提供了一个三维设计平台。②中国铁路总公司测绘、地质、隧道专业基于宝兰客专石鼓山隧道展开了地形建模、地质建模、隧道设计及应用等多方面的 BIM 应用研究工作，取得了一定的突破。③纬地公司发布国内土木工程领域首套地质 BIM 软件"纬地工程三维地质系统"，该系统利用 BIM 技术和三维仿真技术构建工程走廊带区域内全三维地质信息模型，并实现灵活、精确的断面剖切与三维体剖切功能。

工程地质是水利水电工程建设的基础，三维地质模型是应用水利水电工程三维可视化设计的基础。在地质勘察中，BIM 技术有几个方面的优势：①提高工程勘察的信息化应用水平，通过协同工作，加强上下游各个参与方与本专业的联动合作，通过对各种勘察成果的对比检查，发现错漏并解决，提升工程勘察成果的质量。②本专业可以利用三维地质模型仿真分析，并叠加地质空间信息，结合专家系统的技术经济约束性表达，对线路方案进行动态决策和多方案比选，有效控制工程勘察设计周期，提高地质工程的防控风险能力。③规划、设计、施工专业皆需要勘察提供区域工程勘察资料，利用可视化三维模型便于相关专业直观了解复杂场地的工程地质情况，提高交流沟通且实现统筹管理，减少建设成本。

4　基于 GIS＋BIM 技术工程地质应用情况

GIS 与 BIM 结合的基本原理是：通过实现从野外作业到区域 GIS 数据库的无损数据流，构建以信息技术为核心，各个专业利用建模等工具进行协同工作的信息平台。由统一技术标准的信息数据库、各专业模型平台构成的基于 BIM 技术的信息平台。

湖北省水利水电规划勘测设计院于自 2016 年初成立 BIM 团队，依托水利水电设计特点和我院的实际情况，采用欧特克（Autodesk）工程建设行业三维系列软件组成湖北省水利水电规划勘测设计院三维协同设计主平台，进行 GIS＋BIM 的工程地质信息化研究工作。该模式可实现在实际工程地形环境下研究、比选方案，改变了传统的技术方案研究方式，更好地进行综合评价，提高工作效率和经济效益。

4.1 GIS 技术应用

依托国家数字地质资料馆建设的数据中心获取所需区域最新的项目区地质资料，利用浏览工具包括放大、缩小、漫游等功能，对工程区域地质图信息显示的土壤、地质构造情况做大致了解。利用编辑工具包括在图上画点、线、面，以及测距、测面积。由此坐标定位、分区标注，实现前期现场勘探的路线布置设计，预警复杂地质提前采取措施。

本文结合水利水电工程项目碾盘山水利枢纽建立三维地质模型，对建模流程和工程应用体会进行简要说明。在准备工作阶段把要勘察测绘的线路利用 GIS 地质图标识出，在野外可见即可得，实现前期现场勘探的路线布置设计，可以便捷提供工程区域地质图信息，示意项目区域的地层岩性、地质构造情况，极大地提高工作效率。利用移动终端进行地质外业数据采集，得到相应的地质文本格式、图像格式、视频格式等数据资料；根据测绘专业生成的地形曲面，通过地质数据管理库建立各地层三维曲面和地质体模型。如图 1～图 3 所示。

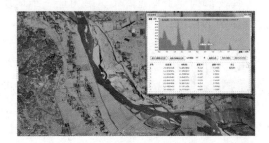

图 1　项目区域影像示意图

图 2　项目区域地质示意图

图 3　移动终端示意图

4.2　BIM 技术应用

根据地质工程野外勘察成果，通过数据库导入地形、地质数据，生成各地层面，实现二维到三维模型的转化。各地层对应相应的颜色、岩性花纹，使模型能够明确清晰的区分表达便于之后分析。协同上下游专业，可以依据地质模型规划工程的开挖回填情况，以及与水工建筑物叠加结合情况。目前，BIM 技术在应用过程中还具有一定的局限性，建立三维地质模型时处理常规地层较顺利，对于存在透镜体的岩土地层模型处理较为困难，仅能进行粗略建模；与相关专业模型输出接口匹配难，还需人工介入统一。

建立碾盘山水利枢纽三维地质模型，首先需建立数据库；根据项目要求对其工程属性、工程区域、工程阶段进行定义；基本地质数据包含地层、岩性、地质界线、地质构造等；确定勘探线布置、钻孔布置；然后录入相应内容。接着建立地质模型；依据数据库，拟合得到三维地质模型。相关截屏图如图 4～图 10 所示。

地层岩性名称*	地层代号	地层时代	成因类型	岩性花纹	颜色	备注
C323	O$31	奥陶系	沉积岩	C323		泥灰岩
Q113	Q⁴al$3	第四系	松散沉积物	Q113		壤土
QF02	Q⁴al$4	第四系	松散沉积物	QF02		细砂
QG02	Q⁴s$4	第四系	松散沉积物	QI08		素填土
QH03	Q⁴edl$3	第四系	松散沉积物	QH03		残积土

图 4　地层、岩性等基本地质数据定义

工程区 全部										
钻　孔 K1	钻孔概况	钻进记录	地层岩性	采取率及RQD	风化程度	地质构造	裂隙统计	水文地质	物	

数据筛选			钻孔数据		
止深度*	地层名称	地层代号	地层序号	岩石颜色	
3.00	QG02	Q⁴s$4	1	灰色	
4.50	Q113	Q⁴al$4	2-3	黄色	
16.00	Q113	Q⁴al$3	3	黄色	
30.00	C323	O$31	5	紫红色	

图 5　地质数据录入

图 6　钻孔点导入

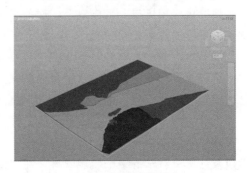

图 7　地层面模型建立

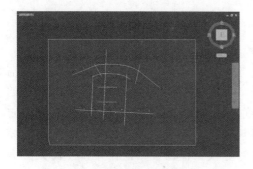

图 8　勘探线范围示意俯视

图 9　施工开挖设计与地层面结合示意

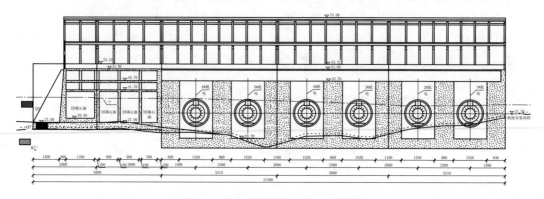

图 10　水工建筑物叠加地质纵断面

协同上下游专业，依据地质模型完成平剖切功能，输出平切图、剖面图；实现地质体开挖功能，与水工建筑物叠加显示结合情况。快速直观的表达工程地质情况，更好地进行综合评价提高工作效率和经济效益。这是传统二维地质模式很难实现的。

5　结语及展望

工程地质勘察中应用 GIS＋BIM 技术是未来发展的趋势：①随着 GIS 技术的不断成熟，及便捷化应用可提升工作效率、规范工作准则；②根据勘察项目的情况，得到完整的模型建立，可通过系统化的操作，保证其工作的可靠性；③实现模型信息共享，进行协调设计，提高生产效率。以 GIS＋BIM 为核心理念的数字化三维技术给工程项目提供无缝访问、共享和分享数据，包含项目生命周期中大量重要的信息数据，这些数据库信息在项目全过程中动态变化调整，并可以及时准确地调用数据库中包含的相关数据，加快决策进度、提高决策质量，从而提高项目质量，降低项目成本，增加项目利润。

工程地质勘察信息化管理及三维模型建立涉及地质工程理论、地理信息科学、拓扑几何学以及计算机科学等多个领域学科，在理论和技术上还存在一定的难度。在实际项目展开中，和各个专业需求对接上也存在一些差异。本文就湖北省水利水电勘测设计院应用进行了一些简单介绍，还有许多问题需要进一步的研究：①工程地质信息的采集、分析、融合问题，就实际工程项目区域影像和地质图叠加处理需要更深入的研究。②复杂地质情况的三维地质模型建立需要进一步深入探讨。③三维地质模型的专业分析（如力学计算等）也是今后需要继续研究的内容。

<h1 style="text-align:center">参 考 文 献</h1>

［1］ 覃健．浅谈 GIS 与 BIM 的联系与未来［J］. 工程技术（文摘版），2016（10）：27.

［2］ 龚健雅．地理信息系统基础［M］. 北京：科学出版社，2001.

［3］ 左都美，陈昕，钟金宁．基于 GIS 的地铁工程地质勘察信息管理系统建设［J］.2010（4）：164－166.

［4］ 林孝城．BIM 在岩土工程勘察成果三维可视化中的应用［J］. 福建建筑，2014（6）：111－113.

［5］ 国家数字地质资料馆［DB/OL］. http：//www. ngac. org. cn.

［6］ TIPPER J C. The study of geological objects in three dimensions by the computerized reconstruction of serial sections ［J］. The jaurnal of geology，1976（4）：476－484.

［7］ Turner A K. The role of three－dimensional geographic information systems in subsurface characterization for hydrogeological applications ［C］//Raper J R（Ed.）. Three dimensional applications in geographic information systems. London：Taylor and Francis，1989.

［8］ Kaneta T，FurusakaS，Deng N. Overview and problems of BIM implementation in Japan ［J］. Frontiers of engineering management，2017，4（2）：146－155.

［9］ 刘映，林北海，周俊峰. 上海市工程地质信息系统［J］. 上海地质，2002（4）：6－10.

［10］ 包世泰，夏斌，蒋鹏，等．基于 GIS 的地质勘察信息系统研究及其应用［J］. 地理与地理信息科学，2004，20（4）：31－35.

［11］ 孙巍，沈小克，张在明．岩土工程勘察今后十年发展趋势［J］. 工程勘察，2001（3）：66－69.

［12］ 张士忠．Info－Geotech 工程勘察管理信息系统开发方案［J］. 地质科技情报，2001（3）：105－109.

［13］ 包惠明，胡长顺．GIS 支持下岩土工程勘察设计一体化［J］. 水文地质工程地质，2002（2）：74－76.

［14］ 徐春才．水电工程三维地质模型及可视化分析系统［C］//中国水力发电工程学会地质及勘探专业委员会．中国水力发电工程学会第四届地质及勘探专业委员会第二次学术交流会论文集，2010.

［15］ 李延．宝兰客专石鼓山隧道 BIM 技术的研究及应用［J］. 铁路技术创新，2014（5）：64－65.

［16］ 纬地官网．国内土木工程领域首套地质 BIM 软件——纬地工程三维地质系统 v2.0 正式发布［EB/OL］.（2016－06－22）. http：//www. hintcad. cn/newshow. php？ id＝4267.

机制砂在 PCCP 高强 C55 混凝土中的研究与应用

宋晓波　张著彬　代帆

[摘要]　本文系统研究了不同细度模数、石粉含量、砂率的机制砂对混凝土性能的影响，选择细度模数为 2.8 和石粉含量为 6％的机制砂，调整最佳砂率为 40％制备出工作性能、力学性能、耐久性能均满足 PCCP 高强 C55 混凝土要求的配合比，从而解决了鄂北地区水资源配置工程天然河砂严重匮乏的局面。

[关键词]　机制砂；PCCP 高强混凝土配合比优化

1 引言

鄂北地区水资源配置工程中倒虹吸工程采用直径 3.8m、长 5m 的 PCCP（预应力钢筒混凝土管），因其高强度以及特殊制造工艺的特点，对原材料以及成品的质量要求很高，因此对原材料以及混凝土成品的质量控制显得尤为重要。随着国家供给侧改革，工程建设领域对环保的要求越来越高，天然河砂资源愈发紧张，迫切需要开展利用机制砂制备高强 PCCP 混凝土，以满足大规模的工程建设需要。

国外机制砂在各类工程中的应用非常普遍，技术标准体系比较完善。我国采用机制砂从 20 世纪 60 年代起步，水利工程应用较多，包括大坝碾压机制砂混凝土、常态机制砂混凝土以及泵送机制砂混凝土等，混凝土强度等级一般不超过 C50。另外，国内外学者主要对石粉含量对混凝土性能的影响进行了研究，并且得出的观点也各不一致。

机制砂混凝土存在的问题主要是由于机制砂粒型多棱角、表面粗糙，特别是通常含有较高的石粉含量，对外加剂分子的吸附量大，且石粉、水泥和矿物掺合料密度差异大，采用其配制的混凝土在搅拌过程中浆体各组分不能充分分散，颗粒团聚，难以形成密实堆积结构，混凝土收缩变形大，易开裂，严重影响其力学性能、耐久性能。因此，通过对机制砂在 PCCP 高强C55 混凝土配合比进行优化设计，优选出最佳细度模数和石粉含量的机制砂，设计出满足高强、高性能、高耐久性的配合比，并应用于工程实体中，将取得巨大经济效益和社会效益。

2 试验原材料

（1）水泥：华新水泥（襄阳）有限公司生产的 P·O 52.5 水泥。

（2）粉煤灰：南阳天孚实业有限公司（鸭河口电厂）生产的 F 类 I 级粉煤灰。

（3）细集料：内乡县天奥石材厂生产的机制砂，细度模数为 2.3～3.0；新野县锦林商贸有限公司生产的河砂，细度模数为 2.3～3.0。

（4）粗集料：内乡江都石材厂生产的 5～25mm 连续级配碎石。

（5）拌和水：襄阳市黄集镇太山庙村厂区井水。

（6）减水剂：山西黄腾化工有限公司生产的聚羧酸高性能减水剂。

3 机制砂 PCCP 高强 C55 混凝土配合比设计

采用以上选定的原材料，依据《普通混凝土配合比设计规程》（JGJ 55—2011）进行配合比设计，初步计算出基准配合比（表 1），分别调整机制砂的细度模数、石粉含量、砂率进行混凝土试配，依据《水工混凝土试验规程》（SL 352—2006）进行混凝土工作性能和力学性能研究分析。

表 1　　　　　　　　　　　　　　　基 准 配 合 比

材料用量/（kg/m³）					
C	F	S	G	W	J
363	64	757	1136	130	5.551

3.1 细度模数对混凝土工作性能和力学性能的影响

在基准配合比基础上，保证所有原材料的厂家和用量不变的前提下，选用不同细度模数的机制砂进行配合比试验，性能测试结果见表 2。

表 2　　　　　　　　　　不同细度模数配合比的性能测试结果

编号	细度模数	坍落度/mm	抗压强度/MPa			工作状态
			蒸养 12h	蒸养 12h+同条件养护至 3d	蒸养 12h+标准养护至 28d	
A1	2.4	65	32.1	42.3	60.2	流动性差
A2	2.6	75	33.1	45.5	63.9	和易性良
A3	2.8	90	35.6	48.2	65.5	和易性良
A4	3.0	95	34.7	46.7	64.1	和易性良
A5	3.2	70	31.5	42.6	59.3	离析泌水

经过测试统计后，不同细度模数机制砂配合比的坍落度、抗压强度测试结果通过曲线图表示，见图 1、图 2。

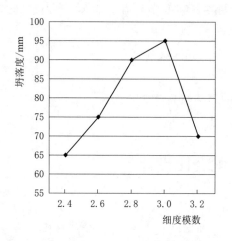

图 1　细度模数与坍落度的关系图

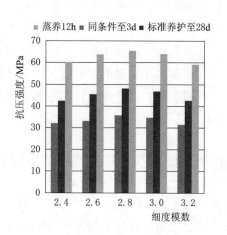

图 2　细度模数与力学性能的关系图

　　由图 1 和图 2 以及表 2 可知：在配合比原材料用量不变的前提下，改变细度模数单一因素，随着细度模数的增大，混凝土坍落度增大，并且流动性由差变良，但超过 3.0 以后，由于粗粒含量增多，需水量变小，导致混凝土离析泌水，混凝土包裹性很差。从表 2 可以看出，3 个龄期的混凝土强度均是随着细度模数的增大先增大后减小，在细度模数为 2.8 时，强度最高，因此，推荐机制砂的细度模数为 2.6～3.0，此时配制混凝土效果最佳。

3.2　石粉含量对混凝土工作性能和力学性能的影响

　　选择细度模数为 2.8 的机制砂进行此次研究对比试验，在基础配合比其他条件不变的前提下，选择机制砂的石粉含量为 0、4%、6%、8%、10%、12%，研究不同石粉含量对混凝土性能的影响规律，试验结果见表 3。

表 3　　　　　　　　　　　　　　不同石粉含量配合比的性能测试结果

编号	石粉含量 /%	坍落度 /mm	抗压强度/MPa		
			蒸养 12h	蒸养 12h＋同条件养护至 3d	蒸养 12h＋标准养护至 28d
B1	0	120	32.5	45.1	62.2
B2	4	110	33.6	46.5	63.8
B3	6	100	35.6	48.2	65.5
B4	8	85	32.3	44.1	61.9
B5	10	65	28.9	39.3	57.3
B6	12	40	24.6	35.4	53.7

由图 3 和图 4 以及表 3 可看出，配合比只有石粉含量一个变量的前提下，随着机制砂中的石粉含量增大，混凝土坍落度逐渐降低，当石粉含量超过 8% 时，坍落度急剧降低，这是因为石粉含量增大相当于混凝土体系中的粉体材料含量增大，浆体将变得黏稠且含量增大，混凝土的工作性能变差，且石粉会吸附一定的减水剂，导致混凝土中实际发挥作用的减水剂含量减少，混凝土胶凝材料难以充分分散，混凝土黏度增大。另外，随着石粉含量增大，3 个龄期混凝土强度均出现先增大后减小的趋势，当石粉含量为 6% 时，强度最高，当石粉含量超过 8% 时，强度降低较明显，这是因为适当的石粉含量，增加了混凝土浆体比例，改善了混凝土的和易性和黏聚性，使混凝土成型更加密实，从而提高混凝土强度，但过量的石粉含量会影响减水剂的作用，使混凝土工作性变差，导致混凝土强度降低。综上分析，机制砂石粉含量不超过 8% 较适合用于 PCCP 高强混凝土的配制。

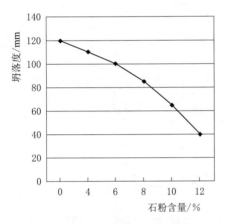 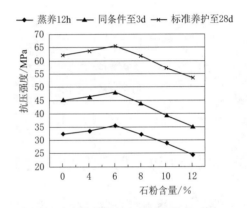

图 3　石粉含量与工作性能的关系图　　　　图 4　石粉含量与力学性能的关系图

3.3　砂率含量对混凝土工作性能和力学性能的影响

选择细度模数为 2.8、含泥量为 6% 的机制砂进行此次研究对比试验，选择机制砂的砂率作为单一变量因素，选机制砂的砂率为 36%、38%、40%、42%、44% 进行研究砂率对混凝土性能的影响规律，试验结果见表 4。

表 4　　　　　　　　　　　　不同砂率配合比的性能测试结果

编号	砂率/%	坍落度/mm	抗压强度/MPa		
			蒸养 12h	蒸养 12h+同条件养护至 3d	蒸养 12h+标准养护至 28d
C1	36	70	34.7	46.1	63.2
C2	38	80	35.1	47.4	64.3
C3	40	100	35.6	48.2	65.5
C4	42	85	33.3	46.8	63.1
C5	44	80	31.5	44.6	61.4

由图 5 和图 6 以及表 4 可看出，随着砂率的增大，混凝土坍落度先增大后减小，当砂率为 40％时，混凝土工作性能最好，这是由于沙子的粒径比碎石小很多，在混凝土中填充于碎石的空隙中，当砂率过大，骨料的总表面积变大，包裹骨料表面的浆体厚度将变小，使新拌混凝土流行性变差；当砂率过小，骨料间的空隙率变大，需要更多的砂浆去填充，影响混凝土的黏聚性，使混凝土易出现松散、粗涩甚至离析现象。混凝土强度随着砂率增大，也是先增大后减小，但不是很明显，因此，最优砂率选为 40％。

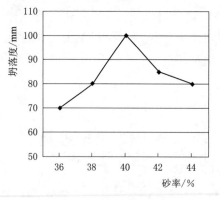

图 5　砂率与坍落度的关系图

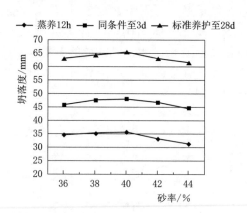

图 6　砂率与力学性能的关系图

4 机制砂 PCCP 高强 C55 混凝土的耐久性能研究

依据《水工混凝土试验规程》（SL 352—2006），选用细度模数为 2.8、石粉含量为 6％、砂率为 40％的机制砂配合比编号为 C3 进行 28d 抗渗性能、28d 抗冻性能、28d 砂浆水溶性氯离子含量研究，见表 5。

表 5　　　　　　　　　　　　　　　配合比耐久性能测试结果

编号	28d 抗渗指标	28d 抗冻指标	28d 砂浆水溶性氯离子含量/％
C3	≥W10	≥F100	0.03

由表 5 可知：编号为 3 的机制砂配合比的 28d 抗渗性能满足设计 W6 的要求、28d 抗渗性能满足设计 F100 的要求、28d 混凝土中砂浆的水溶性氯离子含量小于 0.06％，满足 PCCP 高强混凝土的耐久性要求。

5 工程效益分析

通过研究，优选出的机制砂配合比与鄂北地区水资源配置工程中 PCCP 管厂实际生产的河砂配合比经济效益进行对比分析见表 6。

表 6   配 合 比 单 价 表

原材料名称	材料单价/(元/t)	材料用量/(kg/m³)	
		实际生产的河砂配合比	优化后的机制砂配合比
水泥	583	363	363
粉煤灰	265	64	64
河砂	200	663	—
机制砂	121	—	757
碎石	105	1230	1136
减水剂	3600	5.551	5.551
拌和水	—	—	—
每方混凝土/元		510	459

由此表可以得出，通过优选出最佳的细度模数和石粉含量的机制砂配制出的配合比的成本比实际生产的河砂配合比每立方米节约 51 元，不但可以降低工程造价成本，还可以减少河砂的利用，保护生态环境。

6 结论

（1）机制砂的细度模数偏大或者偏小对混凝土的工作性能影响明显，会导致混凝土离析、板结等现象。因此，配制 PCCP 高强混凝土宜选用细度模数为 2.6~3.0 的机制砂；

（2）机制砂中的石粉可以改善混凝土的工作性能并且提高抗压强度，但过大的石粉含量会影响混凝土的工作性能和力学性能。因此，在生产机制砂 PCCP 高强混凝土宜控制石粉含量不大于 8%。

（3）砂率的变化对混凝土的坍落度有较大影响，总体随着砂率增大，坍落度先增大后减小。为了有更好的工作性能，配制机制砂 PCCP 高强混凝土宜选用最佳砂率 40%。

（4）选择适当的细度模数和石粉含量的机制砂，通过调整最佳砂率可以制备出工作性能、力学性能、耐久性能均满足 PCCP 高强混凝土要求的配合比，以满足鄂北地区水资源配置工程的需要。

（5）制备出的机制砂 PCCP 高强 C55 混凝土大幅度降低了工程造价，可以带来巨大的经济效益与社会效益。

参 考 文 献

[1] 王稷良. 机制砂特性对混凝土性能的影响及机理研究 [D]. 武汉：武汉理工大学，2008.
[2] 曹盛明. 高性能机制砂混凝土的性能及应用技术研究 [D]. 重庆：重庆交通大学，2008.
[3] 刘波. 浅谈人工砂细度模数对混凝土性能的影响 [J]. 四川建材，2015，41（1）：6-7.
[4] 李兴贵. 高石粉含量人工砂在混凝土中的应用 [J]. 建筑材料学报，2004，7（1）：66-71.
[5] 张胤，陶建勋. 砂率对混凝土可泵性的影响 [J]. 贵州工业大学学报（自然科学版），2004，33（4）：88-90.

基于模糊理论的引水隧洞围岩
快速分类研究

邹勇 潘朝 张乾

[摘要] 本文在室内试验、现场试验和地质素描的综合分析基础上，确定影响围岩稳定性的关键因素，并研究其与围岩类别间的相关性规律，引进模糊理论，建立围岩分类的模糊综合评价模型，采用层次分析法确定影响因素权重，制定单个影响因素分类标准，构建隶属函数或赋值隶属度，从而实现施工现场的围岩快速分类。该方法采用现场能快速易测、易得地质资料，输入软件平台便可立即"傻瓜式"围岩判别，减少了人为主观影响，极大地缩短了围岩初期支护决策时间，真正意义上实现了围岩快速分类。通过工程实践应用并与 HC 分类法进行比较分析，分析结果表明该方法的可行性和合理性。

[关键词] 模糊理论；引水隧洞；围岩稳定性；围岩快速分类；模糊综合评价；层次分析法；隶属度

1 引言

近些年来，随着经济的快速蓬勃发展，我国根据基本国情水情做出了集中力量有序推进一批全局性、战略性 172 项节水供水重大水利工程的重要战略部署。随着这批重大项目的开工建设，水利工程隧洞建设规模越来越大，其最大开挖断面尺寸已接近单线铁路、公路隧洞，单条最长隧洞长达 98km。随之而来隧洞工程地质条件更加复杂多变，对其设计施工技术要求更高，在地下隐蔽施工中极易发生坍塌、冒顶等造成人员伤亡或经济损失的工程安全事故，工程风险类别及可能性日益突出，并且经济快速发展，对工期提出了更短、更快的要求，因此很有必要对隧洞围岩稳定性进行评价分析，研究出准确的围岩快速分类方法，以便及时确定并实施支护措施，从而保证节水供水重大水利工程的安全施工，确保我国重大治水兴水战略的实施。

自 20 世纪以来，国内外学者对围岩分类方法做了很多研究，取得了很多成果。目前国际上应用比较广泛的是巴顿的 Q 系统分类法和比尼威斯基的 RMR 法，我国根据工程实践和岩石力学实验研究的经验提出并大量应用《工程岩体分级标准》（GB/T 50218—2014）BQ 法，在此基础上，还提出了适用于各个不同行业的分类方法，如《公路隧洞设计规范》、《水利水电工程地质勘察规范》（GB 50487—2008）HC 分类法。这些传统评价方法由于数据统计有限、人为主观影响大以及岩体性质复杂等因素的影响，其随机性大，致使围岩分类结果可靠性在一定程度上降低，更是无法满足经济快速发展对围岩分类快速判别的需求。近些年，对围岩快速分类基于可变模糊集合、人工神经网络、粗糙集方法、可拓方法、随机模拟方法、云理论方法和图像识别技术等进行了建模研究，应用于实际工程并取得了一定成果。但是这些方法应用边界条件与实际工程情况还是存在差异，其结果存在着局限性。人工神经网络方法受知识获取瓶颈影响、可拓方法会遗漏重要约束条件、云理论方法忽略了扩展正态分布区间影响、图像识别技术不成熟且忽视了地质复杂性等，这些因素导致其不能有效地进行工程围岩分类。而且评价指标向模型计算参数的转换仍然存在着很大的主观随机性，其对评价结果准确性有很大影响，也无法实现真正意义上的快速分类。

为此，本文基于模糊理论对围岩快速分类提出了一种新思路。其方法为：在室内试验、现场实测和现场地质工作的基础上，采用 HC 分类法进行围岩分类指导前期施工，确定影响围岩稳定性的关键因素，研究其与围岩类别间的相关性规律；采用层次分析法确定影响因素权重，制定单个影响因素分类标准，构建隶属函数或赋值隶属度，从而建立围岩快速分类模糊综合评价模型。根据实际围岩类别反复修正构建的模糊综合评价模型，待模型适用后，即以模糊综合评价模型进行围岩稳定性评价，实现围岩快速分类，从而指导施工。

2 模糊综合评价法原理

模糊理论是指用到了模糊集合的基本概念或连续隶属度函数的理论。它可分类为模糊数学、模糊系统、不确定性和信息、模糊决策、模糊逻辑与人工智能这五个分支。本文研究的围岩快速分类方法实质是一种基于模糊数学的综合评价方法。该综合评价法根据模糊数学的隶属度理论把定性评价转化为定量评价，即用模糊数学对受到多种因素制约的事物或对象做出一个总体的评价。它具有结果清晰，系统性强的特点，能较好地解决模糊的、难以量化的问题，适合各种非确定性问题的解决。

模糊综合评价方法是将定性分析与定量分析相结合的一种综合分析方法。模糊综合评价法的基本思想是：首先确定评价指标体系，充分考虑各评价指标的分级标准，根据各评价指标之间的层次性，确定各评价指标在评价对象中的模糊权重；然后运用模糊集合的相关计算原理，确定各评价指标的模糊界限，建立出各评价指标的隶属度函数，构建出模糊评判矩阵，通过多种的逻辑运算；最终通过相关准则确定评价结果。

模糊综合评价法原理具体如下：

对多因素影响的实物进行总体评价，且考虑影响的模糊不确定性。若用 $U=(u_1, u_2,\cdots,u_m)$ 表示影响因素集，$V=(v_1,v_2,\cdots,v_m)$ 表示评价集，则模糊综合评价需要建立一个从 U 到 V 的模糊变换。首先，对 U 中的因素 $u_i(i=1,2,\cdots,n)$ 做单因素评价，可得到如下单因素评价结果向量：

$$r_i=(r_{i1},r_{i2},\cdots,r_{in}) \tag{1}$$

式中：$r_{ij}(j=1,2,\cdots,n)$ 表示仅从因素 u_i 的角度考虑，该事物隶属与评价集 V 中 v_j 的隶属度；r_i 为单因素评价结果向量，它是 V 上的一个模糊子集。于是，对于 U 中 m 个因

素总共有 m 个单因素评价结果向量，它可以构成 U 到 V 的模糊关系，也就是评价矩阵 R，它可表示为

$$R = [r_{ij}]_{m \times n} \tag{2}$$

又因为 U 中各因素的重要程度不相同，因此，构造一个权重向量 A 来表示各因素所占的权重，它可以表示为

$$A = \{a_1, a_2, \cdots, a_m\} \tag{3}$$

式中：$a_i (i = 1, 2, \cdots, m)$ 表示因素 u_i 所占权重。当权重向量 A 与评价矩阵 R 均已知便可进行模糊变换，可表示为

$$B = A \cdot R \tag{4}$$

式中：$\cdot$ 为模糊算子；B 为评价结果向量，其分量最大值所对应的围岩类别评价即为模糊综合评价结果。依次类推，分别构建不同级别的影响因素集，同时构建下级对上级的权重向量和对应各级评价矩阵，依次分级进行模糊变换，即可进行多级模糊综合评价。

3 围岩快速判别模糊综合评价模型

3.1 评价集与影响因素集的确定

行业不同，围岩分类基本也不同。考虑到水利工程特点，根据《水利水电工程地质勘察规范》（GB 50487—2008）、《工程地质手册》等将该工程围岩类别评价集定义为 $V = \{V、Ⅳ、Ⅲ、Ⅱ、Ⅰ\}$，其对应的围岩稳定性评价分别为极不稳定、不稳定、局部稳定性差、基本稳定、稳定。

在实际隧洞工程中，影响围岩稳定性的因素十分复杂，大致可以分为两大类：一类是定量因素，如岩体强度、完整性系数、隧洞埋深、洞径跨度、地应力等；另一类是定性因素，如结构面状态、地下水、主要结构面产状、构造发育程度、风化程度等。这些影响因素往往都是多因素共同耦合作用，同时互相影响。在工程实践中，只要做到突出重点、差异影响因素，兼顾全面覆盖，便可准确地进行围岩稳定性评价。

"鄂北水资源配置工程地层年代跨度较广，岩性繁杂，以变质岩岩类为主，在变质岩中又以片岩类居多，富含云母、绿泥石、滑石、阳起石等次要矿物，水理性质差，其在岩石中连续定向排列构造片理特征，造成了片岩类岩体强度、完整性程度等差异大、岩体遇水软化及受力后呈各向异性等特点。在片岩类隧洞开挖中，岩体结构面往往对围岩稳定性影响较大。结合工程特性，参考相关规程规范，鄂北水资源配置工程围岩快速快速分类模糊综合评价模型选取点荷载、岩体完整程度、主要结构面状态、地下水、主要结构面状态等五个因素为评价主要影响因素，即影响因素集 $U = \{$点荷载，岩体完整程度，主要结构面状态，地下水，主要结构面产状$\}$。鉴于岩体强度在实际隧洞施工中不易测得，因此以现场易测的点荷载采用规范经验公式换算替代岩体强度。"

3.2 权重的确定

目前在模糊理论中，权重确定的方法很多，有经验法（专家意见法）、数理统计法、

层次分析法等。为充分体现影响因素权重的客观性，尽量减少人为主观影响，本文采用层次分析法确定影响因素的权重，主要步骤为：①构建判断矩阵，采用一致矩阵法按 1～9 标度方法构造；②权重计算，并进行一致性检验。

　　根据前期工程实践总结，并参考国内、外常用的围岩分类方法，对围岩分类的五个主要影响因素按两两进行比较，经现场实践分析总结，该工程的影响因素重要度排序为：（点荷载、岩体完整程度），主要结构面产状，地下水，主要结构面状态，采用 1～9 标度法，见表 1，得出建的判断矩阵如下：

$$\boldsymbol{P}=\begin{bmatrix} 1 & 1 & 4 & 3 & 2 \\ 1 & 1 & 4 & 3 & 2 \\ 1/4 & 1/4 & 1 & 1/2 & 1/3 \\ 1/3 & 1/3 & 2 & 1 & 1/2 \\ 1/2 & 1/2 & 3 & 2 & 1 \end{bmatrix} \tag{5}$$

表 1　　　　　　　　　　　　指标间重要性比较结果表

因素重要性	$f(x,y)$	$f(y,x)$
x 与 y 同等重要	1	1
x 比 y 稍微重要	3	1/3
x 比 y 明显重要	5	1/5
x 比 y 十分重要	7	1/7
x 比 y 极其重要	9	1/9
x 比 y 处于	2，4	1/2，1/4
上述两相邻判断之间	6，8	1/6，1/8

矩阵特征根的判断及特征向量的计算：

（1）判断矩阵每行元素的乘积为

$$W_i=\prod_{j=1}^{n}u_{ij} \quad (i,j=1,2,\cdots,n)$$

$W_1=24$，$W_2=24$，$W_3=\dfrac{1}{96}$，$W_4=\dfrac{1}{9}$，$W_5=\dfrac{3}{2}$

（2）计算 W_i 的 n 次方根为

$$\overline{M_i}=\sqrt[n]{M_i}$$

$\overline{M_1}=1.888$，$\overline{M_2}=1.888$，$\overline{M_3}=0.401$，$\overline{M_4}=0.644$，$\overline{M_5}=1.084$

（3）归一化处理向量为

$$\overline{\boldsymbol{M}}=(\overline{M_1},\overline{M_2},\overline{M_3},\overline{M_4},\overline{M_5})$$

$$M_i=\frac{\overline{M_i}}{\sum\limits_{i=1}^{n}\overline{M_i}}$$

则特征向量为 $\boldsymbol{A}=(0.320,0.320,0.068,0.109,0.184)^T$，有

$$PA = \begin{bmatrix} 1 & 1 & 4 & 3 & 2 \\ 1 & 1 & 4 & 3 & 2 \\ 1/4 & 1/4 & 1 & 1/2 & 1/3 \\ 1/3 & 1/3 & 2 & 1 & 1/2 \\ 1/2 & 1/2 & 3 & 2 & 1 \end{bmatrix} \begin{bmatrix} 0.320 \\ 0.320 \\ 0.068 \\ 0.109 \\ 0.184 \end{bmatrix} = \begin{bmatrix} 1.606 \\ 1.606 \\ 0.344 \\ 0.550 \\ 0.925 \end{bmatrix}$$

则最大特征根为

$$\lambda_{\max} = \frac{1}{n} \sum_{i=1}^{n} \frac{(PA)_i}{M_i} = 5.036$$

（4）进行一致性检验计算，用一直性指标 C_I 表示，即

$$C_I = \frac{\lambda_{\max} - n}{n - 1} = \frac{5.036 - 5}{5 - 1} = 0.0091$$

查随机性指标 C_R 数值表可知，当 $n = 5$ 时，$C_R = 1.12$，则

$$\frac{C_I}{C_R} = \frac{0.0091}{1.12} = 0.008$$

上式表明判断矩阵的一致性达到了要求，因此向量 $A = (0.320, 0.320, 0.068, 0.109, 0.184)^T$ 的各个分量可以作为相应影响因素的权重系数。

3.3 隶属度的确定

在模糊理论的运用中，隶属度一般通过隶属函数得出，而隶属函数往往很难找到与实际工程十分契合的，这也是模糊理论研究者必须面对的难题。

通过室内试验、现场实测定量数据以及地质素描分析等多种方法的综合使用，在工程实践中统计研究了这些影响因素对围岩稳定性的影响，同时结合已有方法分类取值及专家意见，总结出了符合一般工程影响因素特征与围岩稳定性相对应的"联系"，即定量影响因素分类标准（表2）及定性影响因素隶属度取值表（表3～表5）。

表2   点荷载分类标准

评价指标	极不稳定	不稳定	局部不稳定	基本稳定	稳定
	V	IV	III	II	I
点荷载强度	<0.84	0.84～2.11	2.11～4.46	4.46～9.14	>9.14
单轴饱和抗压强度/kPa	<20	20～40	40～70	70～120	>120

表3   岩体完整程度及地下水状况隶属度取值表

岩体完整程度（平均间距）/m	地下水状态	围岩类别				
		V	IV	III	II	I
<0.1	涌水	0.45	0.35	0.10	0.05	0.05
0.1～0.4	线状流水	0.30	0.40	0.20	0.05	0.05
0.4～0.8	渗滴水	0.10	0.30	0.35	0.20	0.05
0.8～1.2	岩体潮湿	0.05	0.10	0.30	0.35	0.20
>1.2	干燥	0.05	0.05	0.15	0.35	0.40

表 4 主要结构面状态隶属度取值表

张合情况	主要结构面状态		围岩类别				
	充填情况	面状态	V	IV	III	II	I
张开	无充填、充填泥质	—	0.45	0.35	0.1	0.05	0.05
张开	充填岩屑	—	0.3	0.4	0.2	0.05	0.05
微张	充填泥质	平直光滑、起伏光滑、平直粗糙					
微张	充填岩屑	平直光滑					
微张	充填泥质	起伏粗糙	0.1	0.3	0.35	0.2	0.05
微张	无充填	平直光滑					
微张	充填岩屑	起伏光滑、平直粗糙					
微张	充填岩屑	起伏粗糙	0.05	0.1	0.3	0.35	0.2
微张	无充填	起伏光滑、平直粗糙、起伏粗糙					
闭合	—	平直光滑					
闭合	—	起伏粗糙	0.05	0.05	0.15	0.35	0.4

表 5 主要结构面产状隶属度取值表

主要结构面产状		围岩类别				
结构面走向与洞轴线夹角 β	结构面倾角 α	V	IV	III	II	I
$\beta<60°$	$\alpha\leqslant20°$	0.45	0.35	0.1	0.05	0.05
$\beta<30°$	$20°<\alpha\leqslant45°$					
$\beta<30°$	$45°<\alpha\leqslant70°$	0.3	0.4	0.2	0.05	0.05
$30°\leqslant\beta<60°$	$20°<\alpha\leqslant45°$					
$60°\leqslant\beta\leqslant90°$	$\alpha\leqslant20°$					
$\beta<30°$	$\alpha>70°$	0.1	0.3	0.35	0.2	0.05
$30°\leqslant\beta<60°$	$45°<\alpha\leqslant70°$					
$60°\leqslant\beta\leqslant90°$	$20°<\alpha\leqslant45°$					
$30°\leqslant\beta<60°$	$\alpha>70°$	0.05	0.1	0.3	0.35	0.2
$60°\leqslant\beta\leqslant90°$	$45°<\alpha\leqslant70°$					
$60°\leqslant\beta\leqslant90°$	$\alpha>70°$	0.05	0.05	0.15	0.35	0.4

已有研究成果表明：根据隶属函数的特点和隶属度总和为1的原理，在不同的原函数条件下构造隶属函数，就具体模糊隶属度值而言存在差异，但最后分类结果一致。模型综合评价模型定量影响因素点荷载按上述原理构造了符合工程实际的线性边半梯形—中三角形隶属函数，其中 x 为现场实际测得点荷载。隶属函数具体如下：

$$\mu_V(x)=\begin{cases} 1 & x\leqslant0.33 \\ \dfrac{1.44-x}{1.11} & 0.33<x<1.44 \\ 0 & x\geqslant1.44 \end{cases}$$

$$\mu_{\text{IV}}(x) = \begin{cases} 0 & x \leqslant 0.33 \\ \dfrac{x-0.33}{1.11} & 0.33 < x \leqslant 1.44 \\ \dfrac{2.85-x}{1.41} & 1.44 < x < 2.85 \\ 0 & x \geqslant 2.85 \end{cases}$$

$$\mu_{\text{III}}(x) = \begin{cases} 0 & x \leqslant 1.44 \\ \dfrac{x-1.44}{1.41} & 1.41 < x \leqslant 2.85 \\ \dfrac{6.23-x}{3.38} & 2.85 < x < 6.23 \\ 0 & x \geqslant 6.23 \end{cases}$$

$$\mu_{\text{II}}(x) = \begin{cases} 0 & x \leqslant 2.85 \\ \dfrac{x-2.85}{3.38} & 2.85 < x \leqslant 6.23 \\ \dfrac{12.31-x}{6.08} & 6.23 < x < 12.31 \\ 0 & x \geqslant 12.31 \end{cases}$$

$$\mu_{\text{I}}(x) = \begin{cases} 0 & x \leqslant 6.23 \\ \dfrac{x-6.23}{6.08} & 6.23 < x < 12.31 \\ 1 & x \geqslant 12.31 \end{cases}$$

3.4 围岩快速分类建模

围岩快速分类模糊综合评价模型的具体计算步骤如下：

(1) 确定评价围岩稳定性的等级论域 $V = \{V, IV, III, II, I\}$。

(2) 选取合理地影响围岩稳定性的关键评价因素组成因素论域，确定其分级标准。因素论域 $U = \{$点荷载，岩体完整程度，主要结构面状态、地下水、主要结构面产状$\}$，分级标准见表2～表5。

(3) 确定因素论域 U 中各因素对于围岩类别的权重。采用层次分析法确定的权重向量 $A = (a_1, a_2, \cdots, a_i)$，$a_i$ 表示第 i 个影响因素对于围岩类别的权重。

(4) 确定隶属度。本模型采用边半梯形-中三角形隶属函数构建定量影响因素对于等级论域 V 的隶属度函数；根据前人总结及工程实际制定单定性影响因素的隶属取值表，实现定性影响因素向定量转换。对现场采集的影响因数代入隶属度函数或查表得出相应的隶属度为

$$\boldsymbol{R} = \begin{bmatrix} r_{11} & r_{12} & \cdots & r_{1j} \\ r_{21} & r_{22} & \cdots & r_{2j} \\ \vdots & \vdots & \vdots & \vdots \\ r_{i1} & r_{i2} & \cdots & r_{ij} \end{bmatrix}$$

隶属度矩阵中 r_{ij} 表示第 i 个影响因素对等级论域 V 中相对应的第 j 个等级的隶属度。

（5）编程构建一键输入判别平台，将采集数据查表后输入，即可得到最大隶属度及相应围岩类别。模糊综合评价计算过程为 $B = A \cdot R = (b_V, b_{IV}, b_{III}, b_{II}, b_I)$，平台自动按最大隶属度原则，在 B 矩阵中取最大值，即单元最大隶属度 $b_k = \max(b_V, b_{IV}, b_{III}, b_{II}, b_I)$，确定围岩类别 k。

4 工程实例

4.1 工程概况

鄂北地区水资源配置工程全长 269.672km，是湖北省重大战略民生"一号工程"，是国家重点推进、优先实施的 172 项全局性、战略性节水供水重大水利工程之一，其中隧洞总计 55 座，总长 119.43km，占全长比例 44.3%。工程岩性以古老变质岩系片岩、片麻岩等为主，其余为扬子期侵入岩系变辉长灰绿岩、白垩—第三系碎屑岩系泥岩、砾岩，以及寒武—奥陶系滨浅海相碳酸盐系灰岩、泥岩砂岩等。其中杏仁山隧洞桩号为 234＋410—236＋910，全长 2.5km。洞址区为岗波状山丘地形，埋深 12.8～55.1m，岩性主要为变辉长辉绿岩、绢云钠长片岩。隧洞断面为城门洞型，开挖洞径 4.3～4.9m，洞底板高程 101.95～101.69m，设计引水流量 7.4m^3/s。

4.2 工程应用

已施工 1894m 的杏仁山，其现场实测或记录的基础地质资料见表 6，然后采用本文已建立的围岩快速分类模糊综合评价模型对杏仁山隧洞已开挖洞段进行围岩分类评价，其与设计、现场实际以及 HC 分类法确定的围岩类别对比结果见表 7。

表 6 　　　　　鄂北地区水资源配置工程杏仁山隧洞实测数据地质条件

隧洞	桩　　号	点荷载 $I_{S(50)}$ (R_C) /MPa	岩体完整程度（发育间距）/m	主要结构面状态	地下水	主要结构面产状
杏仁山隧洞进口	234＋391—234＋427	0.60 (15.6)	0.2～0.4	微张，充填泥质，平直光滑	明显渗滴水	$\beta = 36°～40°$, $\alpha = 13°～19°$
	234＋427—234＋463	2.05 (39.1)	0.2～0.4	微张，充填泥质，平直粗糙	局部渗滴水	$\beta = 36°～40°$, $\alpha = 13°～19°$
	234＋463—234＋482	2.52 (45.6)	0.5～0.6	闭合，平直光滑	岩体潮湿	$\beta = 36°～40°$, $\alpha = 13°～19°$
	234＋482—234＋600	2.10 (39.8)	0.2～0.4	闭合，平直光滑	明显渗滴水	$\beta = 36°～40°$, $\alpha = 13°～19°$
	234＋600—234＋609	2.42 (44.3)	0.4～0.6	闭合，平直光滑	岩体潮湿	$\beta = 36°～40°$, $\alpha = 13°～19°$
	234＋609—234＋645	2.16 (40.7)	0.2～0.4	闭合，平直光滑	局部渗滴水	$\beta = 36°～40°$, $\alpha = 13°～19°$
	234＋645—234＋690	3.05 (52.7)	0.5～0.6	闭合，平直光滑	干燥	$\beta = 36°～40°$, $\alpha = 13°～19°$
	234＋690—234＋800	1.80 (35.5)	0.2～0.4	闭合，平直光滑	局部渗滴水	$\beta = 36°～40°$, $\alpha = 13°～19°$

续表

隧洞	桩　号	点荷载 $I_{S(50)}$ (R_C)/MPa	岩体完整程度（发育间距）/m	主要结构面状态	地下水	主要结构面产状
杏仁山隧洞进口	234＋800—235＋000	2.57 (46.3)	0.6～0.8	闭合，平直光滑	局部渗滴水	$\beta=36°\sim40°$，$\alpha=13°\sim19°$
	235＋000—235＋100	0.71 (17.7)	0.2～0.4	微张，充填泥质，平直粗糙	局部线状流水	$\beta=20°\sim23°$，$\alpha=12°\sim18°$
	235＋100—235＋420	3.07 (52.9)	0.5～0.6	闭合，平直光滑	干燥	$\beta=39°\sim43°$，$\alpha=10°\sim12°$
	235＋420—235＋600	1.86 (36.3)	0.2～0.4	闭合，平直光滑	局部线状流水	$\beta=33°\sim45°$，$\alpha=5°\sim13°$
杏仁山隧洞出口	236＋910—236＋720	0.62 (15.9)	0.2～0.4	微张，充填泥质，平直光滑	局部线状流水	$\beta=50°\sim53°$，$\alpha=15°\sim18°$
	236＋720—236＋635	0.94 (21.8)	0.2～0.4	闭合，平直粗糙	局部线状流水	$\beta=67°\sim90°$，$\alpha=30°\sim38°$
	236＋635—236＋600	0.60 (15.6)	0.2～0.4	微张，充填泥质，平直光滑	线状流水	$\beta=50°\sim57°$，$\alpha=8°\sim18°$
	236＋600—236＋360	1.15 (25.3)	0.2～0.4	闭合，平直光滑	局部线状流水	$\beta=0°\sim22°$，$\alpha=8°\sim12°$
	236＋360—236＋225	0.82 (19.7)	0.2～0.4	微张，充填岩屑，平直粗糙	岩体潮湿	$\beta=31°\sim37°$，$\alpha=5°\sim10°$

表 7　　鄂北地区水资源配置工程杏仁山隧洞围岩分类评判结果对比表

隧洞	桩　号	初设围岩类别	实际围岩类别	HC 分类法	围岩总评分	模糊综合评价法	最大隶属度
杏仁山隧洞进口	234＋391—234＋427	V	V	V	11	V	0.420
	234＋427—234＋463	V	IV	IV	29	IV	0.425
	234＋463—234＋482	III	III	III	52	III	0.426
	234＋482—234＋600	III	IV	IV	35	IV	0.388
	234＋600—234＋609	III	III	III	52	III	0.405
	234＋609—234＋645	III	IV	IV	35	IV	0.375
	234＋645—234＋690	III	III	III	56	III	0.406
	234＋690—234＋800	III	IV	IV	35	IV	0.451
	234＋800—235＋000	III	III	III	53	III	0.401
	235＋000—235＋100	III	V	V	16	V	0.427
	235＋100—235＋200	V	III	III	54	III	0.449
	235＋200—235＋420	III					
	235＋420—235＋600	III	IV	IV	35	IV	0.456
杏仁山隧洞出口	236＋910—236＋720	V	V	V	8	V	0.451
	236＋720—236＋635	V	IV	IV	32	IV	0.400
	236＋635—236＋600	V	V	V	6	V	0.456
	236＋600—236＋360	V	IV	IV	28	IV	0.467
	236＋360—236＋225	IV	IV	IV	31	IV	0.342

由表 7 可以看出，采用围岩快速分类模糊综合评价方法对杏仁山隧洞已开挖洞段分类结果与实际围岩类别、HC 分类法判别类别是一致的，而且其最大隶属度基本大于 0.4，可见本文方法是比较适用于该工程指导施工的，也在实际工程中得到了验证。

5 结论

（1）影响围岩分类的影响因素十分复杂，选取合理的影响因素对围岩准确分类至关重要，其影响因素是否易测易得又决定了围岩分类是否及时有效，能否快速指导施工。本文结合工程实际，参照国内外常用围岩分类方法，选取了点荷载，岩体完整程度、主要结构面状态，地下水，主要结构面产状作为围岩分类的主要影响因素。

（2）围岩分类的依据很难用准确的关系式表达，其评价因素对围岩分类的影响具有模糊性，分类界限标准也具有模糊性。采用模糊综合评价方法，构建多因素影响模型，确定影响因素的权重，制定单个影响因素分类标准，构建隶属函数或赋值隶属，通过模糊合成对围岩进行分类，可以得到比较符合实际的结果。

（3）相比传统围岩判别方法，本文构建的模糊综合评价方法采用现场能快速易测、易得地质资料，输入软件平台便可立即"傻瓜式"判别围岩，减少了人为主观影响，极大地缩短了围岩初期支护决策时间，实现了真正意义上的围岩快速分类，能及时地确定合理的开挖方式与支护措施，加快工程的进展，缩短相应的工期，同时保证了工程施工安全，可为类似工程借鉴参考。

参 考 文 献

[1] 陈理想，陈寿根，涂鹏，等. 地下硐室围岩分级 Q 值法、RMR 法、BQ 法相互关系研究 [J]. 路基工程，2017（6）：107 - 112.

[2] 国家技术监督局，中华人民共和国建设部. GB 50218—94 工程岩体分级标准 [S]. 北京：中国计划出版社，1994.

[3] 中华人民共和国交通部. JTG D70—2004 公路隧道设计规范 [S]. 北京：人民交通出版社，2004.

[4] 国家能源局. GB 50487—2008 水利水电工程地质勘察规范 [S]. 北京：中国计划出版社，2008.

[5] 陈守煜，韩晓军. 围岩稳定性评价的模糊可变集合工程方法 [J]. 岩石力学与工程学报，2006，25（9）：1857 - 1861.

[6] 高志亮，黄松奇. 公路隧道围岩稳定性评价的改进人工神经网络方法 [J]. 数学的实践与认识，2002，32（2）：241 - 261.

[7] 邱道宏，薛翊国，苏茂鑫，等. 基于粗集功效系数法的青岛地铁围岩稳定性研究 [J]. 山东大学学报（工学版），2011，41（5）：92 - 96.

[8] 连建发，慎乃齐，张杰坤. 基于可拓方法的地下工程围岩评价研究 [J]. 岩石力学与工程学报，2004，23（9）：1450 - 1453.

[9] 汪明武，金菊良，周玉良. 集对分析耦合方法与应用 [M]. 北京：科学出版社，2014.

[10] 李健，汪明武，徐鹏，等. 基于云模型的围岩稳定性分类 [J]. 岩土工程学报，2014，36（1）：83 - 87.

[11] 柳厚祥,李汪石,查焕弈,等.基于深度学习技术的公路隧道围岩分级方法 [J].岩土工程学报,2018,40 (10):1809-1817.

[12] 许腾.基于模糊综合评判的公路隧道围岩分级方法研究 [D].长沙:长沙理工大学,2017.

[13] 潘朝,吴立,左清军,等.基于模糊数学的武汉市地下空间开发地质适宜性评价 [J].安全与环境工程,2013,20 (2):19-23.

[14] 苏永华.岩土参数模糊隶属函数的构造方法及应用 [J].岩土工程学报,2007,29 (12):1772-1779.

[15] 李文峰,姚晓敏,孙国荣.鄂北地区水资源配置工程设计综述 [J].水利水电技术,2016,47 (7):9-13.

基于 EGM2008 地球重力场模型的
高程拟合研究及应用

刘勇　邱国辉　万年锋

[摘要]　本文介绍了几种典型的 GPS 高程拟合方法，通过了实例比较几种 GPS 高程拟合方法，并利用超高阶地球重力场模型 EGM2008 进行 GPS 高程拟合，通过精度分析可知基于 EGM2008 地球重力场模型的 GPS 高程拟合精度要明显优于传统 GPS 高程拟合模型，利用高程异常残差 BP 神经网络拟合建立区域似大地水准面精化模型，适合于较大范围的厘米级区域大地水准面的确定。

[关键词]　GPS 高程；高程异常；高程拟合；EGM2008 地球重力场模型；BP 神经网络拟合

1　引言

　　常规高程测量方法为水准测量或三角高程测量，虽然成果可靠，可满足各种精度要求的高程成果，但作业效率低，尤其是在相对高差大的山区及荒漠无人区，不能很好地满足大量高程数据快速采集的要求。GPS 技术以其高精度、全天候、低成本、高效率的优点被广泛应用于工程项目测量中。GPS 测量的参考椭球为 WGS-84 椭球，GPS 直接测得的高程是相对于 WGS-84 椭球面的大地高，与工程项目中采用的以似大地水准面为基准的正常高系统不一致，故需要将 GPS 测得的大地高用 GPS 高程拟合的方法转换为工程中需要的正常高。通常 GPS 高程转换正常高的做法是进行高程联测，也就是在 GPS 测量时需要联测一定数量、分布合理均匀、达到区域全覆盖的水准点，进行似大地水准面曲面拟合，从而求得 GPS 网中所有待测点的正常高。GPS 高程拟合方式有：采用数学方法拟合的高程拟合模型，基于重力场模型的 GPS 高程拟合等。

　　高程异常的求解，目前主要采用"移去—恢复"技术。宁津生等利用数字地形模型和 WDM94 地球重力场模型，采用"移去—恢复"技术计算了深圳市 1km 分辨率的大地水准面模型，标准差约 ±1.4cm。章传银对 EGM2008 地球重力场模型在中国内地的误差进行了分析。王爱生，欧吉坤等探讨了几种在应用"移去—恢复—拟合"算法时的具体计算公式。刘斌，郭际明等基于 EGM2008 和数字高程模型（DEM）详细对比了不同解算策略求解高程异常的差异，其外符合精度达到 0.96cm。国外此类的工程案例较少，但也有一些学者进行了相关方向的研究，例如 Nikolaos K P 和 Simon A H 等对于 EGM2008 模型以及数字高程模型进行了一定程度的研究。

EGM2008 是近年来由美国 NGA 重力场研发小组发布的高阶地球重力场模型，该模型的球谐展开阶数达到了 2159 阶，并且提供扩展 2190 阶的参数，目的是通过在 WGS－84 坐标系下解算地球水准面的起伏。该模型采用了 GRACE 卫星跟踪数据、卫星测高数据和地面重力数据等，其区域重力异常的相对值比较精确，可以作为区域似大地水准面精化的参考地球重力场模型。

本文选取襄阳境内的湖北汉江新集水电站，属地形复杂的丘陵地区，通过采用基于 EGM2008 地球重力场模型结合工程测区的 GPS 水准资料，建立区域似大地水准面精化模型来拟合 GPS 控制点的高程。

通过与常规数学模型 GPS 高程拟合进行精度对比，分析了基于 EGM2008 的 GPS 高程拟合在地形复杂丘陵地区的适用情况。

2　GPS 高程拟合方法介绍

高程基准面是地面点高程的统一起算面，由于大地水准面所形成的体形——大地体是

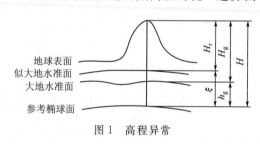

图 1　高程异常

与地球最为接近的体形，因此通常采用大地水准面作为高程基准面，由于大地水准面的不规则性，选取规则的似大地水准面来作为高程基准面。如图 1 所示，H 为大地高，H_g 为正高，H_r 为正常高，h_g 为大地水准面到地球椭球面的距离，ξ 为似大地水准面到参考椭球面的高差（称为高程异常）。高程异常可用式（1）求得

$$\xi = H - H_r \tag{1}$$

GPS 高程拟合法的基本原理是通过已知 GPS 水准点的大地高和正常高（水准高）获得该点的对应高程异常 ξ，根据这些点上的高程异常值 ξ 与平面坐标（X，Y）或大地坐标（B，L）的关系，用最小二乘法拟合出测区高程异常分布的数值模型（即拟合出测区的似大地水准面），最后利用拟合的似大地水准面进行内插计算，获得待定点的高程异常值，进而得到该点的正常高。

2.1　平面拟合法

平面拟合法就是用平面函数模型来模拟该区域的似大地水准面，然后用得到确定的函数式内插该区域内任意一点的高程异常。

平面拟合的模型为

$$\xi = f(B,L) = f1 + f2 \times B + f3 \times L \tag{2}$$

式中：ξ 为高程异常；（B，L）为纬度和经度；$f1$、$f2$、$f3$ 为待求参数。

该法需要至少 3 个 GPS 水准重合点才可解得参数，从而求出其他待定点的正常高。

该法适应于区域面积较小的区域，应联测覆盖该区域的大于 3 个点的水准高。

2.2　二次曲面拟合法

二次曲面拟合法就是用二次曲面函数模型来模拟该区域的似大地水准面，然后用得到确定的函数式内插该区域内任意一点的高程异常。

二次曲面的拟合模型为

$$\xi = f(B,L) = f1 + f2 \times B + f3 \times L + f4 \times B^2 + f5 \times L^2 + f6 \times B \times L \tag{3}$$

式中：ξ 为高程异常；$(B，L)$ 为纬度和经度；$f1$、$f2$、$f3$、$f4$、$f5$、$f6$ 为待求参数。该法需要至少 6 个 GPS 水准重合点才可解得参数，从而求出其他待定点的正常高。

2.3　基于 EGM2008 地球重力场模型的 GPS 高程拟合

地球重力场模型是采用一类基本参数的集合，用逼近或拟合的方式来描述和表示地球重力场的模型。2008 年 4 月，NGA（National Geospatial - Intelligence Agency，美国国家地理空间情报局）发布了最新的全球重力场模型，命名为 EGM2008。EGM2008 模型空间分辨率目前主要有 $2.5' \times 2.5'$ 和 $1' \times 1'$ 两种。本文采用空间分辨率为 $1' \times 1'$ 的 EGM2008 地球重力场模型。

地球重力场模型是一个代表重力场形状的数学面，通常由有限阶次的球谐多项式构成，即：

$$\xi_P = \frac{GM}{R_\gamma} \sum_{n=2}^{n} \sum_{m=0}^{n} \left(\frac{a_c}{R}\right)^n P_{nm}(\sin\varphi) \times (C_{nm}^n \cos m\lambda + S_{nm} \sin m\lambda) \tag{4}$$

式中：ξ_P 为由地球重力场模型得到的高程异常；φ、λ 为计算点的地心纬度和经度；R 为计算点的地心半径；γ 为椭球上的正常重力；a_c 为地球赤道半径；G 为万有引力常数；M 为地球质量；C_{nm}、S_{nm} 为完全规格化位系数；$P_{nm}(\sin\varphi)$ 为完全规格化的 Legendre 缔合函数。

根据物理大地测量学的理论，高程异常可表示为

$$\xi = \xi_M + \xi_{\Delta G} + \xi_T \tag{5}$$

式中：ξ_M 为可以由地球重力场模型计算得到；$\xi_{\Delta G}$ 可以通过求解重力异常的边值问题得到；ξ_T 可以通过求解地形改正得到。

通过"移去—恢复"的方法可求得高程异常。采用基于 EGM2008 地球重力场模型中的重力场中长波信息可以求解 ξ_M 项，而其中的 $\xi_{\Delta G}$、ξ_T 部分可以看成高程异常残差。"移去—恢复"法基本原理是利用数学模型进行高程转换之前，首先移去 EGM2008 地球重力场模型获得的高程异常中的中长波部分 ξ_M，然后对高程异常残差通过若干已知 GPS 水准重合点进行拟合或内插，以消除短波误差，最后把移去的高程异常中的中长波部分 ξ_M 恢复，得出该点的高程异常。

"移去—恢复"法较好地考虑了重力场的中长波和短波误差，对于提高大范围复杂地形的 GPS 正常高精度有较明显作用。

3 实例分析

3.1 概况

湖北汉江新集水电站位于襄阳境内，属丘陵地带，沿库区淹没范围建立了带状四等GPS网（长约70km，宽约10km的带状地形）。网内共有GPS点52个、其中具三等以上等级水准点6个。在两个二等水准点间测设五等水准检测路线，路线长约52km，联测GPS检查点12个。GPS网内最高点高程约190m、最低点高程约为70m，相对高差约120m。如图2所示。

下面采用GPS高程拟合（平面模型、二次曲面模型）、基于EGM2008地球重力场模型高程拟合（BP神经网络拟合、平面模型、二次曲面模型）等多种方案进行对比分析。

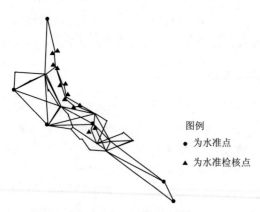

图例
● 为水准点
▲ 为水准检核点

图2 湖北汉江新集水电站淹没
范围调查四等GPS网图

3.2 GPS高程拟合

3.2.1 平面拟合

采用6个GPS水准点进行平面拟合，其外符合精度统计见表1。

表1 平面拟合的外符合精度统计

误差统计/cm	个数	误差统计/cm	个数
(−15，−10)	7	(−5，0)	1
(−10，−5)	4	(0，5)	0

平面拟合的拟合结果与检核点的较差最小值为−0.045m，最大值为−0.129m，通过12个检核点统计计算，其外符合中误差为±0.100m。

3.2.2 二次曲面拟合

（1）采用6个GPS水准点进行二次曲面拟合，其外符合精度统计见表2。

表2 二次曲面拟合的外符合精度统计

误差统计/cm	个数	误差统计/cm	个数
(0，5)	2	(10，15)	6
(5，10)	2	(15，20)	2

二次曲面拟合的拟合结果与检核点的较差最小值为＋0.006m，最大值为＋0.183m，通过 12 个检核点统计计算，其外符合中误差为±0.128m。

（2）在以上二次曲面 GPS 高程拟合模型中，在薄弱环节加一个已知点，其外符合精度统计见表 3。

表 3　　　　　　　　　　二次曲面拟合（增强）的外符合精度统计

误差统计/cm	个数	误差统计/cm	个数
（−10，−5）	2	（0，5）	7
（−5，0）	2	（5，10）	2

二次曲面拟合的拟合结果与检核点的较差最小值为＋0.004m，最大值为−0.055m，通过 11 个检核点统计计算，其外符合中误差为±0.032m。

由以上 3 种传统 GPS 高程拟合方式可以看出，传统 GPS 高程拟合较难取得理想的高程拟合结果。在二次曲面拟合（增强）的（2）方案比二次曲面拟合（1）方案精度有很大的提高，说明二次曲面拟合需要联测较多、分布合理均匀、能全覆盖的水准点，才能取得较理想的高程拟合成果。

3.3　基于 EGM2008 地球重力场模型高程拟合

3.3.1　高程异常残差 BP 神经网络拟合

神经网络方法是基于模仿人类大脑的结构和功能的一种新型信息处理算法，BP 神经网络是神经网络算法的一种，由 Rumelhart 等于 1986 年创立，它是基于误差方向传播算法的多层前馈神经网络，采用最小均方差的学习方式，是目前工程上使用最广泛的网络。

BP 神经网络是典型的多层网络结构，一般分为输入转换层、输入层、隐含层、输出层和输出转换层等 5 层。层与层之间一般为全互联，但同一层的节点之间不存在连接。输入层、隐含层和输出层为神经网络结构的主体，输出转换层则是将计算得出的结果再映射回有量纲的真实值，得到真实的高程异常。

BP 神经网络的结构如图 3 所示。

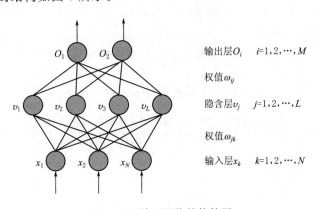

图 3　BP 神经网络结构简图

输入为

$$v_j = f(net_j) = f\left(\sum_{k=1}^{N} \omega_{jk} x_k\right) - \theta_j \quad j = 1, 2, \cdots, L \tag{6}$$

输出为

$$O_i = f(net_i) = f\left(\sum_{j=1}^{L} \omega_{ij} v_j\right) - \theta_i \quad i = 1, 2, \cdots, M \tag{7}$$

激励函数为

$$f(x) = \frac{1}{1 + e^{-x}} \tag{8}$$

误差函数为

$$E = \frac{1}{2} \sum_{i=1}^{M} (y_i - O_i)^2 = \frac{1}{2} \sum_{i=1}^{M} \left[y_i - f\left(\sum_{j=0}^{L} \omega_{ij} O_j\right) \right]^2$$

$$= \frac{1}{2} \sum_{i=1}^{M} \left\{ y_i - f\left[\sum_{j=0}^{L} \omega_{ij} f\left(\sum_{k=0}^{N} \omega_{jk} O_k\right)\right] \right\}^2 \tag{9}$$

误差反向传播时输出层与隐含层之间以及隐含层与输入层之间连接权值的调整量表达式为

$$\Delta \omega_{ij} = \eta \delta_i O_j = \eta (y_i - O_i) O_i (1 - O_i) O_j$$

$$\Delta \omega_{jk} = \eta \delta_j O_k = \eta \sum_{i=1}^{M} \sigma_i \omega_{ij} O_j (1 - O_j) O_k \tag{10}$$

改进的激励函数为

$$f(x) = \frac{1}{1 + e^{-\lambda x}} \tag{11}$$

权值调整公式为

$$\Delta \omega(t) = -\eta \frac{\partial E}{\partial \omega(t)} + \alpha \Delta \omega(t-1) \quad t \geqslant 2 \tag{12}$$

式中：$\Delta \omega(t)$ 为第 t 次训练的权值调整量；$\Delta \omega(t-1)$ 为第 $t-1$ 次训练的权值调整量；α 为动量系数，一般 $\alpha \in (0, 1)$。

动量项反映了之前训练积累的调整经验，对本次调整起阻尼作用，可减小振荡趋势。本文中隐含层选择了一层，选取了 5 个节点。

高程异常残差 BP 神经网络拟合的外符合精度统计见表 4。

表 4　　　　　　　　高程异常残差 BP 神经网络拟合的外符合精度统计

误差统计/cm	个数	误差统计/cm	个数
(−1, 0)	1	(2, 3)	4
(0, 1)	3	(3, 4)	1
(1, 2)	1	(4, 5)	2

高程异常残差 BP 神经网络拟合的拟合结果与检核点的较差最小值为 0，最大值为 +0.041m，通过 12 个检核点统计计算，其外符合中误差为 ±0.025m。由表 4 可知，其误差均在 5cm 以内，误差分布也较为集中，表明效果较好。最后用恢复算法计算了区域似大地水准面高程异常值，如图 4 所示。

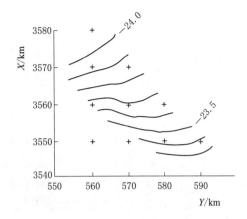

图 4　区域似大地水准面高程异常（等值距 0.1m）

3.3.2　高程异常残差二次曲面拟合

高程异常残差二次曲面的外符合精度统计见表 5。

表 5　高程异常残差二次曲面的外符合精度统计

误差统计/cm	个数	误差统计/cm	个数
（−1，0）	1	（2，3）	4
（0，1）	3	（3，4）	1
（1，2）	1	（4，5）	2

高程异常残差二次曲面的拟合结果与检核点的较差最小值为 0m，最大值为 +0.045m，通过 12 个检核点统计计算，其外符合中误差为 ±0.027m。由表 5 可知，其误差的分布也较为集中，表明效果较好。

3.3.3　高程异常残差平面拟合

高程异常残差平面拟合的外符合精度统计见表 6。

表 6　高程异常残差平面拟合的外符合精度统计

误差统计/cm	个数	误差统计/cm	个数
（−6，−5）	3	（−2，−1）	0
（−5，−4）	1	（−1，0）	0
（−4，−3）	3	（0，1）	1
（−3，−2）	1	（1，2）	3

高程异常残差平面拟合的拟合结果与检核点的较差最小值为 0.011m，最大值为 −0.056m，通过 12 个检核点统计计算，其外符合中误差为 ±0.036m。

基于 EGM2008 地球重力场模型高程拟合的以上三种方法，其高程拟合均取得较理想的高程拟合结果，其中高程异常残差 BP 神经网络拟合的精度最高。从 GPS 网图及误差统计可以看出，GPS 点高程拟合的误差与已知的 GPS 水准点的距离相关，其距离越远、误差越大，因此高精度的 GPS 高程拟合结果需要联测均匀分布区域全覆盖、间距适宜（小于 30km）的 GPS 水准点。

4 结论

（1）基于 EGM2008 地球重力场模型的 GPS 高程拟合模型，其拟合精度要明显优于 GPS 高程拟合模型。

（2）采用最新的 EGM2008 地球重力场模型结合工程测区的 GPS 水准资料，利用高程异常残差 BP 神经网络拟合建立区域似大地水准面精化模型，该方法对地形的适应性较强，适合于较大范围的厘米级区域大地水准面的确定。

（3）湖北汉江新集水电站淹没范围调查四等 GPS 网，采用最新的 EGM2008 地球重力场模型结合高等级 GPS 水准点成果，利用高程异常残差 BP 神经网络拟合的 GPS 高程成果能满足五等水准要求，能满足淹没调查的需要。

参 考 文 献

［1］ 章传银，郭春喜，陈俊勇，等.EGM2008 地球重力场模型在中国大陆适用性分析［J］.测绘学报，2009，38（4）：283－289.

［2］ 陈俊勇.高精度局域大地水准面对布测 GPS 水准和重力的要求［J］.测绘学报，2001，30（3）：189－192.

［3］ 江滔.基于 EGM2008 模型的 GPS 高程拟合方法在铁路勘测中的应用研究［J］.铁道勘察，2013，39（20）：16－18.

［4］ 邸国辉，李东平，戴立耘，等.缺少重力数据的区域似大地水准面精化方法研究［J］.人民长江，2014（16）：52－55.

［5］ 王苗苗，柯福阳.多项式曲面拟合和神经网络 GPS 高程拟合方法的比较研究［J］.测绘工程，2013，22（6）：22－26，30.

［6］ 杨莉，周志富.BP 神经网络在 GPS 高程异常拟合中的应用［J］.测绘工程，2010，19（4）：12－15.

［7］ 陶本藻.GPS 水准似大地水准面拟合和正常高计算［J］.测绘通报，1992（4）：14－18.

［8］ 宁津生，罗志才，杨沾吉，等.深圳市 1km 高分辨率厘米级高精度大地水准面的确定［J］.测绘学报，2003，32（2）：102－107.

［9］ 王爱生，欧吉坤，赵长胜."移去-拟合-恢复"算法进行高程转换和地形改正计算公式探讨［J］.测绘通报，2005（4）：5－7，29.

［10］ 刘斌，郭际明，史俊波，等.利用 EGM2008 模型与地形改正进行 GPS 高程拟合［J］.武汉大学学报（信息科学版），2016，41（4）：554－558.

［11］ NIKOLAOS K P，SIMON A H. An Earth Gravitational Model to Degree2160：EGM2008［J/OL］. Geophysical Research Abstracts，2008，10：http：//www. massentransporte. de/fileadmin/ 2kolloquium_muc/2008－10－08/Bosch/EGM2008. pdf，2008.

基于方差-协方差阵估计的 GPS 工程控制网优化设计

邱国辉

[摘要]　本文提出了 GPS 基线向量的方差-协方差阵估计的 GPS 工程控制网优化设计方法，推导了基线向量的方差-协方差阵估计的数学模型，对 GPS 工程控制网进行模拟优化设计，可预先估计出精度、可靠性因子等技术指标，以保证 GPS 工程控制网的质量。

通过引江济汉工程 GPS 网和鄂北地区水资源配置工程宝林隧道 GPS 网的实测数据，验证了该方法的可行性。

[关键词]　方差-协方差阵；GPS 工程控制网；精度；可靠性因子

1　引言

控制网的优化设计主要有两方面含义：一是在布设控制网时，希望在现有的人力、物力和财力的条件下，使控制网具有最高的精度、灵敏度和可靠性；二是控制网在满足精度、灵敏度和可靠性的前提下，使控制网的成本（费用）最低。

Grafarend 将控制网优化设计问题分为零阶段设计问题（基准选择问题）、一阶段设计问题（结构图形设计问题）、二阶段设计问题（观测值权的分配问题）和三阶段设计问题（网的改造或者加密方案的设计问题）。

GPS 网同一般的经典地面测量控制网相比有以下特点：

（1）非层次结构。

（2）在不改变基线数目和形式的基础上，单纯改变点的位置不会影响网的精度，GPS 控制网的精度与不同边的角度无关。

（3）GPS 网的观测数据-基线向量中由于包含了尺度和方位信息，因此，理论上只需一个已知点的坐标来确定网的平移即可。

（4）GPS 网没有误差的积累，而且误差分布比较均匀，各边的方位和边长的相对精度基本相同。

（5）具有更为复杂的函数、随机模型，这些模型的先验信息在设计阶段难以获取和准确估计，即在实测前，各基线观测向量的误差与模型误差一样属于非参数估计。

这些特点导致 GPS 控制网优化设计不完全等同于经典地面测量控制网的优化设计。

优化设计方法有解析法、模拟法。模拟法可结合专家的经验，修改设计方案，在实际工作中应用较多。本文基于模拟法推导 GPS 工程控制网优化设计的数学模型。

GPS 工程控制网是为了满足工程建设需要而布设的测量控制网，其建立过程为：①布网方案设计；②外业观测；③内业数据处理与撰写总结报告。目前，对于经典的地面测量控制网，已有软件可供利用（例如 CosaWIN），但对于 GPS 控制网，大部分数据处理软件尚无优化设计功能。

对于 GPS 控制网的优化设计，估算设计的 GPS 基线向量的方差阵是其难点，其方法大体分为三种：①三个方向按标称精度平均分配；②利用标称精度，通过方差传播率计算；③通过 GPS 预报历书估计基线向量方差。

第一种方法的缺点是未考虑协方差，严密性欠佳；第三种方法需要根据 GPS 观测时段得到预报历书，然后估计向量方差，而预计的 GPS 观测时段与实际观测时段往往不符。

本文主要研究第二种估算 GPS 网基线向量方差阵的方法，并通过引江济汉工程 GPS 网和鄂北地区水资源配置工程宝林隧道 GPS 网的实测数据，验证了该算法的可行性。

2　GPS 点位精度估计

GPS 基线向量的误差方程式如下：

$$V_{ij} = \boldsymbol{B}_{ij}\delta X_{ij} - L_{ij} \tag{1}$$

其中

$$\boldsymbol{B}_{ij} = \begin{bmatrix} -1 & 0 & 0 & 1 & 0 & 0 \\ 0 & -1 & 0 & 0 & 1 & 0 \\ 0 & 0 & -1 & 0 & 0 & 1 \end{bmatrix}$$

$$\delta X_{ij} = [\mathrm{d}X_i, \mathrm{d}Y_i, \mathrm{d}Z_i, \mathrm{d}X_j, \mathrm{d}Y_j, \mathrm{d}Z_j]^T$$

由间接平差随机模型 $\boldsymbol{P}_{ij} = \sigma_0^2 D_{\Delta XYZ}^{-1}$ 可以定出各基线向量的权阵 $\boldsymbol{P}_{ij}$，则法方程系数阵为 $N = B^T PB$，根据最小二乘原理，其逆阵的对角线元素即为各坐标分量的协因数，即

$$Q = N^{-1}, q_{ii} = \mathrm{diag}(\boldsymbol{Q}_{ii}) \tag{2}$$

因此，控制网中各设计点位精度估计值为

$$\sigma_{X_i} = \sigma_0\sqrt{Q_{X_i}}, \sigma_{Y_i} = \sigma_0\sqrt{Q_{Y_i}}, \sigma_{Z_i} = \sigma_0\sqrt{Q_{Z_i}} \tag{3}$$

式中：σ_0 为验前单位权中误差；σ_{X_i}、σ_{Y_i}、σ_{Z_i} 分别为 X、Y、Z 坐标中误差。

3　可靠性指标

可靠性的研究有两大任务：其一是指从理论上研究平差系统发现、区分不同模型误差的能力以及不可发现、不可区分的模型误差对平差结果的影响；其二是从实际上寻求在平差过程中自动发现、区分模型误差以及确定模型误差位置的方法。GPS 网的可靠性取决于网的图形结构和基线向量的权阵，而不是取决于实际的观测，因此，在网的设计阶段应考虑网的可靠性，确保检测到尽可能小的粗差和减少不可能发现的模型误差对待估未知参

数的影响，分为内部可靠性和外部可靠性。

观测值 l_i 的多余观测分量为

$$r_i = (Q_{VV}P)_{ii} \tag{4}$$

式中：Q_{VV} 为改正数的协因数矩阵；P 为权阵。

$$r = n - u = \sum_{i=1}^{n} r_i \tag{5}$$

式中：r 为整个网的多余观测数，r_i 为内部可靠性，可以反映 GPS 控制网发现观测值中粗差的能力；n 为总观测值个数；u 为未知数个数。

外部可靠性反映的是控制网中未被发现的粗差对平差结果的影响程度，计算公式为

$$\delta_{0i} = \frac{1 - r_i}{r_i}\omega_0 \tag{6}$$

式中：ω_0 为非中心参数，一般取 2.79（显著水平 0.05，检验功效 0.80）。

4 GPS 基线向量方差-协方差阵估计

由 GPS 基线向量的误差方程式（1）可知，采用模拟法进行 GPS 网设计时，首先初步选定若干条 GPS 基线向量，则可得到系数矩阵 $\boldsymbol{B}$，由基线向量的方差-协方差阵可得到各基线向量的权阵 $\boldsymbol{P}$，权中误差可根据控制网的等级可确定验前单位权中误差，如此得到了 GPS 网的平差模型，据此可估计点位精度、可靠性因子。因此，基线向量的方差-协方差阵的估计是关键问题。

4.1 二维基线向量的方差-协方差阵估计

二维基线向量是平面向量，根据标称精度计算 GPS 的边长方差 m_s^2 和方位角方差 m_a^2，其计算公式为

$$m_s^2 = a^2 + (bs)^2 \tag{7}$$

$$m_a^2 = c^2 + \left(\frac{d}{s}\right)^2 \tag{8}$$

式中：a、b 分别为 GPS 接收机边长测量固定误差和比例误差因子；c、d 分别为 GPS 接收机方向测量固定误差和比例误差因子；s 为基线长度。

因为

$$\Delta x = s\cos\alpha \tag{9}$$

$$\Delta y = s\sin\alpha \tag{10}$$

式中：Δx 为纵坐标增量，cm；Δy 为横坐标增量，cm；α 为基线的坐标方位角，(°)。

对式（3）和式（4）进行线性化得

$$\begin{bmatrix} \mathrm{d}\Delta x \\ \mathrm{d}\Delta y \end{bmatrix} = \begin{bmatrix} \cos\alpha & -s \cdot \sin\alpha \\ \sin\alpha & s \cdot \cos\alpha \end{bmatrix} \begin{bmatrix} \mathrm{d}s \\ \mathrm{d}a \end{bmatrix} \tag{11}$$

根据协方差传播律，可得基线向量的方差-协方差阵：

$$\boldsymbol{D}_{\Delta xy} = \begin{bmatrix} \cos^2\alpha \cdot m_s^2 + \dfrac{s^2}{\rho^2}\sin^2\alpha \cdot m_a^2 & \sin\alpha \cdot \cos\alpha \cdot \left(m_s^2 - \dfrac{s^2}{\rho^2}m_a^2\right) \\[4mm] \sin\alpha \cdot \cos\alpha \cdot \left(m_s^2 - \dfrac{s^2}{\rho^2}m_a^2\right) & \sin^2\alpha \cdot m_s^2 + \dfrac{s^2}{\rho^2}\cos^2\alpha \cdot m_a^2 \end{bmatrix} \tag{12}$$

式中：ρ 是常数 $\rho = 206265''$。

4.2 三维基线向量方差-协方差阵估计

对式（11）扩展，加入高程，则有

$$\begin{bmatrix} \mathrm{d}\Delta x \\ \mathrm{d}\Delta y \\ \mathrm{d}\Delta h \end{bmatrix} = \begin{bmatrix} \cos\alpha & -s \cdot \sin\alpha & 0 \\ \sin\alpha & s \cdot \cos\alpha & 0 \\ 0 & 0 & 1 \end{bmatrix} \begin{bmatrix} \mathrm{d}s \\ \mathrm{d}a \\ \mathrm{d}\Delta h \end{bmatrix} \tag{13}$$

则 Δx，Δy，Δh 的方差-协方差阵为

$$\boldsymbol{D}_{\Delta xyh} = \begin{bmatrix} \cos^2\alpha \cdot m_s^2 + \dfrac{s^2}{\rho^2}\sin^2\alpha \cdot m_a^2 & \sin\alpha \cdot \cos\alpha \cdot \left(m_s^2 - \dfrac{s^2}{\rho^2}m_a^2\right) & 0 \\[4mm] \sin\alpha \cdot \cos\alpha \cdot \left(m_s^2 - \dfrac{s^2}{\rho^2}m_a^2\right) & \sin^2\alpha \cdot m_s^2 + \dfrac{s^2}{\rho^2}\cos^2\alpha \cdot m_a^2 & 0 \\[4mm] 0 & 0 & m_h \end{bmatrix} \tag{14}$$

式中：m_h 为高差中误差；Δh 为高差。

又根据站心坐标系转换成空间直角坐标系的公式：

$$\begin{bmatrix} \Delta X \\ \Delta Y \\ \Delta Z \end{bmatrix} = \boldsymbol{R} \begin{bmatrix} \Delta x \\ \Delta y \\ \Delta h \end{bmatrix} \tag{15}$$

式中：$\boldsymbol{R}$ 为旋转矩阵，见式（10）；ΔX 为 X 坐标增量；ΔY 为 Y 坐标增量；ΔZ 为 Z 坐标增量。

$$\boldsymbol{R} = \begin{bmatrix} -\sin B\cos L & -\sin L & \cos B\cos L \\ -\sin B\sin L & \cos L & \cos B\sin L \\ \cos B & 0 & \sin B \end{bmatrix} \tag{16}$$

式中：B、L 分别为大地纬度和经度，可由空间直角坐标 X、Y、Z 转换得到。

则由协方差传播律得三维基线向量的方差-协方差阵计算公式：

$$\boldsymbol{D}_{\Delta XYZ} = \boldsymbol{R}\boldsymbol{D}_{\Delta xyh}\boldsymbol{R}^T \tag{17}$$

令

$$\boldsymbol{D}_{\Delta XYZ} = \begin{bmatrix} \mathrm{cov}\Delta X\Delta X & \mathrm{cov}\Delta X\Delta Y & \mathrm{cov}\Delta X\Delta Z \\ \mathrm{cov}\Delta Y\Delta X & \mathrm{cov}\Delta Y\Delta Y & \mathrm{cov}\Delta Y\Delta Z \\ \mathrm{cov}\Delta Z\Delta X & \mathrm{cov}\Delta Z\Delta Y & \mathrm{cov}\Delta Z\Delta Z \end{bmatrix}$$

则其中

$$\mathrm{cov}\Delta X\Delta X = \sin B\cos L(\sin B\cos L \cdot \mathrm{cov}\Delta x\Delta x + \sin L \cdot \mathrm{cov}\Delta x\Delta y) + \sin L(\sin B\cos L$$
$$\cdot \mathrm{cov}\Delta x\Delta y + \sin L \cdot \mathrm{cov}\Delta y\Delta y) + \cos^2 B\cos^2 L \cdot \mathrm{cov}\Delta h\Delta h \tag{18}$$

$$\mathrm{cov}\Delta Y\Delta Y = \sin B\sin L(\sin B\sin L \cdot \mathrm{cov}\Delta x\Delta x - \cos L \cdot \mathrm{cov}\Delta x\Delta y) + \cos L(-\sin B\sin L$$
$$\cdot \mathrm{cov}\Delta x\Delta y + \cos L \cdot \mathrm{cov}\Delta y\Delta y) + \cos^2 B\sin^2 L \cdot \mathrm{cov}\Delta h\Delta h \tag{19}$$

$$\mathrm{cov}\Delta Z\Delta Z = \cos^2 B \cdot \mathrm{cov}\Delta x\Delta x + \sin^2 B \cdot \mathrm{cov}\Delta h\Delta h \tag{20}$$

$$\text{cov}\Delta X \Delta Y = \text{cov}\Delta Y \Delta X = \sin B \sin L \left(\sin B \cos L \cdot \text{cov}\Delta x \Delta x + \sin L \cdot \text{cov}\Delta x \Delta y \right)$$
$$- \cos L \left(\sin B \cos L \cdot \text{cov}\Delta x \Delta y + \sin L \cdot \text{cov}\Delta y \Delta y \right) + \cos^2 B \cos L \sin L \cdot \text{cov}\Delta h \Delta h \tag{21}$$

$$\text{cov}\Delta X \Delta Z = \text{cov}\Delta Z \Delta X = -\cos B \left(\sin B \cos L \cdot \text{cov}\Delta x \Delta x + \sin L \cdot \text{cov}\Delta x \Delta y \right)$$
$$+ \cos B \sin B \cos L \cdot \text{cov}\Delta h \Delta h \tag{22}$$

$$\text{cov}\Delta Y \Delta Z = \text{cov}\Delta Z \Delta Y = \cos B \left(-\sin B \sin L \cdot \text{cov}\Delta x \Delta x + \cos L \cdot \text{cov}\Delta x \Delta y \right)$$
$$+ \cos B \sin B \sin L \cdot \text{cov}\Delta h \Delta h \tag{23}$$

5　隧道横向贯通误差计算

隧道横向贯通误差计算采用权函数法。洞外 GPS 平面控制网影响值（即 GPS 网测量误差所引起隧道横向贯通误差，简称"影响值"）的计算可参照下述地面边角网的严密计算公式进行：

$$\text{d}(\Delta y_p) = -a_{ja}\Delta X_{jp}\text{d}x_j - (1+b_{ja}\Delta X_{jp})\text{d}y_j + a_{ja}\Delta X_{jp}\text{d}x_a + b_{ja}\Delta x_{jp}\text{d}y_a$$
$$- a_{cb}\Delta X_{cp}\text{d}x_b - b_{cb}\Delta X_{cp}\text{d}y_b + a_{cb}\Delta X_{cp}\text{d}y_{xc} + (1+b_{cb}\Delta X_{cp})\text{d}y_c \tag{24}$$

式（24）为贯通点横坐标差的权函数式（纵向贯通误差影响值计算式与之相似），含义是：在给定的隧道独立坐标系下，洞外 GPS 平面控制网影响值与进、出口点（J，C）和相应定向点（A，B）的位置、精度以及贯通点 P 的位置有关，进、出口定向边的方位角中误差与贯通误差影响值关系较大，式中 Δy_p 为分别由进、出口推算贯通点 P 的 y 坐标的差值，a，b 为相应边的方向系数，Δx 为相应点的坐标增量，按协方差传播律计算出该差值的中误差即为"影响值"，用 $M_{\text{外}}$ 表示。该法称为坐标差权函数法。

6　引江济汉工程 GPS C 级网方案设计

6.1　GPS C 级网方案设计

南水北调中线引江济汉工程为一等工程，由引水干渠、进出口控制工程、河渠交叉、跨渠倒虹吸、路渠交叉等建筑物组成。引水干渠采用明渠自流结合泵站抽水的输水形式。工程设计引水流量为 $350\text{m}^3/\text{s}$，最大引水流量为 $500\text{m}^3/\text{s}$。引江济汉工程对于加快南水北调工程建设步伐，推进汉江中下游综合治理开发，促进汉江中下游乃至湖北省经济社会可持续发展都具有十分重要的意义。由于施工标段多，沿线各类建筑物共计 107 座，为了确保分期、分段或分部位施工的渠段和建筑物准确衔接，需要建立全线统一的、高精度的施工控制网。

引江济汉工程施工控制网（C 级网）总长度近 70km，是典型的带状控制网。引江济汉工程 GPS C 级网附合于 B 级网的四个点（G1，G2，G3，G4），利用 GPS 工程控制网优化设计软件和 COSAGPS 平差软件，对整网进行了多个方案设计，最后选定推荐方案。

推荐方案的总测站数为 56 个（4 个 B 级点，52 个 C 级点），独立基线数为 138 条，首先生成三维基线向量及其方差-协方差，然后进行精度、可靠性估计，计算时取 GPS 基线固定误差为 $\pm5mm$，比例误差为 $\pm1mm$，方位中误差为 $\pm1''$，其结果见表 1 和表 2。

表 1　　　　　　　　　　　GPS 三维设计网点位误差

设计网	M_x/cm	M_y/cm	M_z/cm	M_p/cm
最好点	0.33	0.63	0.44	0.84
最弱点	0.78	1.06	0.66	1.47
平均值	0.55	0.84	0.54	1.14

表 2　　　　　　　　　　　GPS 三维设计网可靠性指标

设计网	X 内可靠性	Y 内可靠性	Z 内可靠性	X 外可靠性	Y 外可靠性	Z 外可靠性
最小值	0.11	0.37	0.11	0.17	0.67	0.20
最大值	0.94	0.81	0.93	22.98	4.74	22.08
平均值	0.62	0.62	0.62	2.61	1.80	2.94

6.2　实测网精度与可靠性指标

按照方案设计要求，同步安排 6 台双频 GPS 接收机观测，以 30min 作为观测时段长度，每点均观测两个以上的时段，2006 年 1 月 8—11 日进行了 C 级网的外业观测。数据处理过程中，C 级网基线解算采用 Pinnacle 软件进行，网平差采用 CosaGPS 软件进行，得到的精度与可靠性指标见表 3 和表 4。

表 3　　　　　　　　　　　GPS 三维实测网点位精度

实测网	M_x/cm	M_y/cm	M_z/cm	M_p/cm
最好点	0.19	0.36	0.23	0.47
最弱点	0.51	0.91	0.58	1.19
平均值	0.37	0.63	0.42	0.84

表 4　　　　　　　　　　　GPS 三维实测网可靠性指标

设计网	X 内可靠性	Y 内可靠性	Z 内可靠性	X 外可靠性	Y 外可靠性	Z 外可靠性
最小值	0.10	0.05	0.11	0.06	0.04	0.06
最大值	0.98	0.99	0.98	24.03	54.09	22.34
平均值	0.62	0.62	0.62	2.69	2.99	2.70

由表 3 可知：GPS 三维实测网点位误差略小于设计方案的点位误差。

由表 4 可知：坐标分量的内部可靠性最小值为 0.11，最大值为 0.99，坐标分量的平均内部可靠性分别为 0.62，表明网的可靠性较高。

实测网的点位精度和内部可靠性与设计方案基本相符，达到了引江济汉工程施工控制网设计要求。

7 宝林长隧道 GPS 网方案设计

7.1 隧道 GPS 网方案设计

鄂北地区水资源配置工程线路全长 269.34km，主要建筑物有 60 余座，国内最长的预应力渡槽 4.99km，PCCP 预应力钢筒混凝土管 76km，隧洞总长 110km。工程总工期 45 个月，工程总概算投资 179.5 亿元，是国家 172 项重点水利工程之一。

宝林隧道是鄂北地区水资源配置工程的关键工程，长达 13.8km，采用 TBM 独头掘进，贯通点在出口，GPS 网如图 1 所示。

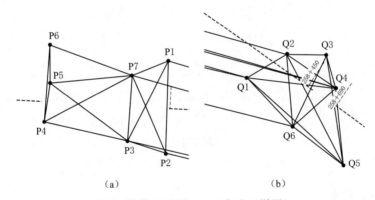

（a）　　　　　　　　　　　　　（b）

图 1　隧道 GPS 网（入口与出口详图）

参照《铁路测量技术细则》，横向贯通误差限差为 400mm，洞外控制测量误差和洞内控制测量误差按等影响进行分配，洞外控制测量误差为 141mm，洞内控制测量误差为 141mm。贯通面的方位角 98°（独立坐标系）。

入口侧位于狭窄山谷，推荐方案的总测站数为 13 点，入口侧最短边 Q3—Q4 为 236m，出口侧最短边 P4—P5 为 372m，最长边 Q4—P5 为 14907m，独立基线数为 42 条，其中连接入口与出口的基线数为 13 条，进行精度、可靠性和贯通点横向中误差的估计。同步安排 8 台双频 GPS 接收机观测，以 240min 作为观测时段长度，每点均观测两个以上的时段，取 GPS 基线固定误差为 ±5mm，比例误差为 ±1ppm，长边、短边的方位中误差分别为 ±0.1″、±1″，以 Q4 为起点，Q4—P5 为固定方向，其结果见表 5、表 6。

表 5　　　　　　　　　　　隧道 GPS 网设计网点位精度

网点	M_x/cm	M_y/cm	M_p/cm
Q4			
P1	0.95	0.96	1.35
P2	0.98	0.97	1.38
P3	1	0.99	1.41
P4	1.17	1.12	1.62

续表

网点	M_x/cm	M_y/cm	M_p/cm
P5	1.17	1.12	1.62
P6	1.24	1.17	1.7
P7	0.95	0.96	1.35
Q1	0.66	0.57	0.87
Q2	0.67	0.56	0.87
Q3	0.69	0.56	0.89
Q5	0.69	0.55	0.88
Q6	0.68	0.56	0.88

表6 隧道 GPS 网设计二维基线向量可靠性

起点	终点	内部可靠性		备注
		D_X	D_Y	
P4	P6	0.55	0.25	最小值
P3	Q4	0.82	0.92	最大值

由表 6 可知：坐标分量的内部可靠性最小值为 0.25，最大值为 0.92，坐标分量的平均内部可靠性（D_X、D_Y）分别为 0.71，0.71，表明网的可靠性较高。

入口测站、入口照准点分别为 Q4、Q6，其方位角中误差为 3.7″，出口测站、出口照准点分别为 P7、P5，其方位角中误差为 2.1″。贯通点横向中误差的估计值为 123mm。

7.2 实测网计算结果

按照推荐方案进行测量后，进行二维联合平差，得到精度和贯通点横向中误差，见表 7。

表7 隧道 GPS 网实测网点位精度

网点	M_x/cm	M_y/cm	M_p/cm
Q4			
P1	0.27	0.26	0.37
P2	0.27	0.26	0.38
P3	0.25	0.24	0.35
P4	0.26	0.25	0.36
P5	0.26	0.26	0.37
P6	0.28	0.27	0.39
P7	0.25	0.25	0.35
Q1	0.19	0.19	0.27
Q2	0.26	0.25	0.36
Q3	0.21	0.2	0.29
Q5	0.22	0.21	0.3
Q6	0.16	0.16	0.22

贯通点横向中误差的估计值为 94mm。

实测结果的单位权中误差为 0.4cm，故比设计结果的精度好，贯通点横向中误差也有减小。入口定向边和出口定向边的长度对贯通点横向中误差的影响较大，选点时尽可能边长不小于 300m 为宜，且埋设强制对中观测墩。

8 结论

本文提出了基于估算 GPS 基线向量方差、协方差进行 GPS 工程控制网模拟优化设计的新方法，编制了专用软件，并用于南水北调中线引江济汉工程 GPS 网和宝林隧道 GPS 网的方案设计，实测结果和设计结果均比较接近，验证了新方法的正确性。对 GPS 工程控制网进行模拟优化设计，可预先估计出精度等技术指标，以保证 GPS 工程控制网的质量。

对于超长隧道 GPS 网，连接入口与出口的基线数应不少于 9 条。

对于边长相差悬殊的控制网，由于长边、短边的方位中误差的实际差别较大，需要分别取值。

参 考 文 献

[1]　赵长胜. GPS 控制网优化设计系统 [J]. 现代测绘，2003，26（5）：6 - 8.

[2]　孔祥元. 郭际明，刘宗泉. 大地测量学基础 [M]. 武汉：武汉大学出版社，2001.

[3]　张正禄. 工程测量学 [M]. 武汉：武汉大学出版社，2005.

[4]　李征航，黄劲松. GPS 测量与数据处理 [M]. 武汉：武汉大学出版社，2005.

[5]　周拥军，施一民. GPS 网的模拟优化设计 [J]. 测绘工程，2001，10（3）：9 - 12.

[6]　姚连壁，周全基，刘大杰，等. 隧道 GPS 网对横向贯通误差的影响 [J]. 测绘学报，1997，26（3）：21 - 26.

[7]　汤均博. GPS 控制网优化设计质量指标探讨 [J]. 测绘与空间地理信息，2008，31（4）：132 - 134.

[8]　周秋生. 测量控制网优化设计 [M]. 北京：测绘出版社，1992.

[9]　陈希. GPS 观测数据仿真系统的设计与实现 [D]. 成都：电子科技大学，2013.

03

工程设计与研究

土石坝工程创新与发展历程

姚晓敏　陈雷　张祥菊　万志刚　吴红光　杨晓明

[摘要]　本文简要回顾湖北省水利水电规划勘测设计院土石坝工程设计技术发展历程与创新，介绍了湖北水院在土石坝工程设计方面的技术创新成果，提出了本院土石坝工程建设思路，明确了下一步发展研究方向。

[关键词]　土石坝工程；工程设计；技术创新

1 引言

土石坝工程是湖北省水利水电规划勘测设计院（以下简称湖北水院）的传统技术优势，自 1956 年成立以来直到 1985 年，设计的土石坝约有数百座之多，坝型以黏土心墙、黏土斜墙、面板堆石坝为主。自 1985 年湖北水院主持设计国家"七五"科技攻关的国内第一座面板堆石坝西北口水库开始，坝型便以各类型面板堆石坝为主，心墙土石坝设计逐渐减少。20 世纪 50 年代的漳河水库匀质土坝（坝高 11～50m，坝顶长度达 11km，库容 21 亿 m³）；富水水库黏土心墙坝（坝高 70 余 m，库容 10.1 亿 m³）；20 世纪 80 年代的西北口水库混凝土面板堆石坝（最大坝高 95m）；20 世纪 90 年代在全强风化地基上修建的小溪口混凝土面板堆石坝（坝高 69.9m）；陡岭子砂砾石、混凝土面板堆石坝（坝高 88m）；2002 年的深覆盖层上坝坡最陡峻的面板堆石坝，采用强弱风化料筑坝的老渡口混凝土面板堆石坝（坝高 96.8m）；采用软岩做坝的白沙河混凝土面板堆石坝（坝高 105m）；坝顶溢流的红瓦屋混凝土面板堆石坝（坝高 48m）；龙背湾混凝土面板堆石坝（坝高 156m）；在建的姚家平面板堆石坝（坝高 168.8m）；华山沟水电站深覆盖层砾石土复合土工膜心墙砂砾石坝（68m）。以上工程由于地理环境限制，坝不是最高，但地质条件的复杂性与基础处理特点都代表了当时世界上土石坝的先进水平及开创性成果。

湖北水院混凝土面板堆石坝发展的历程中，中国水力发电学会混凝土面板堆石坝专委会的参与厥功至伟，其出版的《面板坝工程》季刊杂志、每年的论文集及学会会议交流对湖北水院面板堆石坝的设计创新推进起到了良好的促进与指导作用。特别是在强风化地基上的小溪口面板堆石坝和深覆盖层上的老渡口面板堆石坝设计评价与工程鉴定中，蒋国澄主任和赵增凯副主任不顾高龄亲临指导，在此我们表示感谢。

2 主要创新成果

2.1 全国第一座百米级面板堆石坝——西北口面板堆石坝

西北口水库 1985 年开工，1990 年建成，是国家"七五"科技攻关项目。其大坝剖面、垂直分缝、止水、仪器监测的成果推动了全国面板堆石坝发展，确立了百米级面板坝典型模式，为更高级别的面板堆石坝起了应有的借鉴作用，截至目前是全国领先水平。

西北口水库的无轨滑模工艺取消了滑动模板轨道，一套模具钢材用量由 37.5t 减少为 5.5t，其配套装置的重量仅为有轨滑模的 1/5。施工效率提高了 3 倍；无轨滑模不需要人工浇筑起始块，可以一起连续转角滑升浇筑底部或岸坡各条快。因此在全国面板坝施工中得到推广与不断改进。

2.2 强风化地基上的小溪口面板堆石坝

小溪口混凝土面板堆石坝，坝高 69.9m，坝顶（主坝）长 239.5m，上游坝坡 1∶1.4，下游坝坡 1∶1.3，总堆石 78 万 m^3，面板面积 2 万 m^2，面板混凝土 8000m^3，库容 0.664 亿 m^3。小溪口 1992 年完成可行性研究，随即开始临建工程施工，发现地质问题复杂。1993 年完成初步设计，由于大坝右岸及河床为强风化坡积体及强风化岩，不满足当时设计导则，趾板必须建在坚硬可灌的基岩上。随即进入技施设计阶段确定趾板型式，利用做水闸方式延长渗径解决渗流稳定问题是当时的出发点。

坝区通过 20 多套软硬相间地层，且大青山十里牌断裂穿越库坝区右岸，左岸处于崩倒体之上。坝区由大隆组硅质岩、炭质灰岩及大冶组中厚层、薄层灰岩夹页岩自左岸而右岸分布，右岸山脊坝顶高程 542.3m 处仅厚 40m；左岸坝顶高程处山脊高程仅达 521.0m，厚 35~80m，且位于倾倒崩塌体之上。

在马水河上段属于岩溶地区，根据各类土石坝比较，以面板堆石坝综合技术经济指标较优。我们合理地利用 S 形河湾地形，左坝肩舌状山脊，布置了短溢洪道、短发电引水隧洞、短导流洞。由于地形狭窄，利用翼坝折线布置形成的空间，并将发电进水塔引水隧洞穿越左岸大坝趾板连接板，紧邻面板 0.5m，四周采用周边缝与进水塔四周连接，适应塔的变位。利用高趾墙以弥补左坝肩高程不足，并通过较长连接板，跨越左岸崩塌体破碎岩体而将防渗帷幕布置于较新鲜可灌岩体之上。而对河床及右岸风化极深的软弱岩体，采用大开挖方式达到新鲜致密岩体，采用深截水槽加铺盖（6＋X）方式防渗，以满足出逸比降在安全范围以内，上覆反滤料以解决地基先天不足。趾板型式达 7 种之多。在一个坝采用多种复合处理手段的方式，这在世界混凝土面板坝中并不多见。赵增凯在《我国混凝土面板堆石坝技术特点》一文及《面板堆石坝设计规范》（SL 228—98）中称这种处理方式拓宽了面板堆石坝的建坝领域。截至目前世界上没有资料显示有趾板基础比小溪口还差且范围还广的面板堆石坝，小溪口面板堆石坝的趾板开挖结束标准为 1.5~

$2.2 \mathrm{g/cm^3}$。

软岩地基趾板与防渗板进行的铺盖式固结灌浆是通过生产试验得出来的，实践证明软岩到了一定软弱程度仅仅靠 6m 宽趾板的灌浆是达不到规范的要求。软岩灌浆锚固深度提供的锚固力有限，灌浆固化范围仅仅是局部的改善，此外还必须结合防渗板上水平铺盖式固结灌浆才能解决渗流稳定的长期安全运行要求（小溪口的趾板孔距达到 0.75m，仍然不满足规范要求 5Lu，再增加了防渗板灌浆后才通过监理验收）。

小溪口基础处理灌浆实践证明："作为硬岩仅在趾板上做灌浆即可达到所需帷幕厚度，防渗板（内趾板）不需灌浆"。该建议仅仅适用岩石抗压强度到了一定程度的岩体，还必须结合锚固措施提供的锚固抗拔能力。其中防渗板（内趾板）是否灌浆必须通过生产实践给予解决。

在面板混凝土级配设计中，采用温控作为计算手段，为满足混凝土内部温升产生的拉应力，改进水泥生料配方，增加早强生料成分，主要矿物成分是 C_3A 和 C_3S，但过高的 C_3A 水化热较高，必须使其保证掺用一定数量合理，使其成品混凝土早期强度大于温升的拉应力 1.5 倍数作为控制标准。

（1）面板混凝土水化热温升的时间主要发生在前 7d，当 $h=40 \mathrm{cm}$ 时，一天以后水化热温升使混凝土平均温度达到最高值 28.86℃，高出浇筑温度 4.22℃，当 $h=60 \mathrm{cm}$ 时，两天后混凝土平均温度达到最高值 30℃，高出浇筑温度 6℃，由于混凝土内部自身的约束，非线性温度可在表面产生约 0.6MPa 的拉应力（对应日变幅温差为 13℃）。

（2）7d 后混凝土平均温度基本上与日平均气温相当，随日平均气温的变化而变化。

（3）当气温骤降时，如降 17℃，由此引起自身约束应力最大不超过 0.4MPa，拉应力的范围在 1/5 板厚之内。故后期温降，混凝土自身约束应力不足以使面板开裂。

（4）均匀变温荷载的大小主要受浇筑温度、气温变幅及板厚等因素的影响，合理选择浇筑时间，可以有效地降低均匀变温荷载。

小溪口面板坝混凝土面板历经蓄水退水。从 1998 年 3 月 22 日下闸蓄水至 5 月 6 日提闸泄水，又至 7 月 7 日暴雨洪水库水位上涨到 535.3m，复又退水，历经夏日暴晒、洪水袭浸到正常蓄水位至今已有 20 年尚未发现裂缝，2018 年《小溪口大坝安全鉴定》报告中鉴定结论是小溪口面板堆石坝为 1 类坝。其主要的技术特点为：

1）合理选择混凝土浇筑季节降低均匀变温荷载。

2）混凝土浇筑初期表面草包覆盖，坝顶花管洒水养护，防止气温骤降是防止早期裂缝的有效措施。

3）合理地选用混凝土材料及配合比，采用 WHDF 多功能外加剂，加强施工过程中及混凝土初凝期养护的管理，是提高混凝土抗裂性能的有力措施。

4）提高极限拉伸值，降低混凝土弹摸，降低 C_v 值，提高施工工艺，提高混凝土质量均衡性。

5）由于采用 WHDF 多功能外加剂，混凝土中胶孔比增大，孔隙率降低，延长水泥水化过程，水泥及骨料界面结构优化，凝胶之间黏性增强，从而使混凝土力学强度、变形性能、抗渗性能及耐久性能得到明显改善，大坝回填不分临时剖面，同层碾压，压实标准较高等是小溪口面板不裂缝的主要原因之一。水泥的早期强度较高，骨料的膨胀性、补偿性、7d 的抗拉强度大于混凝土温升产生的拉应力是其根本原因。

另外，在趾板、溢洪道、进水塔等建筑物上没有掺 WHDF 多功能外加剂，同样没有出现裂缝，但外掺 WHDF 多功能外加剂的在极限拉伸值，抗渗指标、抗冻指标上明显优于不掺 WHDF 多功能外加剂的混凝土。

小溪口是唯一的一座经中国水力发电协会面板坝专委会鉴定的没有裂缝的面板坝，也是第一座在整个右坝肩在软岩上所建面板堆石坝。解决了软基作坝及高坝渗流稳定问题，也促进了拱坝、重力坝在建基面的抬高与革新。

2.3　陡岭子砂砾石面板堆石坝

陡岭子原灰岩堆石在大坝上游侧，坝坡 1：1.4，下游为砂砾石。由于临建工程"三通一平"准备工期紧张。将上游用料由灰岩堆石改为砂砾石，坡度也由 1：1.4 改为 1：1.5，下游由砂砾石改为灰岩堆石料。在砂砾石填筑期间，灰岩料爆破采用硐室爆破，一次最大起爆量为 30 万 m³，为大坝填筑赢得直线工期。

2.4　白沙河面板堆石坝

软岩堆石坝做坝技术。在堆石坝体下游干燥区采用砂泥岩堆石料最高的是天生桥一级，坝高 178m，除垫层区，过渡区和排水区外堆石坝体都用砂岩和泥岩混合料填筑。筑坝岩体最软弱的堆石坝是四川的董箐水电站，采用泥岩填筑，坝高 150m。软岩筑坝坝坡最陡的是白沙河，上游坡比 1：1.35，下游综合坡比 1：1.39，除此之外，白沙河还是全国软岩堆石面积占比较大的堆石坝。且抗震设防烈度为 8 度，泥质板岩饱和抗压强度 17MPa。

软岩筑坝技术关键点其一是设置排水区，使软岩堆石处于非饱和状态，增加其抗剪能力和有足够的变形模量，利用过渡料的斜排水区或者是巴西模式的垂直排水区。白沙河采用的是利用过渡料的斜排水模式，也可以称为澳大利亚雪山公司袋鼠溪排水模式。其二重视坝体分区变形协调，设置软岩与硬岩混掺过渡区，研究软岩的压实特性与变形特性，研究板间缝的分封塑性填料压塑变形裕量，改变配筋模式，变单筋截面为双筋模式。实践证明，薄层轻碾并非软岩碾压的唯一模式，针对板岩各向抗压强度异向不同，垂直板岩层理抗压强度大，顺层面小的特点，块石料开采呈长宽比 1：3～1：2 之间，采用重型碾也是可行的，加快填筑进度，节省施工成本。观测变形值也说明该点的正确性，目前监测仪器显示大坝下游坡变形稳定，远远小于预期变形量。

根据该工程的特点，对大坝剖面进行三维有限元优化计算，针对全硬岩、70％采用板岩料、46.6％采用板岩料这三种大坝剖面分别进行优化计算，对白沙面板堆石坝进行三维有限元静、动力分析，并对主断面进行了二维有限元静、动力分析，结合施工期、运行 6 年的观测资料显示大坝性状安全，变形在计算范围以内，由于河谷狭窄的拱效应，蓄水前，上游变位小于计算值，蓄水后，水压力进一步限制了上游变位发展。下游水平位移由于地形自上游向下游的喇叭形收缩亦小于计算值；而大坝垂直沉降也小于计算值。周边缝的开合度也小于计算水平。竣工验收单位综合评价坝体在正常蓄水位和 8 度地震的安全性。分析结论如下：

（1）三维有限元动力分析的结果表明，坝体三个方向的加速度放大倍数以水平顺河向的值 A_x 最大。由于面板的约束作用，上游坡的 A_x 略低于下游坡的值。在坝基与坝体中，对于土石坝动力破坏起主要作用的动剪应力 τ_{xyd} 多处于 0.1MPa 的量级，对于碾压密实、抗剪强度很高的堆石来说，属于较低的水平。

（2）采用瑞典圆弧法对面板坝的下游坝坡进行了滑弧计算，得出的滑坡安全系数为1.08，满足《水工建筑物抗震设计规范》（SL 203—97）的规定。

（3）面板在正常蓄水位和 8 度地震共同作用下，由 C20 混凝土浇筑的面板是安全的。从坝体加速度放大倍数、面板顺坡向动应力的分布看，坝体对地震作用的放大效应是比较明显的。

（4）在对上述三种剖面分别进行计算筛选后，以大量试验为依据，论证上游坝坡 1：1.35，下游综合坝坡 1：1.39 是可行的。由于地形限制了大坝剖面坡度的放缓，限制了软岩料的加大使用。最终确定了软岩放在坝轴线以后，下游校核洪水位以上的剖面，其中板岩堆石料约 115.90 万 m^3，全部利用开挖料，占坝体填筑总量 248.73 万 m^3 的 46.6%（实际施工在 421m 以上。由于移民影响料场开挖，421m 以上除垫层料，过渡料填筑外，全部采用了板岩填筑，这样一来板岩占了总填筑量 65%）。采用替代法可节省工程投资约1020 万元。

2.5 坝顶溢洪道的红瓦屋面板堆石坝

红瓦屋水库位于建始县业州镇西北部的马家河上。马家河发源于湖北省与重庆市交界的双土坎，是清江水系马水河支流上游左岸的二级支流。红瓦屋水电站工程是以红瓦屋水库为龙头水库，利用 924m 的水头兴建两级电站的以发电为主的水电站工程。包括红瓦屋水库工程、两级电站工程以及东漂河和七里扁等引水入库工程。

红瓦屋水库来水由两部分组成：红瓦屋河水库坝址以上来水及诸支沟引水，其多年平均流量 0.86m^3/s，相应径流深 1263mm。多年平均入库水量 2713 万 m^3，其中水库自身汇流面积来水 875 万 m^3，引水工程引入水量 1838 万 m^3（占天然来水的 82%），引入水量占其总来水量的 67.7%。

红瓦屋水电站工程的主要功能是发电，该库总库容为 498.10 万 m^3，红瓦屋一级装机 2×4000kW，红瓦屋二级装机 2×4000kW$+1\times2000$kW，水库枢纽属小（1）型水库，为Ⅳ等工程，设计洪水 50 年一遇，相应下泄流量 72.0m^3/s，校核洪水 500 年一遇，相应下泄流量 102.0m^3/s。

坝址区地形平坦开阔，坝址河床宽约 28m，高程 1570.00m，河谷宽达 305m。两岸岸坡相当平缓，河床局部基岩裸露，一般覆盖层厚 0.10～4.50m；两岸坡覆盖层为 0.80～16.10m 厚的黏土夹碎石。坝址河段主要为上泥盆统写经寺组（D_3x）和黄家磴组上（D_3^2h）、下段（$D_3^{1-1}h$）、（$D_3^{1-2}h$）地层，岩溶不发育，岩石致密坚硬。坝轴线上游河床出露 F_1 断层，走向近 SN 向，平行于河床，纵向延伸，属背斜轴部的高倾角纵张断裂。由于挤压应力较小，褶皱宽缓，因此断裂影响较小，破碎带不明显，岩体局部牵引裂隙发育，至坝前有尖灭趋势。裂隙以 254°∠15°～20°一组较发育，顺层，裂面闭合，无充填。坝址区岸坡平缓，未见不良物理地质现象，岸坡稳定。岩体风化较浅，弱风化深度 3～7m，微风化深度 5～10m。

2.5.1 枢纽布置

枢纽工程由引水工程、面板堆石坝、坝顶宽顶堰溢洪道、导流引水隧洞、一级电站、二级电站等主要建筑物组成，坝区枢纽平面布置如图 1 所示。

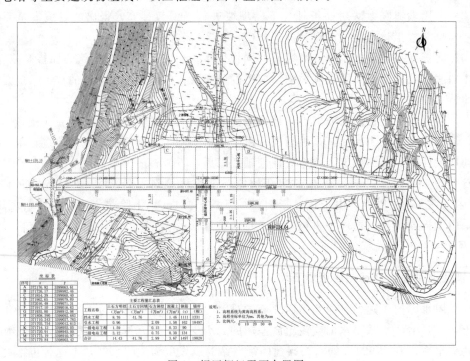

图 1 坝区枢纽平面布置图

（1）引水工程。引水工程全为城门洞形无压引水隧洞，其衬砌根据开挖的地质情况采用全断面壁单筋混凝土衬砌、喷混凝土保护等支护形式。

（2）混凝土面板堆石坝。坝基覆盖层较薄，趾板基础置于弱风化上限，坝基其他部位仅清除表层腐殖质土，保留覆盖层。

（3）坝身溢洪道。采用坝身溢洪道，洪水过坝后挑流跌入下游原河道，有效地降低工程投资。

（4）导流（引水）隧洞。布置于右岸，先期导流，后期为发电引水隧洞，出口接压力钢管。

2.5.2 混凝土面板堆石坝

面板堆石坝正常蓄水位 1583.00m，坝顶高程 1586.00m，坝顶长度 458m，最大坝高 41.50m。坝顶以上设高 1.2m 的防浪墙，墙顶高程 1587.20m。

大坝上游面边坡 1:1.3，下游面综合坡 1:1.31，混凝土面板采用 0.35m 等厚的钢筋混凝土面板，面板在基岩处用趾板与基岩连接，趾板宽 4.5m（3.0m＋1.5m）。坝体从迎水面至下游坝坡依次为钢筋混凝土面板、垫层区、过渡区、主堆石区、下游堆石区和砌石护坡、堆石棱体。

坝顶考虑施工及交通要求并尽量减小大坝尺寸以节约投资，取宽为 6m，坝顶采用 U

形防浪墙，墙内回填弃渣，坝顶采用泥结石路面。

坝体从上游侧至下游侧依次为：混凝土面板、垫层区、过渡区、主堆石区、下游堆石区、砌石护坡和排水棱体，坝体标准断面如图2所示。

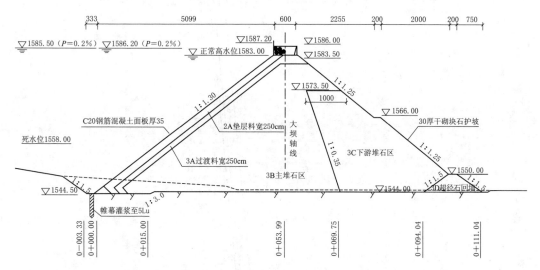

说明：1. 图中尺寸单位除高程、桩号以m计外，其余均以mm计。

图 2　坝体标准断面图

2.5.3　坝身溢洪道

由于坝址处河谷在正常蓄水位宽约430m，如采用坝肩溢洪道要转两道弯，难以顺畅布置与顺畅行洪，且投资比坝身溢洪道多3倍，在分析大坝沉降、变形、接缝止水设计、改进碾压参数并采用细料填筑，降低空隙率、改变陡槽为承接式、优化施工填筑碾压方案及降低投资等基础上，确定采用坝身溢洪道，正向进水入泄槽，水流通过坝身泄槽将洪水安全泄入下游河道，溢流堰采用无闸门控制实用堰，堰顶高程高于正常蓄水位0.1m，为1583.10m，校核洪水位1586.20m时的最大下泄流量为102m³/s，溢流堰共1孔，净宽12.0m，边墩厚1.0m。堰上设6m宽人行交通桥，溢流堰两侧设导水墙，导墙顶宽0.50m。溢洪道泄槽长39.28m，溢洪道总长102.72m，底板为0.50m厚钢筋混凝土板，泄槽外边线1.5m范围内的底板下设2.5m宽的过渡料。坝身溢洪道设计的纵剖面如图3所示。

2.5.4　影响坝身溢洪道安全的主要因素

坝身溢洪道位于坝身，其泄槽较陡，其安全主要受下列因素控制：

（1）选好筑坝材料，严格控制填筑密度。以提高堆石体的垂直变形模量和水平变形模量，最大限度地控制作为溢洪道地基的坝体的绝对变形量，将坝身溢洪道及其外侧3m范围内的堆石料按过渡料的级配碾压标准执行。

坝身溢洪道置于坝体的堆石区范围，坝体经碾压后其初期沉降较大，后期沉降也较天然地基要大，坝体的碾压质量对溢洪道的安全十分重要。面板坝面板分缝的主要功能是把大变形，通过板间缝化解成小变形，按照我国现代碾压指标建的面板坝沉降量多在坝高的

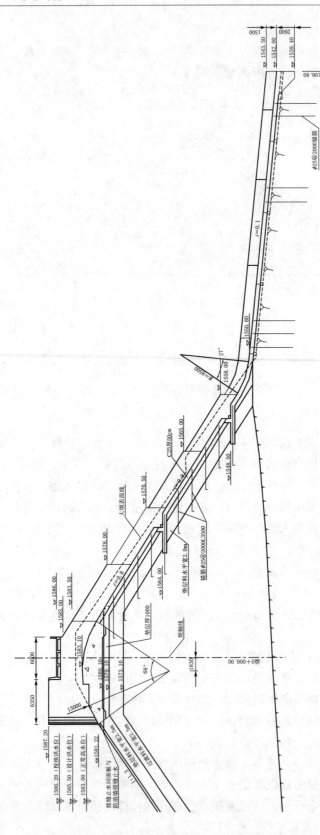

说明：1. 图中尺寸单位除高程、桩号以m计外，其余均以mm计。
2. 溢洪道下垫层料碾压参数及要求与面板下垫层料相同。
3. 溢洪道部位的边墩均为桥墩。

图 3　坝身溢洪道设计的纵剖面图

1/100，则红瓦屋坝高沉降量约为 28cm（坝身溢洪道在此处坝高 28m），溢洪道距右坝肩为 220m，换算每米约为 0.00128 的沉降率，在 14m 宽的溢洪道两端沉降差不超过 18mm。根据经验公式，设定堆石坝体的压缩模量为 100MPa 采用工程类比其溢洪道处大坝沉降量约为 28cm。所以加强坝体的碾压质量和设计好溢洪道的分缝止水是确保坝身溢洪道安全的关键。

压实堆石坝形成的地基与陡坡风化岩基本同样安全，坝面溢洪道在泄槽单宽流量 25.5～32.5m³/s 的洪峰流量的短期作用下是现实可行的。坝身溢洪道在单宽流量不大的情况下，宜尽量减少孔口宽度，减少泄槽纵缝。这样不但可以节省大量投资，同时减少因溢洪道宽度过大带来的不均匀沉降过大，亦减少因分缝过多带来的安全隐患。红瓦屋坝身溢洪道在维持坝顶高程不变的情况下，溢洪道由 3×8m（孔数×宽度）优化为 1×12m（孔数×宽度），单宽流量由 4.9m³/(s·m) 提高到 8.5m³/(s·m)，下泄流量由 118m³/s 下降至 102m³/s。

（2）对溢洪道的平面布置和纵横向体型，应力求缓变、平顺和规整，以防止折冲水流的发生；做好接缝止水，并减小动水荷载（含拖曳力、脉动压力和冲击力等）对设置在堆石体上泄槽的不利影响，防止结构失稳情况的出现；坝身溢洪道泄槽底坡较陡，流速相对较大，其拖力往往较大，采取必要措施，提高泄槽底板的抗滑力显得极为重要。

（3）震动和空蚀破坏。坝身溢洪道水流流速较大，一般会产生震动和空蚀破坏，设计时须采取必要措施，脱离结构共振区，以避免影响溢洪道安全运行。

（4）坝顶溢洪道的底板和边墙在结构上应适当分段，并采用搭接-铰接或承插式结构连接，以消除因填筑坝体的变形而产生的超静定应力，防止出现结构断裂。

（5）合理设计堆石体的排水能力，以消除泄槽底板下的浮托力，提高泄槽斜坡稳定性。

（6）强化溢洪道与堆石体锚固结构，以增加其间的连接强度，加大系统的整体性。

2.5.5 坝身溢洪道的地基变形控制措施

坝体填筑根据设计级配曲线和爆破碾压试验成果，在料场开采时，应彻底清除地表的树木、杂草、覆盖层及强风化层，开采时软弱夹层、强风化层破碎带料应视作废料处理，应分区开采，堆放和储存并防污染。同时，坝体应严格按分区、坝体回填质量要求进行施工并达到相应的合格标准，碾压参数详见表1。

表 1   红瓦屋坝体材料碾压参数表

分区	渗透系数 /(cm/s)	干容重 /(kN/m³)	孔隙率 /%	最大粒径 /mm	洒水量 /%	碾压遍数	层厚 /mm	备　注
主堆石料	$1×10^{-2}$	21.8	19	600	15～25	8	800	
次堆石料	$1×10^{-2}$	20.0	20	600	15～25	8	800	
垫层料	$1×10^{-3}$～$1×10^{-4}$	22.5	17	80	适量	6	400	<5mm 含量 35%～55%，<0.075mm 控制 4%～8%
过渡料	$1×10^{-4}$	22.0	19.6	300	适量	6	400	<5mm 含量 15%～30%
小区料	$1×10^{-5}$	22.0	18.8	40		6	200	<5mm 含量 40%～55%，<0.1mm 含量 5%～10%

同时为进一步减少泄槽段的沉降和便于底板混凝土的施工,在泄槽下设 2.5m 宽的垫层料区,并超出泄槽外边线 3.0m,泄槽下垫层料压实标准与面板下垫层料相同。

2.5.6 坝身溢洪道泄槽的抗滑措施

坝身溢洪道的泄槽底板由于纵坡较陡,加之水流流速较大,会对泄槽底板产生较大的拖曳力,从而影响溢洪道的行洪安全。

榆树沟坝身溢洪道的设计,采用底板下设阻滑板加锚拉筋的措施,并取得了较好的效果;浙江桐柏下库混凝土面板堆石坝坝身溢洪道泄槽底板下亦采取了必要的拉锚措施,以确保泄槽稳定。该工程根据类似工程的成功经验,采取锚筋的措施,增加泄槽底板的抗滑力,布置于泄槽横缝部位,在两横缝间每隔 3.5m 高差设一道 3.5m 长的锚筋,锚筋外包混凝土,截面尺寸 20cm×20cm,其于泄槽底板连接部位采用钢筋外涂沥青的柔性接头,抗滑设计如图 3 所示。

2.5.7 坝身溢洪道泄槽的抗震动和防冲蚀措施

红瓦屋坝身溢洪道的最大单宽流量仅 $8.5 m^3/(s \cdot m)$,远小于国际著名的坝工专家库克和谢腊德对坝面上设置溢洪道提出的泄槽单宽流量不大于 $25.5 \sim 32.5 m^3/(s \cdot m)$ 意见,亦远小于已建成的国内的同类工程的单宽流量 [国内榆树沟水库单宽流量 $21 m^3/(s \cdot m)$、浙江桐柏出水蓄能电站下库单宽流量 $18 m^3/(s \cdot m)$],溢洪道出口流速 19.4m/s,流速亦不算太大。基于此,溢洪道泄槽不设掺气槽,只是将泄槽混凝土强度等级自其中部以下由 C20 提高至 C25。

2.5.8 坝身溢洪道泄槽的稳定计算

泄槽底板的稳定计算目前规范未明确计算公式,根据《溢洪道设计规范》(SL 253—2000)的条文说明,泄槽底板的稳定主要靠防渗、排水、止水、锚筋等工程措施来解决,由于本工程为Ⅳ等小(1)型工程,采用模型试验来验证泄槽的稳定显得不是很有必要,且带来费用的增加则降低坝身溢洪道的竞争优势。针对本工程溢洪道单宽流量较小、规模较小的情况,对溢洪道泄槽的稳定计算采用经典理论力学公式进行初步分析计算,用工程类比确定泄槽的锚固方式。

经典理论力学计算公式见式(1),其简图如图 4 所示:

$$K_s = \frac{\sum -y}{\sum y} \tag{1}$$

式中:K_s 为抗滑安全系数;$\sum -y$ 为所有抗滑力的总和;$\sum y$ 为所有下滑力的总和,校核工况包括拖曳力。

经计算,各工况下泄槽的抗滑安全系数见表 2。

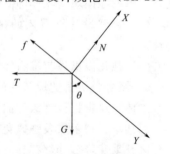

图 4 底板稳定计算简图

G—泄槽自重;f—摩擦力,取混凝土与垫层料间摩擦系数为 0.35;θ—泄槽倾角,$\theta = 51.34°$;T—锚固力

表 2 各工况下泄槽的抗滑安全系数

计算工况	锚固情况	安全系数
完建工况	未计	0.44
	2 道锚杆	5.52
校核泄洪工况	未计	0.13
	3 道锚杆	1.31

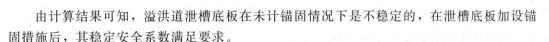

由计算结果可知，溢洪道泄槽底板在未计锚固情况下是不稳定的，在泄槽底板加设锚固措施后，其稳定安全系数满足要求。

2.5.9 结语

红瓦屋混凝土面板堆石坝考虑坝址地形地质条件，不利于岸边溢洪道的布置，参考同类工程的成功经验，采用坝身溢洪道，大大降低了泄水建筑物的投资，对提高工程的效益发挥了较大作用。坝身溢洪道的动水脉动安全问题可采用底板下设锚固措施等合适的工程措施来解决。高寒地区的冻涨问题按提高抗冻标号予以解决；不均匀沉降采用细料，提高碾压指标，减少沉降，控制其指标在允许范围以内，并在上下陡坡的衔接上采用承插式结构；溢洪道按宽顶堰流量系数确定，按实用堰运行，具备了一定的超泄能力；此外，拟在引水隧洞出口后的压力钢管上增设放空阀，以在特殊情况，泄放超标准的洪水。

同时，对土石坝的坝身泄水建筑物设计进行了有益的探索，为采用坝身溢洪道的设计积累经验。随着一些新技术、新材料的应用，以及三维仿真等一些计算手段的推广，土石坝利用坝身泄洪将具相当大的推广意义。

2.6 老渡口面板堆石坝

我国的现代面板堆石坝技术于 1985 年开始起步，1996 年建成了西北口面板堆石坝（高 95m），《混凝土面板堆石坝设计规范》（SL 228—98）指出："在覆盖层上采用防渗墙对地基进行防渗处理的高面板坝，其技术还有待进一步提高和发展"。

将趾板直接建在深厚覆盖层上的混凝土面板堆石坝与对覆盖层进行开挖，将趾板置于基岩上的筑坝方案相比，不但能够节省工程量，而且能够简化施工导流，缩短工期，具有明显的经济效益。在深厚覆盖层上直接建造面板堆石坝的关键技术是：①了解地基砂砾石的空间分布特性及其压缩模量；②通过可靠的防渗系统将坝基可动柔性的防渗系统与岸坡固定相对不变的防渗系统连接成封闭的防渗系统；③使其满足渗透（流）稳定、地基强度稳定与变形的要求；其四是防渗墙需要有一定的刚度，满足变位与大坝加载引起的应力。自规范颁布以来，至今已建成的百米级面板堆石坝，在覆盖层上采用防渗墙对地基进行防渗处理的有云南的那兰面板堆石坝（坝高 109m）、新疆的察汗乌苏面板堆石坝（坝高 107.6m）与湖北恩施的老渡口面板堆石坝（坝高 96.8m），充分体现了我国在这一领域的发展速度、研究和应用水平，其技术水平已处于世界领先。

老渡口坝顶宽 7m，上游坝坡 1∶1.4，下游综合坝坡 1∶1.39；那兰坝顶宽 10m，上游坝坡 1∶1.4，下游综合坝坡 1∶1.5；察汗乌苏坝顶宽 8.2m，上游坝坡 1∶1.5，下游综合坝坡 1∶1.8，而老渡口是世界上已建成百米级深覆盖层面板坝中最薄（陡）的面板堆石坝。

其工程特点如下：

（1）由于大坝大量利用溢洪道、隧洞、施工道路的弱-强风料及硅质页岩，下游回填料中有导流洞进口吴家坪组硅质碳质页岩开挖料，在大坝度汛断面 90 万 m^3 中仅只有5 万 m^3 茅口组灰岩开挖堆石料，故是填筑料强度最软弱的组合堆石坝。同时老渡口面板坝防渗墙面积和深度均居当年第二位，防渗墙强度指标仅为 C20，属最低。

（2）老渡口河谷系数仅 1.8，堆石向中部蠕变效应明显，挤压应力加大，为此面板设计加大顶部截面，由 30cm 改为 40cm，并将钢筋布置有传统的单筋截面改为双筋截面，由于节省了角缘加强筋，每立方米混凝土反而节省钢筋 14kg。

老河口水电站创新性技术特点如下：

(1) 进行了先填筑堆石料后趾板开挖然后浇筑趾板混凝土施工的尝试。

2007 年 12 月 30 日围堰拦断河床，导流洞行洪，此时两岸趾板及岸坡还在开挖中，按常规必须先浇筑趾板混凝土施工后进行大坝回填，此举将延迟近一年工期。老渡口采取了先大坝回填、后施工趾板工序的尝试，并针对趾板后周边缝处小区料加强碾压，赢得了 1 年工期，目前大坝运行正常。

(2) 首次并行采用河床回填与河床基础处理同时段进行。

老渡口河床宽 60～80m，根据地勘资料，右河床 391.0m 以上有黏土透镜体必须挖除。由于截流时间较晚，为争取一个枯水期的大坝回填有效施工时间，方便施工度汛，采用重车左岸进料，卸料后空车到右岸装黏土运至指定弃渣场地。2008 年 1 月 18 日，达到右河床回填，然后在左右河床结合部加强骑缝碾压。

2.7 砾石土土工膜心墙砂砾石坝

华山沟是中国第一个砾质土复合土工膜砂砾石坝。由于当地砾石黏土颗粒较少，达不到渗流长期稳定要求，在其砾石土上游侧增加土工膜形成复合防渗体系。其下采用混凝土底板防止接触渗漏，防渗墙穿过混凝土底板伸入防渗体中，下部 30m 接河床 3m 厚的泥化夹层成悬挂式防渗墙。

2.8 姚家平面板堆石坝

2.8.1 概述

姚家坪水利水电枢纽工程是清江上游河段开发治理的控制性骨干工程，也是恩施城市防洪不可替代的工程，防洪及发电是其主要任务。坝址位于沐抚区马者乡，距下游恩施市约 38km，距上游利川市约 58km。

坝址以上流域面积 1928km²，多年平均径流量 53.3m³，年径流总量 16.7 亿 m³，正常蓄水位 745.60m，相应库容 3.06 亿 m³，电站装机 2 台，单机容量 100MW，总装机 200MW，年电量 5.614 亿 kW·h，防洪库容 0.83 亿 m³。联合下游大龙潭水库调度可将恩施城市防洪标准提高到 50 年一遇，可增加下游 3 个水库电量 5871 万 kW·h。

姚家坪水电站枢纽由拦河大坝、泄洪消能、引水发电等建筑物组成。

混凝土面板坝高 165.80m，坝顶高程 749.80m，坝顶长 300.72m，泄洪建筑物包括左岸洞式溢洪道及泄洪放空洞。右岸引水朝东岩地面厂房。

2.8.2 特点

姚家平水利水电工程申报立项经历曲折，恩施城市防洪离不开姚家平、大龙潭水库联合调度，上蓄、中防、下排，姚家平的兴建离不开发电效益，共赢则兴，独行则亡。枢纽布置与结构立足在安全的前提下创新，以降低工程投资。

该工程原 2006 年作了可研报告，并通过了水行政主管部门审查。其方案为：面板堆石坝，左岸泄洪防空洞，右岸洞式溢洪道，右岸地下厂房，右岸短导流洞。大坝堆石料采用运距 14km 外的茅口组厚层灰岩。但投资过高，移民数量过大，效益较差，迟迟不能开工兴建。

2010 年 5 月，湖北水院开始进行姚家坪水电站的勘察设计工作，经过充分论证，采用方案为：面板堆石坝，左岸泄洪防空洞及洞式溢洪道，右岸朝东岩地面厂房，右岸长导流洞。

建筑物开挖的大冶组薄层灰岩与近坝料场朝东岩薄层灰岩做大坝堆石料仅此一项节约投资 2 亿多元。由于调整泄水建筑物格局，将右岸长洞式溢洪道改为左岸短洞式溢洪道节省投资 1 亿多元，根据第四代地质工程力学，岩体不仅仅是荷载而且是结构体的一部分，有效地优化了建筑物工程投资。整个枢纽不计龙神堂料场移民补偿，节省人民币 5 亿多元，相当于总投资的 25%。

预可研报告枢纽主要工程量：土石方明挖 226.30 万 m^3（含大坝回填料开挖），洞挖石方 37.60 万 m^3，土石方填筑 563.23 万 m^3，混凝土 30.30 万 m^3，钢筋 17269t。

2.8.2.1　增加调洪库容，增加泄洪流量，为恩施城市增加防洪蓄备安全

多途径洪水组合，求得最大包络图，原设计洪水下泄量 2800m^3/s，防洪库容 8000 万 m^3，目前增加到下泄量 3500m^3/s，防洪库容增加到 8300 万 m^3，恩施城市防洪标准从目前不足 5 年一遇提高至 50 年一遇。

2.8.2.2　枢纽布置优化

（1）枢纽建筑物格局。原设计方案左岸面板堆石坝，左岸泄洪防空洞，右岸洞式溢洪道，右岸地下厂房，右岸短导流洞。根据地形条件，清江在此近乎 90°弯折，但泄洪总量不足 3500m^3/s，河谷宽 100 余 m，单位千瓦效能率不大，远远低于国内先进水平。由此，将右岸洞式溢洪道移向左岸，溢洪道与泄洪放空洞出口错开 20m，鼻坎采用了曲面贴角与等宽窄缝消能工使挑射水流落点纵向拉开，平面满河床，降低单位面积冲击能量。使溢洪道长度从 1200 余 m 减少到 600 余 m，即原一个右岸溢洪道的工程量目前做了泄洪放空洞与溢洪道两个的工程量。

（2）大坝。

1）根据坝址喇叭状地形，后移大坝轴线 30m，坝顶长度从 382m 减少到 300.76m，坝前坡度从 1∶1.4 变为 1∶1.35。

2）同时，根据渗流与路径关系，将开挖深度从弱风化上抬至强风化下限，趾板开挖高程平均上抬 3.5m。

3）充分利用沙砾石地基的低压缩特性与大坝堆石料相近，论证其地震下的液化性与防治措施，渗透及渗透稳定性、沉降与变形满足 170m 级大坝稳定要求。减少坝轴线前的开挖 150m，即少开挖回填 28 万 m^3。

4）根据小溪口创造的趾板＋防渗板技术，有效地减少大坝的开挖方量，从原 73.18 万 m^3 减少到 58.12 万 m^3。

5）应用周边缝止水课题研究成果，周边缝止水型三道结构优化以止水和自愈型相结合结构，取消中部橡胶止水。

（3）导流洞。根据坝址 Ω 形地形，落差 25m，导流洞由短洞改为长洞，增加了泄流能力，使施工场地均为干地施工，避免了洪水干扰。

（4）泄洪放空洞。结合泄洪放空洞用于工程全程导流，有效减少导流洞 10m^2，降低工程投资。

（5）发电引水系统。改地下厂房为地面厂房，充分利用建筑物开挖料。发电系统管道利用围岩固结圈理论，在老挝南沌河Ⅰ级及老渡口电站发电系统成功的基础上，经三维有限元计算，采用厚度适中的衬砌，只产生轴向力，有效减薄衬砌厚度。

2.8.2.3 投入地勘工程量，减少移民补偿

原设计高台、木贡、搬木水库区三个主要滑坡，涉及移民人口1543余人，房屋71790m²，土地9655.8亩。

经充分的地质勘察和论证，计算成果为：无地下水位、天然水位、死水位710.0m。正常蓄水位745.6m工况下，目前三个滑坡处于稳定状态，有效地降低移民补偿投资。

2.8.2.4 依据国际前瞻建坝理论，依托坝区建筑材料，更改大坝设计剖面

有些设计单位认为：大坝堆石级配料一定要有大颗粒粒径，满足Talbot公式，故采用了远离坝体14km的龙神堂茅口组厚层灰岩，质量是上等，但开采条件，移民条件很困难，增加清江大桥一座，实际运距20余km，与近坝料场与建筑物利用料方案相比大大增加大坝上坝强度难度与经济上的投入。按照面板坝之父库克观点："优良级配的堆石料可以获得较高的密度及模量，但不良级配的堆石仍能满足运用要求，因此不必规定优良级配"。

大部分采石场硬岩堆石具有小于2.5cm粒径含量小于30%的特点。萨尔瓦欣纳坝（148m，1983，哥伦比亚）采用了小于2.5cm的颗粒含量为30%的堆石；坝高69.9m的小溪口面板堆石坝采用薄层灰岩碾压，2.5cm细颗粒粒径大于30%，目前运行正常。

故结合朝东岩料场开挖，将地下厂房改为朝东岩地面厂房，采用二叠系薄层灰岩作坝，且灰岩做骨架，少量页岩作填充，提高了干容重，降低了孔隙率，满足大坝渗流，坝体稳定诸要求。运距仅1.8km，开采条件好，无移民赔付问题，有效地提高了大坝上坝强度，降低了工程投资2亿多元。

砂砾石在姚家平河谷段下游1.8km分布约80万m³，良好级配的砂砾石是很好的筑坝材料，但姚家平的砂砾石主要由漂砾石、块碎石、粉细沙组成，颗粒组成粒径偏大，属间断级配，原设计是弃而不用。我们的观点结合旅游营造人工湖泊，对下游1.8km砂砾石进行掺配其缺乏的粒径改造利用，其容重在2.20g/cm³，变形模量在50～70MPa是良好的筑坝材料，借鉴新疆乌鲁瓦提大坝筑坝砂砾石，瓢砾利用的经验给于废弃物利用，减少了弃渣场地与开挖成本，其潜在效益达3000万元人民币。

2.8.2.5 依据第四代地质工程力学，岩体是结构体一部分，优化水工结构物

缩小泄洪放空洞规模，增加溢洪道泄洪能力，有利增加超泄能力。由6×7m²，变为5×6m²，流速维持不变，流量从1400m³/s，降低为1160m³/s。同时采用第四代地质工程力学，视围岩为结构一部分，配合固结灌浆，形成固结圈，使岩与衬砌共同受力，有效的减薄溢洪道与泄洪防空洞衬砌厚度，并增加了水工建筑物抗击洪水的能力，提高了防洪潜在抗风险能力。

2.8.2.6 防渗工程

帷幕线路是大冶组中段和下段岩层，该岩层岩溶发育相对较弱，透水率一般不大于10Lu，为悬挂式帷幕。两岸帷幕端点为水库正常蓄水位与山体地下水位交点处，帷幕总长1321m。由于将地下厂房改为朝东岩地面厂房，有效减少防渗帷幕面积约10000m²，

帷幕工程量从 10.18 万 m 减小到 8.08 万 m。

2.9 恩施宣恩鱼泉面板——堆石坝面板坝坝面过流技术及垂直面板趾板技术

作为蓄水安全鉴定单位参与恩施宣恩鱼泉电站重大施工抉择，分析上游来水、坝面总水量、坝面流速，确定保护措施，即使不需要保护也是保护措施的一种。鱼泉施工期三次坝面过流，过流后随即复工大坝碾压施工，确保工期如期完成，亦加速了施工期沉降，有利面板滑膜时机提前，协调了面板与挤压边墙间的结合。

利川杨东河（渡口）河床部分为泥岩，上部为砂岩，泥岩风化速率快，形成临空面，砂岩卸荷裂隙发育，在自重作用下塌落，形成陡峻边坡。采用垂直面板的趾板技术，利用泥岩砂岩隔水特性，帷幕与固结灌浆与趾板成斜向灌浆，在岸坡与河床帷幕衔接处采用锥形帷幕封闭获得成功。

3 结语

土石坝工程设计具有不同于混凝土坝的特点，同级别工程，枢纽布置的难度和重要性较之混凝土坝更高，洪水量更大，有时采用最大可能降水。由于泄洪建筑物只能布置于两岸，对于泄洪流量较大的工程，尤其要解决河谷岩体单位消能率与洪水总量在时间、空间上分布问题，这时预防超标准洪水对土石坝来说，泄洪底孔利用异重流调砂提前腾空库容是非常必要的，对缩减泄洪建筑规模、降低投资是非常有利的。同时还要处理好发电厂房和其他水工建筑物的布置问题。

料源综合利用也是土石坝设计的重点，例如三板溪枢纽增加溢洪道较软弱地层的开采量，姚家平枢纽改地下厂房为地面厂房都是为了解决大坝用料问题，使大坝料具有破碎、碾压、密实特性。建坝材料的利用也与设计人员阅历与学识有极大关系，水工地质复合型人才是土石坝设计必备的条件之一。要求设计人员全面客观分析计算成果，做到理论与实际有机结合，认真根据坝体应力特点合理分区用料，最终实现科学抉择达到运行、管理、施工总布置、经济上完美的设计境界。

参 考 文 献

[1] 傅志安，风家骥. 混凝土面板堆石坝 [M]. 武汉：华中理工大学出版社，1993：113-13.
[2] 蒋国澄，傅志安，风家骥. 混凝土面板坝工程 [M]. 武汉：湖北科学技术出版社，1997：32-38.
[3] 何光同. 混凝土面板堆石坝坝顶溢流技术探讨 [J]. 水利水电科技进展，2000，20（3）38-40，70.
[4] Murshed R A. 也门采用溢流面板堆石坝的可行性 [J]. 河海大学学报（自然科学版），2002，30（1）：113-118.
[5] 蒋国澄，赵曾凯，孙役，等. 中国混凝土面板堆石坝 20 年——综合·设计·施工·运行·科研 [M]. 北京：中国水利水电出版社，2005.

BIM 技术的应用与研究进展

黄桂林　汪洋

[摘要]　BIM 是设施物理与功能特性的数字表达，能够给 AEC 行业带来诸多好处，引起了政府、行业和企业的普遍关注。本文首先分析国内外在 BIM 标准、实施指南等方面所取得的研究成果，其中 NBIMS 和 CBIMS 基础（技术）标准均由信息存储、信息语义和信息传递标准组成，NBIMS 语义数据库采纳北美标准，CBIMS 则以 ISO 标准为基础，建立一套既与国际兼容、又符合中国国情的 BIM 标准体系，为中国 BIM 技术标准、实施标准的制定奠定了基础。其次简要介绍国内 BIM 应用情况，指出企业实施过程面临的挑战及相应对策。最后对 BIM 应用前景进行了展望。

[关键词]　BIM 技术；应用与研究进展；展望

1　引言

从 20 世纪 80 年代开始，机械制造业开启了三维设计的新时代，三维参数化设计许多无与伦比的功能得到了广大设计人员、管理者和大众的认可。制造业经历了二维制图、三维设计、数字样机、虚拟数字化制造的过程。美国统计数据显示：1964—2004 年，制造业生产率提高了 2.2 倍，其中三维可视化技术对提高制造业生产率的贡献率很大。相比之下，工程建设行业生产率却呈现下降的趋势，截至 2004 年下降了 25％。而建筑业信息化程度仍旧处于较低的水平，目前建筑业正向低能耗、低污染、可持续发展方向发展，并伴随国外同行的日益激烈的竞争与挑战，建筑信息模型（building information modeling，BIM）技术应运而生发展。当然，这项技术的发展也与计算机软硬件水平的发展密不可分，使得 BIM 逐步从学术研究对象走向工程应用。

工程建设行业经历了手工绘图、二维 CAD、三维 CAD 至 BIM 的发展过程。近年来，BIM 技术应用飞速发展，几乎涵盖了工程建设各个行业（AEC），应用深度从单纯的造型和辅助算量逐步向规划、方案设计、施工建造、运维管理的全生命周期拓展。随着各项政策的落实，标准规范的出台，BIM 将从目前以工具为主发展成为融合大数据、智能技术和物联网的高度信息化平台，深刻改变人们的工作方式，显著提高生产效率。

1.1　BIM 的定义

BIM 概念起源于 20 世纪 70 年代，最早是由美国佐治亚技术学院（Georgia Tech College）建筑与计算机专业的 Eastman – C 于 1974 年提出的建筑描述系统（BDS）；建筑模型一词于 1985 年由 Ruffles 在计算机辅助制图的论文中提出；1992 年 Van Nederveen G A 等在讨论施工自动化的文章中提出了 Building Information Model 一词；2002 年，Autodesk 出版了名为 Building Information Modeling 的白皮书，从此相关软件应运而生。BIM 一词成为建筑过程数字化的标准表达。Graphisoft 称之为"虚拟建造"，Bently 称之为"综合项目模型"。BIM 技术的发展经历了三大阶段：萌芽阶段、产生阶段和发展阶段。

《美国国家 BIM 标准》（NBIMS – US V3）对 BIM 的定义是：BIM 是指设施物理和功能特性的数字表达，BIM 是设施信息共享的知识资源，是生命周期可靠决策的基础。定义从最早的概念设计到拆除一直存在。《建筑信息模型应用统一标准》（GB/T 51212—2016）对 BIM 的定义是：在建设工程全生命周期内，对其物理和功能特性进行数字化表达，并依此设计、施工、运营的过程和结果的总称。由此可见设施物理和功能特性的数字表达是相同点，只是对于全生命周期的定义略有不同，美国标准包括拆除阶段，而国内标准没有。

BIM 是一种技术、一种方法、一种过程，它将建筑物全生命周期的信息模型与建筑工程管理行为的模型完美结合来实现集成管理，它的出现将可能引发整个 AEC（Architecture，Engineering& Construction）领域的第二次革命。

1.2　BIM 的优势

BIM 带来的最主要好处除了精确几何表达外，还有其他一些优势：

（1）快速、高效的过程。信息更容易共享，资源可以重复使用。

（2）设计更优。建设方案阶段通过模拟、分析和检测，便于优化工序、改善方案。

（3）控制生命周期的费用和环境数据。更容易预测环境性能、直观理解投资费用。

（4）提升产品质量。文档输出更为灵活、抽取自动化，精确快速成图、降低成本。

（5）自动装配。数字产品可以为下序提取用于结构系统的生产/组装。

（6）更好的客户服务。通过精确的可视化使方案更易理解，通过冲突检测降低风险，也使协调和协同更为顺畅。

（7）全生命周期数据。需求、设计、施工和运行信息可用于设施管理，可以定制用户需求。

据美国斯坦福大学综合设施工程中心（CIFE）基于 32 个主要工程使用 BIM 获得的好处有：削减了 40% 的非预算开支；成本测算精度在 30% 以内；在成本测算上花费的时间减少了 80%；通过碰撞检查节约了合同额的 10%；缩短 7% 的项目工期。图 1 是对 BIM 主要效益的问卷调查结果，图 1 中百分数指选择高、中、低、不确定人数占总调查人数的比例，高效益指效益大于 10%，中等效益为 5%～10%，低效益为小于 5%。可见与斯坦福大学在工期缩短和信息作用方面的调查结果比较一致。

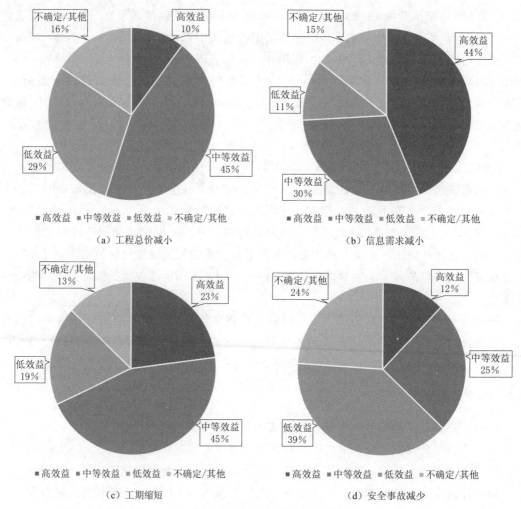

（a）工程总价减小

（b）信息需求减小

（c）工期缩短

（d）安全事故减少

图 1 BIM 主要效益调查结果

2 国内外研究状况

2.1 国外状况

2.1.1 美国

美国是 BIM 技术起源国，重视理论研究和标准制定。美国联邦总务署（General Services Administration）通过其下属的公共建筑服务处（PBS）最先倡导政府公营项目实施 BIM。2003 年开始实施《3D－4DBIM 计划》项目，其目的在于：①实现技术转变，以提供更加高效、经济、安全、美观的联邦建筑；②促进和支持开放标准的应用。GSA 从整个项目生命周期的角度来探索 BIM 的应用，其包含的领域有空间规划验证、4D 进度控制、激光扫描、能量分析、人流和安全验证以及建筑设备分析及决策支持等。为了保证计划的顺利实施，GSA 制定了一系列的策略进行支持和引导。

2006 年，美国制定《通用建筑信息移交指南》；2012 颁布 NBIMS（美国国家 BIM 标准），其分为基础标准和应用标准两部分：NBIMS 基础标准由数据存储标准（公开信息交换标准格式 IFC）、信息语义标准（信息分类编码 OmniClass 和数据字典库 IFDLibrary）、信息传递标准（IDM 和 MVD）组成；NBIMS 应用标准包括 BIM 能力与成熟度评估、项目实施指南、交付要求。2012 年，美国有 71％的建设行业采用 BIM 技术，各种标准还在不断完善中。

2.1.2 日本

日本软件厂商认识到，BIM 是需要多个软件来互相配合，是数据集成的基本前提，因此在 IAI（国际协同工作联盟）日本分会的支持下，以福井计算机株式会社为主导，成立了日本国产解决方案软件联盟。2012 年 7 月发布了日本 BIM 指南，从 BIM 团队建设、BIM 数据处理、BIM 设计流程、应用 BIM 进行预算、模拟等方面为日本的设计院和施工企业应用 BIM 提供了指导。

2.1.3 韩国

韩国公共采购服务中心和韩国国土交通海洋部致力于制定 BIM 标准，《建筑领域 BIM 应用指南》于 2010 年 1 月完成发布，规划到 2016 年实现全部公共设施项目使用 BIM 技术。如今，主要的建筑公司已经都在积极采用 BIM 技术，其中，Daelim 建设公司应用 BIM 技术到桥梁的施工管理中，BMIS 公司利用 BIM 软件 digital project 开展建筑设计阶段以及施工阶段一体化的研究和实施等。

2.1.4 欧洲及其他国家

北欧国家包括挪威、丹麦、瑞典和芬兰，是一些主要的建筑业信息技术软件厂商所在地，如 Tekla 和 Solibri，而且对发源于匈牙利的 ArchiCAD 的应用率也很高。BIM 技术已广泛应用于各类型房地产开发。此外，北欧四国政府强制基础设施领域采用 BIM 技术，目前 BIM 技术应用已成为许多企业的自觉行为。

2.2 国内状况

近年来 BIM 在国内建筑业形成一股热潮，除了早期主要是软件厂商推销外，政府相关单位、各行业协会与专家、设计单位、施工企业、科研院校等也开始重视并推广 BIM。2011 年 5 月，住房和城乡建设（以下简称"住建部"）部发布的《2011—2015 年建筑业信息化发展纲要》中，明确提出推进 BIM 技术从设计阶段向施工阶段的应用延伸，研究 4D 项目管理信息系统在大型复杂工程施工过程的应用。

技术标准与规范是任何一项新技术广泛应用的重要条件和基础，BIM 技术在工程建设领域的应用同样需要一套完整的规范和标准，2009 年，清华大学成立了专门的团队开展中国 BIM 标准的研究，在深入研究发达国家先进经验的基础上，结合本国国情，完成了《中国 BIM 标准框架研究》（CBIMS），同 NBIMS 一样的是其技术标准也由数据存储标准、信息语义标准和信息传递标准组成，为了与国际标准兼容，以 ISO 标准为基础，结合中国实际制定：①存储标准 SinoIFC 基于 IFC、STEP、XML、WEB 服务等技术制定；②在 ISO 12006-2—2015《房屋建筑 施工工程信息的组织 第二部分：分类框架》基础上建立分类编码标准-SinoClass，根据 ISO 12006-3—2017《建筑构造 施工工程的

信息组织　第三部分：面向对象的信息框架》建立数据字典标准 SinoIFD；③信息传递标准引用了 ISO 29481-1—2016《建筑信息模型信息传递规程　第一部分：方法论与格式》、IAI/MVD《模型视图定义》标准。CBIMS 为今后技术标准和应用标准建立奠定了坚实的基础。2012 年 1 月，住房和城乡建设部发布了《关于印发 2012 年工程建设标准规范制订修订计划的通知》（建标〔2012〕15 号），标志着中国 BIM 标准制定工作正式启动，其中包含五项 BIM 相关标准：《建筑工程信息模型应用统一标准》（GB/T 51212—2016）、《建筑工程信息模型存储标准》、《建筑工程设计信息模型交付标准》（GB/T 51301—2018）、《建筑工程设计信息模型分类和编码标准》（GB/T 51269—2017）、《制造工业工程设计信息模型应用标准》（GB/T 51362—2019）。至今，已出版发行了统一标准（GB/T 51212—2016）、分类和编码标准（GB/T 51269—2017）、施工应用标准（GB/T 51235—2017）、交付标准（GB/T 51301—2018）和制图标准（JGJ/T 448—2018）。

2013 年 8 月，住建部发布《关于推进 BIM 技术在建筑领域应用的指导意见》征求意见稿（建质技函〔2013〕66 号）明确，2016 年以前政府投资的 2 万 m^2 以上大型公共建筑以及申报绿色建筑项目的设计、施工采用 BIM 技术；截至 2020 年，完善 BIM 技术应用标准、实施指南，形成 BIM 技术应用标准和政策体系。

2015 年 6 月，住建部发布的《关于推进建筑信息模型应用的指导意见》（建质函〔2015〕159 号）中，明确了发展目标：到 2020 年末，建筑行业甲级勘察、设计单位以及特级、一级房屋建筑工程施工企业应掌握并实现 BIM 与企业管理系统和其他信息技术的一体化集成应用。

2014 年以来，各地方政府越来越关注 BIM 技术，先后出台了相应的文件或指导意见，如：上海市《关于在本市推进 BIM 技术应用的指导意见》（2014-11-14），北京市《民用建筑信息模型设计标准》（DB11T 1069—2014），广东省住建厅《关于开展建筑信息模型 BIM 技术推广应用工作的通知》（奥建科函〔2014〕1652 号），深圳市住建局关于公开征求《关于加快推进 BIM 应用的实施意见（征求意见稿）》（2018-11-27）。目前，共有 24 个省（市）发布了 BIM 技术应用的指导性文件或导则。

在香港，2006 年香港房屋署率先使用 BIM 技术，制定了 BIM 应用标准、用户指南和资源库设计指导，2009 年成立了 BIM 学会，同年 11 月，房屋署发布了 BIM 应用标准，提出 2014—2015 年该项技术覆盖房屋署所有项目。

2007 年台湾大学与 Autodesk 软件公司签订了产学研合作协议，2009 年，台湾大学土木工程系成立了工程信息仿真与管理中心，促进了 BIM 相关技术的应用和发展。台湾当局希望产业界自行引进 BIM 应用，并规定政府单位拥有的建筑设计和施工阶段都以 BIM 来完成，此外也举办一些关于 BIM 的研讨会，共同推动 BIM 的发展。

3　BIM 推广应用分析

3.1　快速发展的行业 BIM 应用

从行业来看，2015 年前 BIM 技术应用主要集中在大型建筑工程，如国家体育馆、国

家会展中心（综合体面积 147 万 m²、展览面积 40 万 m²）、天津 117 大厦（高度 596.5m）
等。其次是水电、交通和市政等基础设施建设行业，其中水利水电典型项目案例如阿海水
电站、HydroBIM 数字澜沧江—湄公河流域、阿尔塔什水利枢纽工程、锦屏一级水电站工
程枢纽的三维协同设计；铁路交通如：西部某高速铁路三维设计、铁路隧道 BIM 三维设
计应用、兰渝铁路信号系统 BIM 技术应用、上海轨道交通 12 号线 BIM 应用；市政工程
如：BIM 在地下空间的应用、南汇南水厂一期工程、BIM 技术在大连市疏港路拓宽改造
工程中的应用等。

《关于推进建筑信息模型应用的指导意见》进一步理顺了企业、行业和政府在推进
BIM 实施过程的关系，指出企业应在 BIM 应用中发挥主体作用，行业协会、学会发挥组
织优势，政府在产业政策上发挥引领作用。于是，BIM 国标陆续出台、行业标准抓紧制
定或即将发布。引领 BIM 技术向规范化、可操作性和易于评估方向发展，为推进项目全
生命周期运用提供技术保障。同时针对 BIM 带来的各个环节的价值增值，相关部门也在
制定相应的取费标准，为 BIM 应用创造一个公平合理的外部环境。

湖北省水利水电规划勘测设计院 2016 年 3 月成立了数字信息中心，组成 8 个专业的
BIM 团队，开展 BIM 应用与研发工作，通过《三维协同设计与可视化应用研究》省重点
水利科研课题，较为系统地探讨了 BIM 在既有生产流程中的运作方式，以碾盘山水利枢
纽工程为导航项目编制项目 BIM 标准，开展多专业协同设计，在建模、工程量计算、仿
真分析、可视化校审、二维出图和虚拟制作等方面开展应用，从项目建议书到初步设计不
断完善主体建筑物模型，借助三维模型开展管线综合碰撞检查、对主体结构开展优化仿
真，消除潜在隐患，对控制整个枢纽投资起到了很好的支持作用，也保证了工程设计质
量，图 2 为碾盘山水利枢纽工程建筑物装配图。

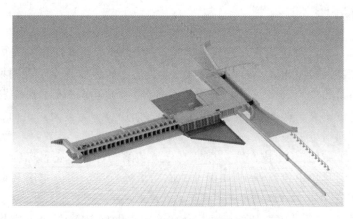

图 2　碾盘山水利枢纽工程建筑物装配图

3.2　BIM 软件

目前国内 AEC 界采用的 BIM 主流设计软件主要有美国 Autodesk 系列软件、美国
（Bently）系列软件和法国（Dassault）系列软件，这些软件的特点是建模功能和专业整合
功能较强，存在二维出图功能不足，计算分析较弱，需要借助专业计算分析软件进行，且

与国内规范耦合性不强等。于是国内出现了一些针对当前设计特点和规范要求的二次开发插件（或工具），解决诸如机电布置、族库资源整合、结构分析等问题，这些实践应用得到了设计师的好评。

除了主体设计软件外，还有许多针对特定专业的应用软件，如三维地质、三维配筋、可视化制作、地理信息系统（GIS）、VR 制作和管理软件等，大大拓展了 BIM 的应用空间和范围。

3.3　BIM 推广面临的挑战与对策

虽然 BIM 技术进入了快速发展期，行业应用取得了可喜的成绩，目前应用还是以设计单位为主，发挥全生命周期价值尚有较大差距，普及推广也会面临困难与挑战。通过分析认为，制约 BIM 技术发展的外部因素有：①目前 BIM 标准以建筑业为主，难以适应其他行业特点要求，同其他技术规范一样，急需针对具体行业的 BIM 规范出台；②缺乏针对 BIM 应用价值的取费标准，业主没有要求，BIM 就会成为额外的任务，挫伤实施者的积极性；③BIM 资源归属缺乏应用的法律法规保障。内部因素表现在：①既得利益者对新技术的抵触情绪确实存在，认为时机没有成熟，方案审查没有强制要求；②协作流程和管理模式的变化还未习惯，如数据集中存储，串行模式变为并行模式等。

任何新生事物都有一个产生、发展和逐渐成熟的过程，BIM 也不例外，因而要处理好传统技术与 BIM 技术、生产任务与 BIM 应用的关系，分阶段、分步骤开展 BIM 研究和应用试点工作。

4　结论与展望

BIM 技术经历了从理论研究、建筑可视化设计到 AEC 行业应用的发展过程，通过设施的物理和功能特性数字化表达，以实现设计、施工、运维管理全生命周期知识资源的共享，提高产品质量和生产效率。近年来国内 BIM 研究与应用进入了快速发展期，与发达国家相比，在理论研究、标准制定和应用深度等方面还有一定差距，也面临一些挑战，期望在以下几个方面得以加强：

（1）依据已发布的 BIM 技术统一标准、分类和编码标准、交付标准和制图标准，针对行业特点细化，尽快出台行业 BIM 标准、应用指导意见、实施指南和取费标准等，营造良好的政策环境。

（2）作为推行 BIM 技术应用的企业主体，一方面做好 BIM 标准的宣贯工作，加大培训力度；另一方面选择有代表性的项目试点，有条件的在 EPC 或 PMC 中找准价值点，进一步积累经验，逐步完善企业 BIM 生产流程和标准。

（3）随着 BIM 标准的不断完善，结合 GIS、大数据、云计算和智能感知系统，在设计、施工和运维全生命周期的信息传递将更为便利，一切活动将与互联网、物联网密不可分。生产企业也可以有针对性地开展基于 BIM 软件的专业设计、施工控制和运行维护等系统的开发，进一步提升应用能力和管理水平，开拓潜在市场。

（4）目前主体 BIM 平台大多为国外软件，具有建模和综合应用能力强的优势，但也存在出图能力弱、与国内规范结合点不强的劣势，国内有一些软件开发商部分解决了"最后一公里"的问题，还有很大发展空间。

参 考 文 献

［1］ 中华人民共和国住房和城乡建设部，中华人民共和国国家质量监督检验检疫总局．GB/T 51212—2016 建筑物信息模型应用统一标准［S］．北京：中国建筑工业出版社，2016．

［2］ 何关培，王轶群，应宇垦．BIM 总论［M］．北京：中国建筑工业出版社，2011．

［3］ 黄桂林，李德，宾洪祥，等．汉江碾盘山水电站 BIM 技术应用实践［J］．人民长江，2017，Vol. 48：277－279．

［4］ 龙潜，周宜红．我国水利水电工程 BIM 技术应用现状研究［J］．价值工程，2018（5）：191－192．

［5］ 清华大学 BIM 课题组．中国建筑信息模型标准框架研究［M］．北京：中国建筑工业出版社，2011．

黑臭水体底泥修复技术研究

袁葳　倪双双　年夫喜

[摘要]　目前，水体的"黑臭化"已成为影响我国城市水环境的主要问题之一，对水体底泥进行修复治理是解决城市河道水体恶臭的根本方法。本文首先分析底泥疏浚技术、覆盖技术、化学修复技术以及生物修复技术的特点及其适用性，然后重点阐述四种新型底泥修复技术，即石墨烯光催化网技术、矿物质修复技术、活性炭原位修复技术和电动力学修复技术，最后对底泥修复技术的应用与发展进行展望。

[关键词]　黑臭水体；底泥；疏浚技术；原位修复技术

1　引言

底泥通常是指由黏土、泥沙、有机质及各种矿物等经过一系列的物理化学等作用及水体传输作用而在水体底部形成的表层沉积物。由于底泥是众多污染物（重金属、持久性有机污染物、营养元素等）在环境中迁移和转化的载体、归宿和蓄积库，因此，底泥受到污染，必然导致水体污染以及生态环境的恶化，水体出现黑臭问题，严重影响当地居民的身体健康以及饮用水安全。近年来，各地方的相关部门加大了对城市污水的防治工作，一些截污工程、污水处理厂的建设大大降低了城市水体的污染物，但是以往污染底泥中的有害物质仍会导致水体恶化，对水体生态系统造成影响。因此，对水体底泥进行修复治理是解决城市河道水体恶臭的根本方法。

目前，底泥修复技术按照处理位置的不同，主要分为异位修复技术和原位修复技术。底泥异位修复技术主要是指疏浚技术，该技术在河道、湖泊治理工程中得到了广泛的运用。以往的工程实践表明，底泥异位修复技术存在占用其他土地资源、影响原有水生态系统等不足，不能满足经济和环保的需求。因此，众多学者开始关注并研究底泥原位修复技术。底泥原位修复技术按照修复机理的不同主要分为物理修复、化学修复、生物修复技术。本文针对当前国内黑臭水体底泥修复技术进行分析、总结，并对底泥修复技术的应用与发展进行展望。

2　底泥疏浚技术

底泥疏浚技术是通过挖除表层污染底泥以达到减少底泥污染物释放的技术措施。该技术将黑臭水体底泥从水底挖走，转移至陆地，再对底泥进行处理，是目前使用最为广泛的异位修复技术，能够快速并且较大程度地消减底泥对上覆水体的二次污染危害，有效改善水质，增加河道水体容积。疏浚后的底泥再根据污染程度不同进行物理、化学和生物修复处理。然而，从工程实际情况和相关研究来看，疏浚技术虽然效果显著，应用较广，但存在一些待解决问题：①疏浚过程易造成二次污染；②疏浚深度易破坏原有生态系统；③疏浚出的底泥处理难度大。

3　原位底泥修复技术

3.1　覆盖技术

覆盖处理技术通过在黑臭水体污染底泥表面设置一层或多层覆盖物，阻隔底泥中污染物向上覆水体释放。沉积物-水界面覆盖控制材料的控释机理主要为：①通过覆盖层，将污染底泥与上层水体物理性隔开，防止污染底泥中污染物进入上层水体；②通过吸附作用，污染物被固定在覆盖层材料上从而降低溶解态污染物的浓度；③稳固污染底泥，防止其再悬浮或迁移。

覆盖物要求安全、廉价、不产生二次污染；比重或密度要求适中，抗扰动性强；材料粒径、孔隙率小，便于降低释放速率。覆盖物常选择天然覆土、沙子、砾石、改性黏土、土工膜、生物炭、沸石和方解石等。覆盖处理技术一般适用于中水湖泊、海域或河流。目前，原位覆盖技术的施工方式主要有以下几种：机械设备表层倾倒法、移动驳船表层撒布法、水力喷射表层覆盖法、驳船管道水下覆盖法。

然而，覆盖技术也存在以下不足之处：①覆盖技术会增加河底高程，降低河道行洪能力，不适用于水深较小的河海岸边以及水道航线区域；②铺设覆盖层需要平稳的水流条件，不适用于水流较快的区域；③覆盖技术不能完全清除底泥中的污染物，一旦覆盖层破损，污染物仍会向水体扩散。

3.2　化学修复技术

化学修复技术主要是利用一些化学试剂对底泥进行处理，将底泥中的重金属固定或转化成无毒、低毒价态的修复方法。化学修复技术采用的化学试剂须安全，不产生二次污染，能够有效钝化污染物。有研究指出铁系物和铝系物对污染底泥中的重金属具有较高的固定效率，能够有效降低重金属的浸出率。化学修复快速、有效，能在短期内大量去除重金属污染，然而化学药剂的使用需要对底泥成分做较为细致的分析，药剂用量不易明确，化学药剂添加过量容易导致二次污染水体。因此，化学修复技术常常只能作为突发事件或紧急治理的应急处理方案。

3.3　生物修复技术

底泥生物修复技术包括动植物修复技术和微生物修复技术，是利用生物的代谢活动降低存在于底泥中的污染物含量，从而使受污染环境能够局部或完全恢复到原始状态。

　　动植物修复技术主要通过种植生态浮床和投放食腐类的水生动物（如鱼、虾、虫等）来修复污染水体的水文生态系统。微生物修复技术是通过往水体里投入具有高效降解能力的微生物菌群来降低底泥中污染物的含量。微生物菌群的加入可以有效促进底泥中污染有机质迁移、转化、分解的过程，通过微生物的繁衍恢复河道的水体自净能力。相比于底泥疏浚、掩蔽技术、化学修复，生物修复具有投入少、对环境干扰小等优点，是一种经济有效且环境友好的方法。但生物修复技术由于生物自身特性具有局限性，生物生长周期也导致降解速度相对较慢，且不彻底。生物修复技术无法用于水质污染特别严重的河道，多数情况下作为一种底泥修复的辅助手段和后期运营保持水质的一种技术方法。

4 新型底泥修复技术

4.1 石墨烯光催化网技术

　　石墨烯光催化网技术是由石墨烯和可见光响应的异质间高效量子转移技术结合衍生而成的。在聚丙烯纤维基材上逐层涂覆石墨烯光催化材料以制作石墨烯可见光催化网，石墨烯可见光催化网可通过分解水体中有机物实现水体臭味消除，含氧量增加。目前，该技术已通过中国环境科学研究院组织的技术鉴定，在江阴、常州等地的河道治理中取得一定成效。邹胜男等用石墨烯光催化技术对某段水质劣 V 类的黑臭河道进行治理，在布网一个月内，溶解氧明显上升，最高达 10.0 mg/L，其他污染因子如氨氮、总磷、高锰酸盐指数等浓度均迅速下降，前 10d 去除率分别达 47.3%、79.5%、45.6%。水质由原来的劣 V 类接近 Ⅲ 类，河水颜色也变清澈。金庆锋等将石墨烯光催化网技术在江阴市某黑臭河道内进行了具体应用，达到了预期效果，对今后河道黑臭水体治理起到了示范和借鉴作用，具有广泛的应用前景。

　　石墨烯光催化网技术具有四个显著特点：①能源消耗量低。在可见光条件下，光催化网即可发挥作用，无额外能源消耗。②适应性强。光催化网分解水中的有毒有机物不会受到污染物浓度的影响。③可持续性。光催化网能就地处理黑臭水，分解水形成氧气，增加水体中好氧菌的含量，进而消耗水体中的有机物，使水体恢复自净能力。④环保高效。光催化网可在水体治理过程中循环使用，避免了资源浪费。

　　石墨烯光催化网作为水体净化新技术，能对黑臭水体进行原位处理，利用可见光分解水中的有毒物质，分解水制氧，增加水体含氧量，让水体重新恢复自净化能力；与其他治理技术兼容性较强，可单独使用，也可在治理过程中配合适当的水生态修复技术。

4.2 矿物质修复技术

　　矿物质修复技术是由多种天然矿物质经离子交换技术制成带有电荷的、呈现多孔状的矿物质综合体。矿物质孔隙率高和附着率高的特点使其携氧能力强并具有强大的离子交换能力。矿物质进入水体后可显著提高水体溶解氧浓度，加速水体和底泥中原生微生物的代谢速率，并为其提供适宜的生长增殖环境。一段时间后，水体和底泥中生命活性高且数量可观的原生微生物能够自行氧化、吸收、分解或置换其生存环境中的有机部分和无机部分，减少底泥数量。同时，矿物质晶格内 K^+、Na^+ 等离子可置换水体中的重金属离子并将其固定在晶格内部，使之不再具备污染性。

4.3　活性炭原位修复技术

应用强化吸附剂作为覆盖材料或修复剂是污染底泥修复技术的新突破，吸附剂对污染物具有较强的吸附作用，使污染物进入水体的通量及生物可利用性大大降低，且吸附剂层远比传统的覆盖层薄，再泄漏风险更低，长期修复效果更好。因此，应用吸附剂原位修复污染底泥技术是近几年发达国家重点研究的新型底泥修复技术。针对有机物污染底泥，活性炭的应用研究最为广泛。

活性炭种类繁多，按照原材料可分为矿物质活性炭（以矿物质为原材料）、生物质活性炭（以果壳、椰壳、稻壳、活性污泥等为原材料）、纤维活性炭等。针对不同污染物质，应用不同类型活性炭，修复效果存在差距。应用活性炭原位修复有机物污染底泥的研究还处于起步阶段，现场试验和实际应用案例只限于小面积的尝试；不同类型活性炭的修复机制，污染物在底泥、吸附剂、水体等各相态间及各栖居层生物间的运移机理等科学问题均未解决，距离大面积实际工程应用及产业化还很远。

4.4　电动力学修复技术

电动力学修复作为新兴原位修复技术，修复快速、高效。不同于改变河湖容积及底泥体积的覆盖技术，它是通过在底泥中加载电流形成电场，在电场作用下由于底泥孔隙溶液的电荷性而发生电子迁移，进而承载着污染物迁移出处理区。袁华山等通过电动力修复技术处理受重金属 Cd、Zn 污染的污泥，使之经过一段时间的修复达到安全农田土质的处理标准。Pedersen K B 等得出电动力学修复对实验底泥的去除效率较高，其中 Cu 和 Pb 的去除率更是分别达到 82％和 87％。Ryu B G 等得出电动力学在酸质溶液条件下对 Cu、Pb 的去除率能达到 60.1％、75.1％。关于电动力修复的影响因素，Ottosen L M 等指出底质中埋藏的地基、碎石、大块金属氧化物、大石块等会降低电动修复效率，金属电极电解过程中也会因溶解产生腐蚀性物质，同时当目标污染物的浓度相对于背景值较低时，处理效率也会降低。电动力学修复技术适用于含较多电荷的黏性、胶体土壤、酸性及 pH 值可控的土壤以及致密土壤。

5　结论与展望

黑臭水体底泥修复是一个复杂的系统工程，底泥中的污染物种类繁多，并且不同的修复技术均有其局限性，单一的修复手段难以达到预期的目标。今后，应积极开展各类新型的底泥修复技术的应用，改进和完善新技术，进一步提高底泥修复的技术。在实际运用过程中，针对不同问题提出兼具功能和效益的综合底泥修复方法。提高水体自净能力是治理黑臭水体的根本途径，将原有河流打通，结合河流的地形及周围环境等因素制定相应的人工调水设计方案，设计规范的引水工程，保证河流水源的及时有效补充，在将水体交换周期缩短的前提下对水体自净能力不足现象进行弥补，改善水质资源。

参 考 文 献

［1］ 孟晓东. 炭质吸附剂原位治理污染底泥技术研究［D］. 北京：北京交通大学，2016.

［2］ 王瑾. PAHs 在天然水体沉积物中的迁移转化及生态效应［J］. 广州化工，2011，39（10）：151 - 153.

［3］ 皮运正，云桂春，何仕均. 活性炭深度处理工艺用于地下回灌的水质研究［J］. 环境科学研究，2001，14（5）：27 - 29.

［4］ 顾竹珺，陈夷萍，冯嘉萍，等. 城市河道底泥基于固化/稳定化处置技术的发展瓶颈与可持续利用途径［J］. 净水技术，2017（6）：22 - 29.

［5］ 陈荷生. 太湖底泥的生态疏浚工程［J］. 水利水电科技进展，2004，24（6）：34 - 37.

［6］ 张丹，张勇，何岩，等. 河道底泥环保疏浚研究进展［J］. 净水技术，2011，30（1）：1 - 3.

［7］ 邹定光. 城市河涌治理技术探讨［J］. 环境与发展，2017，29（9）：90 - 91.

［8］ 庄旭超. 微生物原位强化修复技术在城市污染河道治理中的应用［D］. 武汉：华中农业大学，2012.

［9］ 钱嫦萍，王东启，陈振楼，等. 生物修复技术在黑臭河道治理中的应用［J］. 水处理技术，2009，35（4）：13 - 17.

［10］ 钟继承，范成新. 底泥疏浚效果及环境效应研究进展［J］. 湖泊科学，2007，19（1）：1 - 10.

［11］ 黎睿，汤显强，李青云. 沉积物-水界面磷负荷控制材料研究进展［J］. 长江科学院院报，2018，35（1）：16 - 22.

［12］ Reible D, Lampert D, Constant D, et al. Active capping demonstration in the Anacostia river, Washington, D. C［J］. Remediation Journal，2006，17（1）：39 - 53.

［13］ 杨海燕，师路远，卢少勇，等. 不同覆盖材料对沉积物 P、N 释放的抑制效果［J］. 环境工程学报，2015，9（5）：2084 - 2090.

［14］ Walpersdorf E, Neumann T, Stüben D. Efficiency of natural calcite precipitation compared to lake marl application used for water quality improvement in an eutrophic lake［J］. Applied Geochemistry，2004，19（11）：1687 - 1698.

［15］ Palermo M R. Design considerations for in-situ capping of contaminated sediments［J］. Water Science & Technology，1998，37（6）：315 - 321.

［16］ Lee J, Park J W. Numerical investigation for the isolation effect of in situ capping for heavy metals in contaminated sediments［J］. Ksce Journal of Civil Engineering，2013，17（6）：1275 - 1283.

［17］ 吴小菁，刘宇，毛彦青，等. 共基质生物刺激技术去除城市河道底泥难降解有机污染物研究［J］. 水利水电技术，2015，46（2）：48 - 52.

［18］ 周琪，钟永辉，陈星，等. 石墨烯/纳米 TiO_2 复合材料的制备及其光催化性能［J］. 复合材料学报，2014，31（2）：255 - 262.

［19］ 邹胜男，郑科，张华英，等. 石墨烯光催化技术在黑臭河道治理中的应用［J］. 污染防治技术，2018，31（2）：12 - 14.

［20］ 金庆锋，杨文革，李雷. 石墨烯光催化网新技术在江阴市河道治理中的应用［J］. 江苏水利，2018（4）：58 - 60.

［21］ 张彦浩，黄理龙，杨连宽，等. 河道底泥重金属污染的原位修复技术［J］. 净水技术，2016，35（1）：26 - 32.

［22］ 韩宁，魏连启，刘久荣，等. 地下水中常见有机污染物的原位治理技术现状［J］. 城市地质，

2009，4（1）：22 – 30.

[23] 唐艳，胡小贞，卢少勇.污染底泥原位覆盖技术综述 [J].生态学杂志，2007，26（7）：1125 – 1128.

[24] 邹彦江.重金属污染底泥原位覆盖技术研究 [D].济南：山东建筑大学，2015.

[25] Ghosh U，Luthy R G，Cornelissen G，et al. In – situ sorbentamendments：a new direction in con-taminated sediment management [J]. Environmental Science & Technology，2011，45（4）：1163 – 1168.

[26] Das S. Characterization of activated carbon of coconutshell，ricehusk and karanja oil cake [D]. Rourkela：National Institute of Technology，2014.

[27] Dermont G，Bergeron M，Mercier G，et al. Soil washing for metalremoval：a review of physical/chemical technologies and fieldapplications [J]. Journal of Hazardous Materials，2008，20（1）：1 – 31.

[28] 袁华山，刘云国，李欣.电动力修复技术去除城市污泥中的重金属研究 [J].中国给水排水，2006，22（3）：101 – 104.

[29] Pedersen K B，Kirkelund G M，Ottosen L M，et al. Multivariatemethods for evaluating the effi-ciency of electrodialytic removal of heavy metals from polluted harbour sediments [J]. Journal of Hazardous Materials，2015，27（3）：712 – 720.

[30] Ryu B G，Park G Y，Yang J W，et al. Electrolyte conditioning for electrokinetic remediation of As，Cu，and Pb – contaminated soil [J]. Separation and Purification Technology，2011，79（2）：170 – 176.

[31] Ottosen L M，Nystrm G M，Jensen P E，et al. Electrodialytic extraction of Cd and Cu from sediment from Sisimiut Harbour，Greenland [J]. Journal of Hazardous Materials，2007，140（1）：271 – 279.

考虑结构面退化非连续变形分析的滑坡动力稳定性系数计算

冯细霞　姚晓敏　崔金秀　陈雷

[摘要]　地震边坡稳定性分析对滑坡灾害评估是非常重要的。非连续变形分析（DDA）法是一种隐式迭代的动力学分析方法，在求解地震岩体工程动力响应问题上具有极大潜力和优势。对于结构面大量存在的边坡工程，在地震荷载反复作用下，结构面强度会逐渐弱化，然而传统DDA法没有考虑结构面的退化。基于此，本文尝试将结构面退化引入到DDA程序中，提出考虑结构面退化的DDA滑坡安全系数计算方法，并采用3个简单模型分析了动力稳定性系数随不同幅值动荷载的变化情况。得到的结论是，考虑结构面退化的DDA法计算的动力安全系数随着动荷载幅值的增大渐进减小，且均小于准静态安全系数。同等条件下，多块体系统安全系数减小得更明显。

[关键词]　滑坡；动力安全系数；非连续变形分析方法；结构面退化；动摩擦系数

1　引言

由于我国西部大开发战略的实施，许多岩土工程已建或将建在强震区，工程的扰动加上这些地区是强震区，地震诱发岩质边坡破坏已成为一种最普遍和危险的地质灾害了。如1999年台湾岛发生的集集大地震造成了许多人员伤亡和大量的经济损失，2005年巴基斯坦发生的克什米尔地震造成了82000多人丧生，2008年发生的汶川大地震诱发了将近20000个滑坡，引起了大量的人员伤亡和严重的经济损失。地震诱发的岩质边坡破坏已经严重影响着人类的生命财产安全，引起了学者的广泛关注。地震边坡的稳定性分析已成为岩土工程和地震工程领域中重要的研究内容。

目前，地震作用下岩质边坡稳定性分析的方法主要有拟静力法、Newmark法、动力时程数值模拟法等。拟静力法由于力学概念明确，计算和原理简单，使其在实际工程中得到广泛应用。然而该方法是将地震惯性力等价成静力计算，无法反映地震边坡的动力特性。Newmark法采用边坡永久位移作为边坡整体稳定性的评价指标，然而永久位移的失稳判据尚没有统一的标准。动力时程数值模拟方法是将动荷载时程曲线作为荷载输入，依托于有限元、离散元和非连续变形分析（DDA）等数值方法分析地震边坡的稳定性，能计算不同时刻的稳定性系数。

岩质边坡的地质结构是非常复杂的，节理、断层、裂隙等普遍存在于岩体中。这些岩体非连续极大地影响着岩质边坡的变形和稳定性。考虑到岩体的非连续和地震荷载的复杂性，非连续动力时程数值模拟方法更加适合模拟岩质边坡的动态行为。其中，非连续变形分析（DDA）法本质上是一种隐式求解的动力学计算方法。其自提出以来，一直作为岩土工程中数值模拟方法研究中的前沿问题，为国内外所重视。相继举办了 12 届 DDA 国际会议，其块体系统动力分析的正确性和有效性以被学者们证实。DDA 法在岩体工程地震响应的应用一直在发展，Haztor Y H 等对 2D-DDA 和 3D-DDA 解波动问题做了有效验证。Wu J H 和 Chen C H 运用 DDA 模拟了 Chiu-fen-etrh-shan 和 Tsaoling 滑坡在地震作用下的失稳过程。

DDA 中计算安全系数的方法主要有三类：①超载法，即作用于边坡的荷载增大 F 倍，体系临近失稳，F 则为超载安全系数；②强度折减法，即反复折减节理抗剪强度指标，计算至滑坡临近破坏状态，折减系数即为滑坡安全系数；③利用 DDA 块体间接触力计算的方法，通过抗滑接触力与下滑接触力安全系数，所依赖的应力状态是实际的接触力，该稳定性安全系数的计算更符合实际变形和强度利用特征的计算方法。然而，DDA 法在研究岩体工程地震响应问题时，其安全系数的计算未能考虑地震荷载对结构面强度的弱化作用。大量岩块动力试验研究表明，在动荷载反复作用条件下结构面是逐渐退化的，结构面的强度参数具有明显的速率效应和累积位移效应。据于此，本文计算地震荷载作用下块体系统稳定性系数时将考虑结构面的弱化作用，将结构面退化引入到 DDA 程序中。利用 3 个简单模型，分析了不同幅值的正弦波作用下安全系数的时程曲线。

2　DDA 中接触力计算方法

2.1　块体间接触理论

对于每一个时步，DDA 方法中整体方程的解必须满足接触约束条件，即无侵入无张拉原则。块体系统中的接触约束是通过罚方法实现的。二维 DDA，系统块体间的接触类型包括角角接触、边边接触和角边接触，边边接触通常转化为两个角边接触。对于每个接触，有 3 种可能状态：张开、滑动和锁定。在张开状态，不施加弹簧；滑动状态，施加法向弹簧；锁定状态，施加法向和切向弹簧。接触状态一旦确定，相应位置的接触弹簧的子矩阵和摩擦子矩阵将会被计算加入到整体方程中，通过 Newmark 常加速度迭代法求解。

2.2　接触力的计算

利用 DDA 块体间接触力计算滑坡动力安全系数，接触力准确计算是前提条件。图 1 给出了块体系统迭代前后接触部位相对位置。图中上标 k 表示当前步，$k+1$ 表示下一时步。P_1 为块体 M 的一个角点，P_2P_3 为块体 N 的一条边，角点 P_1 与参考线 P_2P_3 间的嵌入可用法向

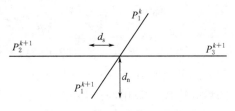

图 1　迭代前后接触部位相对位置

嵌入距离 d_n 和切向嵌入距离 d_s 表示。

为了得到接触部位两块体间真实的接触力，可根据嵌入距离（d_n 和 d_s）先计算名义接触力（法向力 R'_n 和切向力 R'_s），即

$$\left.\begin{array}{l} R'_n = K_n d_n \\ R'_s = K_s d_s \end{array}\right\} \tag{1}$$

式中：K_n，K_s 分别为法向和切向弹簧刚度系数。嵌入距离 d_n 和 d_s 可根据角点 P_i 的坐标（x_i，y_i）和位移增量（u_i，v_i）求得（$i = 1$，2，3）。

整体方程求解后，根据其嵌入量的大小确定块体接触状态类型，进一步对上述名义接触力 R'_n 和 R'_s 进行修正，由此可确定真实接触力 R_n 和 R_s。真实接触力的判断与计算方法如下：

（1）如果 R'_n 为拉应力（假定拉为正，压为负），即 $R'_n = K_n d_n \geqslant 0$，则此接触部位为张开状态，不存在接触力，故无需施加弹簧。真实接触力分量都为 0，即

$$\left.\begin{array}{l} R_n = 0 \\ R_s = 0 \end{array}\right\} \tag{2}$$

（2）如果 R'_n 为压应力，并且名义切向力分量 R'_s 小于由库仑强度准则提供的抗剪强度，即

$$\left.\begin{array}{l} R'_n = K_n d_n < 0 \\ R'_s < R'_n \tan\phi + cl \end{array}\right\} \tag{3}$$

式中：ϕ、c 分别为节理的内摩擦角和黏聚力；l 为接触部位黏结长度。

则此接触部位为锁定状态，应在相应接触部位分别施加一个法向和切向弹簧，其真实接触力与名义接触力相同，即

$$\left.\begin{array}{l} R_n = R'_n = K_n d_n \\ R_s = R'_s = K_s d_s \end{array}\right\} \tag{4}$$

（3）如果 R'_n 为压应力，并且名义切向力分量 R'_s 大于或等于由库仑强度准则提供的抗剪强度，即

$$\left.\begin{array}{l} R'_n = K_n d_n < 0 \\ R'_s \geqslant R'_n \tan\phi + cl \end{array}\right\} \tag{5}$$

则此接触部位为滑动状态，应在相应接触部位施加一个法向弹簧，真实接触力见式（6）。

$$\left.\begin{array}{l} R_n = R'_n = K_n d_n \\ R_s = R'_s = K_n d_n \tan\phi \end{array}\right\} \tag{6}$$

原始 DDA 程序中，当节理面出现滑移时，在随后的迭代中节理黏聚力取为 0，这种处理方式可能低估了黏聚力的作用。本文在滑动状态的接触时，初始的黏聚力保持不变，在随后的迭代中采用与摩擦角统一的衰减标准。对于黏聚力这种衰减标准还有待研究验证。

3 DDA 稳定性系数的计算

3.1 块体系统安全系数计算

假定块体系统中存在一个潜在的滑动面（图 2）。DDA 程序通过开闭迭代可以确定系统每个块体的接触状态。设滑动面上有 m_i 个锁定接触，m_j 个滑动接触，于是块体系统沿着潜在滑动面的稳定安全系数 F_s 可定义为

$$F_s = \frac{\sum_{i=1}^{m_i}(R_{ni}\tan\phi_i + c_i l_i) + \sum_{j=1}^{m_j}(R_{nj}\tan\phi_j)}{\sum_{i=1}^{m_i}R_{si} + \sum_{j=1}^{m_j}(R_{nj}\tan\phi_j)} \quad (7)$$

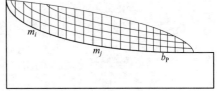

图 2　块体系统潜在滑动面

式中：R_{ni}、R_{nj}、R_{si} 分别为相应接触部位法向和切向接触力分量；l_i 为相应接触部位黏结长度。

式（7）定义只适用块体系统处于平衡状态的情况。为了得到动力安全系数的时程曲线，安全系数的定义中需考虑惯性力 I_P。设滑动面上滑动的接触块体还具有惯性力（共 b_p 个发生滑动的块体），则 DDA 法中块体系统滑动面上安全系数的一般定义为

$$F_s = \frac{\sum_{i=1}^{m_i}(R_{ni}\tan\phi_i + c_i l_i) + \sum_{j=1}^{m_j}(R_{nj}\tan\phi_j)}{\sum_{i=1}^{m_i}R_{si} + \sum_{j=1}^{m_j}(R_{nj}\tan\phi_j) + \sum_{p=1}^{b_p}I_P} \quad (8)$$

式中：滑块 P 的惯性力为 $I_P = m_p a_p$，m_P、a_P 分别为滑块 P 的质量和加速度。

3.2 考虑结构面退化的安全系数计算

大量岩块动力试验研究表明，在动荷载反复作用下结构面是逐渐退化的，结构面强度参数具有明显的速率效应和累积位移效应。为了考虑地震荷载对结构面强度参数的弱化作用，本文采用王思敬等研究的衰减规律，将此衰减规律引入到 DDA 法中。

王思敬等研究提出了结构面动态摩擦系数随累积位移和相对运动速率的增大而不断衰减的变化规律，其表达式为

$$\mu = \mu_0 \mu_s(u) \mu_c(v) \quad (9)$$

式中：μ 为结构面动态摩擦系数；μ_0 为结构面的初始摩擦系数；u 为累积位移；$\mu_s(u)$ 为累积位移影响系数；v 为滑面上下块体的相对运动速率；$\mu_c(v)$ 为相对运动速率影响系数。其中累积位移和相对运动速率影响系数的变化规律如图 3 所示。

由图 3 所知，累积位移和相对运动速率影响系数有着相似的变化规律。随着累积位移或相对运动速率的不断增大，相应的影响系数呈现不断减小的趋势，并最终趋于收敛。对

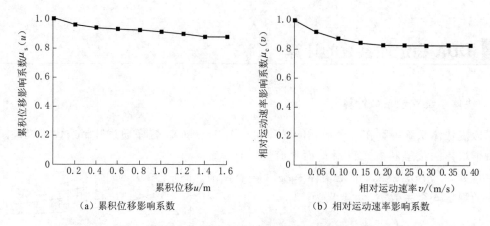

（a）累积位移影响系数 （b）相对运动速率影响系数

图 3　累积位移和相对运动速率影响系数变化规律

图 3 曲线进行拟合，拟合曲线如图 4 所示。由图可知，各拟合曲线的拟合结果均较好，拟合优度指标均在 0.95 以上，根据结果可得到累积位移和相对运动速率影响系数的表达式，该结果与廖少波的研究结果一致。

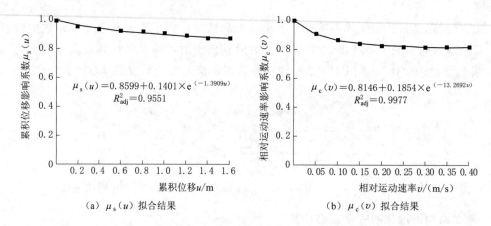

（a）$\mu_{\mathrm{s}}(u)$ 拟合结果 （b）$\mu_{\mathrm{c}}(v)$ 拟合结果

图 4　累积位移和相对运动速率影响系数拟合曲线

　　将动摩擦引入到 DDA 程序中，并且在滑动的接触状态，初始的黏聚力保持不变，在随后的迭代中采用与摩擦角统一的衰减标准。于是考虑结构面退化的块体系统滑动面上动力安全系数表达式为

$$R_{\mathrm{s}}=\frac{\sum\limits_{i=1}^{m_i}(R_{\mathrm{n}i}\mu_i+R_{\mathrm{c}i})+\sum\limits_{j=1}^{m_j}(R_{\mathrm{n}j}\mu_j+R_{\mathrm{c}j})}{\sum\limits_{i=1}^{m_i}R_{\mathrm{s}i}+\sum\limits_{j=1}^{m_j}(R_{\mathrm{n}j}\mu_j)+\sum\limits_{p=1}^{b_{\mathrm{P}}}I_{\mathrm{P}}}\tag{10}$$

式中：$\mu_i=\mu_{\mathrm{s}i}(u)\mu_{\mathrm{c}i}(v)\tan\phi$；$\mu_j=\mu_{\mathrm{s}j}(u)\mu_{\mathrm{c}j}(v)\tan\phi$；$R_{\mathrm{c}i}=c_i l_i\mu_{\mathrm{s}i}(u)\mu_{\mathrm{c}i}(v)$；$R_{\mathrm{c}j}=c_j l_j\mu_{\mathrm{s}j}(u)\mu_{\mathrm{c}j}(v)$。$\mu_{\mathrm{s}i}(u)$、$\mu_{\mathrm{c}i}(v)$、$\mu_{\mathrm{s}j}(u)$、$\mu_{\mathrm{c}j}(v)$ 分别为相应接触部位累积位移和相对运动速率影响因素。

4 简单模型分析

采用数值方法进行地震边坡稳定性研究，准确的地震荷载输入是关键内容。理论上，DDA 程序有三种输入方法，包括加速度输入、速度输入和位移输入。目前，四种地震荷载输入方法被学者广泛使用，包括多块体的 Newmark 方法、大质量方法、大刚度方法和应力输入方法。多块体的 Newmark 方法，是 DDA 程序中的传统方法，该方法地震荷载是以惯性力的方式加到所有块体中，实际上属于加速度输入，该方法没有考虑波的传播。大质量方法，是另一种加速度输入方法，该方法是将 DDA 模型的底部块体设置为很大的质量，但不考虑其重力。大刚度方法，是一种位移输入方法，地震荷载以位移的方式作用于底部块体。大质量法和大刚度法都是一种逼近方法，非常适用于模拟有坚硬地基的岩体结构的地震响应问题。

本文采用 3 个简单模型，分析 DDA 方法考虑结构面退化的滑坡动力稳定性系数的变化情况。3 个模型均采用大质量方法输入不同幅值的动荷载。动荷载加速度表达式为 $a = A\sin(4\pi)$，作用时间 3s（图 5）。

4.1 单滑块模型

图 6 为单滑块计算模型。斜坡坡角 $\alpha = 30°$，滑块（块体 2）的面积为 30.1812m^2，与滑面的接触长度为 5.9612m。单滑块模型的材料力学参数见表 1，滑面的内摩擦角为 ϕ，黏聚力为 c。

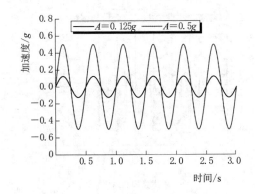

图 5　DDA 模拟输入的动荷载

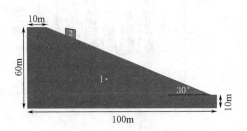

图 6　DDA 单滑块模型

表 1　　单滑块模型材料力学参数

材料	密度 /(kg/m³)	弹性模量 /GPa	泊松比	内摩擦 /(°)	黏聚力 /kPa	抗拉强度 /MPa	法向刚度 /GPa	切向刚度 /GPa
基岩	2700	50	0.25	—	—	—	—	—
滑块	2100	5	0.25	—	—	—	—	—
节理	—	—	—	50	0	0	10	4

4.1.1　准静态滑块安全系数理论解

根据滑动面上力的分解，滑块的抗滑力 R 为

$$R = mg\cos\alpha\tan\phi + cl \tag{11}$$

式中：m 为滑块质量，根据滑块面积和密度计算约为 $6.3381 \times 10^4\,\mathrm{kg}$；$g$ 为重力加速度，取为 $10\mathrm{m/s^2}$；l 为滑块与滑面的接触长度为 $5.9612\mathrm{m}$。

滑块的下滑力为

$$T = mg\sin\alpha \tag{12}$$

于是准静态滑块理论安全系数为

$$F_s = \frac{mg\cos\alpha\tan\phi + cl}{mg\sin\alpha} \tag{13}$$

当内摩擦角 $\phi = 50°$，黏聚力为 $c = 0\mathrm{kPa}$ 时，$F_s = 2.0642$；当 $\phi = 20°$，$c = 90\mathrm{kPa}$ 时，$F_s = 2.3234$。

4.1.2　考虑结构面退化滑块动安全系数计算

为了了解 DDA 方法考虑结构面退化的滑坡动力安全系数的变化情况，本文主要考虑了不同幅值动荷载作用下，动力安全系数的时程曲线变化规律。取内摩擦角 $\phi = 50°$，黏聚力为 $c = 0\mathrm{kPa}$，不考虑结构面退化和考虑结构面退化的滑块动安全系数时程曲线分别如图 7（a）和图 7（b）所示，前 0.5s 是准静态时间，0.5～3.5s 是动荷载作用时间，后 1.5s 是动荷载作用后的稳定时间。由图可知，不考虑结构面退化，当动荷载作用完全消失后，DDA 计算的不同幅值的动力安全系数是一致的，且与滑块准静态理论安全系数相等。当考虑结构面退化时，动荷载作用后滑块稳定的安全系数随着幅值的增大渐进减小，且均小于准静态安全系数。

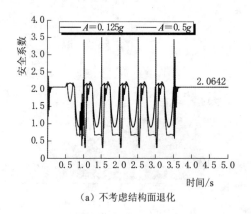

（a）不考虑结构面退化

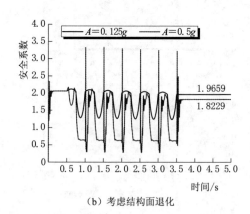

（b）考虑结构面退化

图 7　滑块的动力安全系数时程曲线（$\phi = 50°$）

4.2　直线滑面模型

图 8 为直线滑面 DDA 计算模型。斜坡坡角 $\alpha = 30°$，滑体的面积为 $454.0374\mathrm{m^2}$，与滑面的接触长度为 $68.9883\mathrm{m}$。直线滑面模型的材料力学参数与单滑块模型参数一致，见表 1。

直线滑面模型滑体准静态安全系数公式推导与单滑块模型一致，其表达式见式（13）。此模型滑体质量约为 9.5×10^5 kg。当取内摩擦角 $\phi=50°$，黏聚力 $c=0$ kPa 时，$F_s=2.0642$；取 $\phi=20°$，$c=90$ kPa 时，$F_s=1.9375$。

直线滑面模型同样取内摩擦角 $\phi=50°$，黏聚力为 $c=0$ kPa，不考虑结构面退化和考虑结

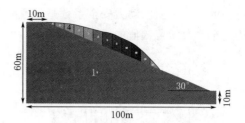

图 8　直线滑面 DDA 计算模型

构面退化的滑体的动安全系数时程曲线分别如图 9（a）和图 9（b）所示。直线滑面模型得到了与单滑块模型类似的结论。对比两种模型可知，单滑块模型是直线模型的特例，单滑块模型的滑块实际等同于直线模型的块体 4。对比两种模型的 DDA 模拟结果，不考虑结构面退化时，动荷载作用完全消失后，得到的不同幅值的动力安全系数是一致的，都与准静态理论安全系数相等。考虑结构面退化时，滑体最后稳定安全系数稍小于滑块模型滑块的安全系数。这种现象在高强度荷载作用下越明显，如 $0.5g$ 幅值作用下，滑块模型滑块安全系数 $F_s=1.8229$，直线模型滑体安全系数 $F_s=1.7847$，其原因可能是滑体各块体中的冲击所造成的。

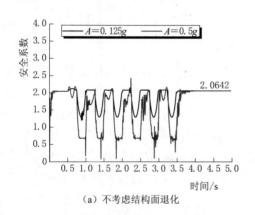
（a）不考虑结构面退化

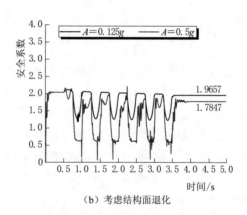
（b）考虑结构面退化

图 9　直线滑面的滑体动力安全系数时程曲线（$\phi=50°$）

4.3　圆弧滑面模型

图 10 为圆弧滑面 DDA 计算模型。该模型的材料力学参数见表 1。滑体准静态安全系数采用极限平衡 Morgenstern - Price 法进行计算。

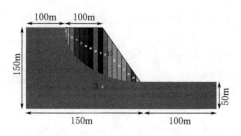

图 10　圆弧滑面 DDA 计算模型

该模型同样取内摩擦角 $\phi=50°$，黏聚力为 $c=0$ kPa，不考虑结构面退化和考虑结构面退化的滑体的动安全系数时程曲线分别如图 11（a）和图 11（b）所示。同样参数条件下，极限平衡 Morgenstern - Price 法计算的安全系数 $F_s=2.011$。由图 11 可知，动荷载作用完全消失后，

得到的不同幅值的动力安全系数是一致的；当考虑结构面退化时，动荷载作用后滑块稳定的安全系数随着幅值的增大渐进减小。

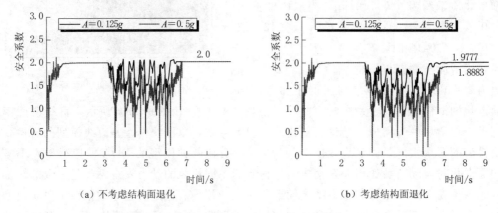

　　　（a）不考虑结构面退化　　　　　　　　　　　（b）考虑结构面退化

图 11　圆弧滑面的滑体动力安全系数时程曲线 （$\phi = 50°$）

5　结论

　　地震边坡稳定性分析对滑坡灾害评估非常重要。非连续变形分析是一种隐式迭代的动力学分析方法。通过满足块体系统的开—闭迭代、力系平衡及基于引入惯性力实现的动力求解收敛，由此获得系统力与变形真解。该方法在求解地震岩体工程动力响应问题上具有极大潜力和优势。对于结构面大量存在的边坡工程，在地震荷载反复作用下，结构面强度会弱化，然而传统 DDA 法没有考虑结构面的退化。基于此，本文提出了考虑结构面退化的 DDA 滑坡安全系数计算方法。并针对 3 个简单模型分析了动力稳定性系数随不同幅值动荷载的变化情况，得到以下初步认识。

　　考虑结构面退化的 DDA 法计算得到的动力安全系数随着幅值的增大渐进减小，且均小于准静态安全系数。同等条件下，多块体系统安全系数衰减得越明显，这可能是块体系统块体间的相互碰撞冲击引起的。而有限元或极限平衡方法无法体现这一点。

参 考 文 献

［1］ KAMAI T，WANG W N，SHUZUI H. The slope failure disaster induced by the Taiwan Chi－Chi earthquake of 21 September 1999 ［J］. Landslide News，2002，13 （6）：8－12.

［2］ AYDAN Ö. Geological and seismological aspects of Kashmir earthquake of October 8，2005 and geotechnical evaluation of induced failures of natural and cut slopes ［J］. Journal of School of Marine Science and Technology，2006，4 （1）：25－44.

［3］ HUANG R Q，LI W L. Development and distribution of geohazards triggered by the 5.12 Wenchuan earthquake in China ［J］. SP Science China Technological Sciences，2009，52 （4）：810－819.

［4］ 洪海春，徐卫亚. 地震作用下岩质边坡稳定性分析综述 ［J］. 岩石力学与工程学报，2005，24：

4827 - 4836.

[5]　刘亚群. 动荷载作用下层状结构岩体边坡变形破坏机理与安全研究 [D]. 武汉，中国科学院武汉岩土力学研究所，2009.

[6]　廖少波. 强震作用下块体状岩体边坡稳定性研究 [D]. 武汉：中国地质大学，2013.

[7]　NEWMARK N M. Effects of earthquakes on dams and embankments [J]. Geotechnique, 1965，15 (2)：139 - 160.

[8]　吴兆营，薄景山，刘洪帅，等. 岩体边坡地震稳定性动安全系数分析方法 [J]. 防灾减灾工程学报，2004，24 (3)：237 - 241.

[9]　BHASIN R，KAYNIA A M. Static and dynamic simulation of a 700-m high rock slope in western Norway [J]. Engineering Geology, 2004，71 (3)：213 - 226.

[10]　ZHANG Y B，CHEN G Q，ZHENG L，et al. Effects of near - fault seismic loadings on run - out of large - scale landslide：A case study [J]. Engineering Geology, 2013，166 (8)：216 - 236.

[11]　MACLAUGHLIN M M，DOOLIN D M. Review of validation of the discontinuous deformation analysis (DDA) method [J]. International for Numerical and Analytical Methods in Geomechanics，2006，30 (4)：271 - 305.

[12]　NING Y J，ZHAO Z Y. A detailed investigation of block dynamic sliding by the discontinuous deformation analysis [J]. International Journal of Numerical & Analytical Methods in Geomechanics，2013，37 (15)：2373 - 2393.

[13]　TSESARSKY M.，HATZOR Y H，SITAR N. Dynamic displacement of a block on an inclined plane：analytical，experimental and DDA results [J]. Rock Mechanics Rock Engineering，2005，38 (2)：153 - 167.

[14]　HATZOR Y H，FEINTUCH A. The validity of dynamic block displacement prediction using DDA [J]. International Journal of Rock Mechanics & Mining Sciences，2001，38 (4)：599 - 606.

[15]　KAMAI R，HATZOR Y H. Numerical analysis of block stone displacements in ancient masonry structures：a new method to estimate historic ground motion [J]. International Journal for Numerical & Analytical Methods in Geomechanics，2010，32 (11)：1321 - 1340.

[16]　BAKUN - MAZOR D，HATZOR Y H，GLASER S D. Dynamic sliding of tetrahedral wedge：The role of interface friction [J]. International Journal for Numerical & Analytical Methods in Geomechanics，2012，36 (3)：327 - 343.

[17]　WU J H. Seismic landslide simulations in discontinuous deformation analysis [J]. Computers and Geotechnics，2010，37 (5)：594 - 601.

[18]　WU J H，CHEN C H. Application of DDA to simulate characteristics of the Tsaoling landslide [J]. Computers and Geotechnics，2011，38 (5)：741 - 750.

[19]　SHI G H. Rock stability analysis and three convergences of discontinuous deformation analysis (DDA) [C]//Proceedings of the 9th International Conference on Analysis of Discontinuous Deformation：New Development and Applications. Singapore，2009：1 - 11.

[20]　沈振中，大西有三. 基于非连续变形分析的水库岩体边坡稳定分析方法 [J]. 水利学报，2004 (3)：117 - 123.

[21]　黄盛铨，刘君，孔宪京. 强度折减 DDA 法及其在边坡稳定分析中的应用 [J]. 岩石力学与工程学，2008，27 (S1)：2799 - 2806.

[22]　王小波，徐文杰，张丙印，等. DDA 强度折减法及其在东苗家滑坡中的应用 [J]. 清华大学学报（自然科学版），2012，52 (6)：814 - 820.

[23]　邬爱清，丁秀丽，卢波，等. DDA 方法块体稳定性验证及其在岩质边坡稳定性分析中的应用 [J]. 岩石力学与工程学，2008，27 (4)：664 - 672.

［24］ 马永政，郑宏，朱合华，等．DDA 法计算边坡安全系数的黏聚力影响分析［J］．岩土工程学报，2009，31（7）：1088－1093.

［25］ 付晓东，盛谦，张勇慧．基于矢量和－非连续变形分析的滑坡安全系数计算方法研究［J］．岩石力学与工程学报，2014，33（S2）：4122－4128.

［26］ 王思敬，张菊明．边坡岩体滑动稳定的动力学分析［J］．地质科学，1982，17（2）：162－170.

［27］ CRAWFORD A W，CURRAN J H. The influence of rate and displacement dependent shear resistance on the response of rock slopes to seismic loads［J］. International Journal of Rock Mechanics & Mining Sciences，1982，19（1）：1－8.

［28］ LEE H S，PARK Y J，CHO T F，et al. Influence of asperity degradation on the mechanical behavior of rough rock joints under cyclic shear loading［J］. International Journal of Rock Mechanics & Mining Sciences，2001，38（7）：967－980.

［29］ WANG L Z，JIANG H Y，YANG Z X，et al. Development of discontinuous deformation analysis with displacement－dependent interface shear strength［J］. Computers and Geotechnics，2013，47（1）：91－101.

［30］ SHI G H. Application of discontinuous deformation analysis and manifold method［C］//Proceedings of the 3th international conference on analysis of discontinuous deformation：form theory to practice. Colorado，1999：3－16.

［31］ FU X D，SHENG Q，ZHANG Y H，et al. Boundary setting method for the seismic dynamic response analysis of engineering rock mass structures using the discontinuous deformation analysis method［J］. International Journal for Numerical & Analytical Methods in Geomechanics，2015，39（15）：1693－1712.

［32］ SASAKI T，HAGIWARA I，HORIKAWA S，et al. Earthquake response analysis of a rockfall by discontinuous deformation analysis［C］//Proceedings of the 7th International Conference on Analysis of Discontinuous Deformation. Hawaii，2005：137－146.

［33］ MORGENSTERN N R，PRICE V E. The analysis of the stability of general slip surfaces［J］. Geotechnique，1965，15（1）：79－93.

大型闸门及启闭设备在线监测
技术研究与应用

葛韬　吴传惠　罗华　王业交　吴鼎

[摘要]　本文针对水利水电行业金属结构特点，提出了实时在线监测的优点和必要性。详细介绍了在线监测系统的结构、监测点的布置原则、传感器的安装原则，以及数据的采集与分析方法。希望能促进实时在线监测在水工金属结构中的应用，促进我国水工金属结构行业运行管理水平的提高。

[关键词]　水工金属结构；实时在线监测；应用

1　引言

水工金属结构设备（闸门和启闭机）的监测和检测一般为传统检测和原型观测试验。传统检测针对设备在特定工况下的运行状态进行检测，检测结果为检测工况下的设备状态和安全状况。原型观测试验是指在工程现场对工程及相关影响因素进行观察、监测和分析，验证设备的设计条件，从而能及时发现和消除设备运行的安全隐患，提出改善设备运行方式的建议。

水工金属结构设备在各种工况下运行过程中，出现各类微观缺陷和不稳定的动态响应，产生疲劳、磨损、变形、卡阻、制动器故障、减速器故障、钢丝绳故障、保护盘跳电、变频器故障及车轮与轨道故障等，这些缺陷和故障是随机和突发性的。传统检测和原型观测不能充分说明水工金属结构长期工作以来的工作状态和安全状况，无法验证水工金属结构设备在长期水流疲劳荷载下的安全状况，无法完全监控设备运行时突发的异常状况。近些年来，国内各大中型水利水电工程也先后发生过工作闸门失事、弧门支铰轴承抱死、弧门支铰轴断裂、减速机高速轴断裂、压力钢管伸缩节破裂等质量事故，造成了重大人身伤亡和财产损失。因此，针对水工金属结构进行长期实时在线监测是必要的。

2　水工金属结构在线监测系统

水利水电工程金属结构实时在线监测应对被监测对象的运行状态、过程量参数进行实时自动监测、监控，能对监测数据管理、分析、长期储存，反映监测对象长期运行状态的变化趋势，并以数据、图形、表格、曲线和文字等形式进行显示和描述，能够及时对监测对象异常状态预警和报警。

2.1 监测系统的结构

在线监测系统应采用开放、分层式系统结构，由传感器＋视频监控设备、动态数据采集系统＋网络硬盘录像机、数据库服务器、局域网 PC 机＋移动终端组成。

（1）传感器单元。所用到的各种常用传感器有应力传感器、加速度传感器、油压传感器、倾角及位移传感器、声发射传感器、钢丝绳缺陷监测传感器、钢丝绳拉力监测传感器、挠度监测传感器、脉动压力传感器等。

（2）动态数据采集系统。应具有现地监测功能，能对状态监测量、运行工况过程量参数进行数据采集、处理和传输。并配有足够容量的移动电源，当外接电源掉电时，系统仍能够正常运行。

（3）实时监测数据处理系统。应采用标准化、开放式的硬件结构，所选设备应采用成熟的主流产品，并能满足状态在线监测（及视频监控）系统的远景发展要求；应具备数据存储和管理功能，存储容量应能够满足至少存储 12 个月的监测数据；应提供至少 2 个以太网端口；支持掉电保护，能够承受电压扰动和电源恢复后的自动重新启动。

（4）数据库。应符合国际标准的开放的数据访问接口；应支持快速存取和实时处理；应保持数据的完整性和统一性；实时数据应具有报警允许、数据质量码或控制闭锁等相关属性；历史数据库应提供历史数据存储、查询和备份功能。

（5）PC 端。应采用成熟可靠的操作系统，满足多任务、分级管理功能，提供文件控制功能，包括文件的打开、关闭、读出和记录等基本管理功能。应配备成熟的支持软件，满足系统的运行需要，系统应采用时钟同步软件。通信软件应采用开放系统互联 OSI 协议或适于工业控制的标准协议，局域网络通信协议：网络宜采用 IEEE802.2、IEEE802.3 系列标准协议，网络及传输层宜采用 TCP/IP 协议集；局域网通信交换数据量及其额度应满足功能要求和特性需求；通信设计应符合 NB/T 35042—2014《水力发电厂通信设计规范》规范要求。

2.2 监测点的布置原则

监测点布置除了满足对水工金属结构设备的动态响应、变形、摩擦、工作应力等运行状态进行实时在线监测外，还应对支铰轴承的运行状态、支承轮的运行状态、钢丝绳的运行状态、移动式启闭机的机架动刚度等运行状态进行实时在线监测，实现对监测对象进行整体性的运行状态分析和辅助诊断，提出故障或事故征兆的预报。各项测点布置原则如下。

（1）应力测点。应力测点应布置在主要部件的最大应力分布区域，可根据结构分析的应力云图、设计计算书给出的最大应力位置，测试构件轴向的表面应变量。对称结构应布置冗余测点，进行测试数据分析比对。测点应进行编号，并用图形表示出测点的坐标分布。

（2）振动测点。结构类的振动测点应布置在梁、支臂、机架、平台等特征部位；机械类振动测点应布置在传动机构的支承座、齿轮箱轴承座等特征部位；管道类振动测点应按测试截面的圆周方向分布；振动测点应避开筋板、支撑、连接板、加劲环等结构的变化部位。测点应进行编号，并用图形表示出测点的坐标分布。并应符合 GB/T 14124《机械振动与冲击　建筑物的振动　振动测量及其对建筑物影响的评价指南》、GB/T 14412《机械振动与冲击加速度的机械安装》、GB/T 19875《机械振动与冲击　固定结构的振动在振动测量和评价方面质量管理的具体要求》规范的要求。

（3）门叶倾斜测点。闸门倾斜测点宜布置在门叶高度的 1/3 处，并按实际布置高度计算允许偏斜值（偏斜角度），测点的垂直轴应在门叶中心截面上。测点应进行编号，并用图形表示出测点的坐标分布。

（4）转角测点。弧门的支铰轴转角测点应布置在支铰轴端面。测点应进行编号。

（5）声发射测点。闸门等结构类的声发射测点应布置在承重、支承、轴承等特征部位；启闭机等机械类的声发射测点应布置在传动机构的支承、齿轮箱轴承座等特征部位，并按 GB/T 25889—2010《机器状态监测与诊断声发射》规范执行；管道类的声发射测点应按测试里程的轴线方向等距分布，并按 GB/T 18182—2012《金属压力容器声发射检测及结果评测法》规范执行。测点应进行编号，并用图形表示出测点的坐标分布。声发射测点主要通过高灵敏度的声发射传感器采集结构运行状态的声波信号，当出现缺陷扩展信号、萌生裂纹等异常时，自动报警。

（6）钢丝绳缺陷测点。钢丝绳缺陷监测测点布置在定滑轮侧时，属于固定式监测点；测点布置在卷筒侧，属于随动式监测点，需设置随动机构保证钢丝绳收放时传感器的跟踪监测。测点应进行编号，并符合 GB/T 21837《铁磁性钢丝绳电磁检测方法》的要求。钢丝绳缺陷监测主要通过漏磁、弱磁或电磁检测原理，当钢丝绳断丝、磨损时，传感器磁场信号发生突变，并发送警报信号。

（7）钢丝绳拉力测点。钢丝绳拉力监测测点布置在承载钢丝绳悬挂端，固定式监测点。测点应进行编号。

（8）位移测点。根据位移特征布置监测点，传感器安装在固定基准上监测对象的位移值为绝对位移，传感器安装在移动基准上检测对象的位移值为相对位移。测点应进行编号，并用图形表示出测点的坐标分布。

（9）压力脉动测点。根据闸门的类型布置监测点，传感器布置在门叶面板的背水面，采用小孔测压。测点应进行编号，并用图形表示出测点的坐标分布，并应符合 GB/T 17189《水力机械（水轮机、蓄能泵和水泵水轮机）振动和脉动现场》规范的要求。

（10）稳定性测点。根据移动式门机的门架支腿结构形式，在门架支腿结构的内部或外部，布置应力或压力传感器测点，或者在门架上平台结构上布置倾角传感器，监测门机的稳定性荷载变化趋势。测点应进行编号说明。

（11）主梁挠度测点。在门机主梁适当位置布置光电式挠度仪或静力水准仪，监测门机主梁挠度的变化趋势。测点应进行编号说明。

2.3　传感器的安装原则

（1）传感器的安装位置应充分考虑被监测设备的受力、振动、运行状态等多项因素。

（2）传感器的安装不应改变被检测设备的完整性，不得影响设备的正常运行。

（3）传感器安装应与被测工件表面牢固结合，可采用螺栓固定、胶粘接、磁吸等方法。

（4）传感器安装后，应采用护罩进行保护，护罩的结构和安装方式不能对传感器产生干扰。传感器外壳和护罩应采用耐腐蚀、抗老化的材料制作。

（5）选择测点的表面应平整，无焊疤、凹坑、变形等表面缺陷，与传感器接触面应经打磨处理露出金属光泽，传感器放置后，应将其余的处理表面进行补漆。

2.4 数据采集与分析

2.4.1 闸门运行状态数据采集与分析

（1）结构振动。通过布置低频加速度传感器测点，采集闸门结构在运行工况下的动态响应，自动对闸门的结构动态响应进行分析，判断闸门运行的稳定性和安全性。当闸门结构动态响应的振幅、频率和动应力异常时，应报警并分析异常报警原因。

（2）静应力和动应力。通过布置应变传感器测点，采集闸门运行状态下的静应力和动应力数据，分析和判断闸门结构的安全性。当测试数据超限时，应报警并分析异常报警原因。

（3）压力脉动。通过布置压力脉动传感器测点，采集闸门启闭过程、局部开启过流工况下的压力脉动数据，辅助分析闸门的流激振动。

（4）门叶倾斜。通过布置倾角或位移传感器测点，采集闸门的门叶倾斜量，自动对闸门的运行姿态进行分析，当门叶倾斜出现异常时，应报警并分析异常报警原因。

（5）同步偏差。通过工况参数的输入，采集到闸门双吊点同步运行的偏差数据，分析同步偏差以及启闭机纠偏动作对闸门运行稳定性的影响。

（6）弧形闸门支铰轴承。通过布置声发射传感器测点、倾角开关测点或轴承内外圈位移测点，采集弧形闸门支铰轴承副运行状态的数据，分析和判断支铰轴承的安全性。当支铰轴承出现润滑失效、卡阻及支铰轴转动、闸门开度与轴承转角不同步等异常情况时，应报警并分析异常报警原因。

（7）定轮闸门支承轮轴承。通过布置声发射传感器测点或位置开关测点，采集支承轮轴承运行状态的数据，分析和判断支承轮的安全性。当支承轮轴承出现卡阻、轴承破损及运转失效等异常时，应报警并分析异常报警原因。

（8）对开式弧门支承滑块。通过布置压力传感器测点，采集支承滑块压力的数据，实时显示支承滑道的承载情况。当载荷异常时，应报警并分析异常报警原因。

2.4.2 卷扬式启闭机运行状态数据采集与分析

（1）机械振动。通过布置通频加速度传感器测点，采集传动机构的机械振动，分析和判断传动机构的主要部件运行的稳定性和安全性，诊断机械传动部件是否出现不对中、传动副运转故障、齿轮啮合异常、轴承卡阻等情况。当机械振动响应的振幅达到报警级别时，应报警并分析异常报警原因。

（2）结构振动。通过布置低频加速度传感器测点，采集机架、门架及平台的结构振动，分析和判断结构的稳定性和安全性。当机架、门架结构动态响应的振幅、频率和动应力异常时，应报警并分析异常报警原因。

（3）卷筒和制动盘轴向窜动。通过布置位移传感器测点，采集卷筒和制动盘轴向位移状态，分析卷筒和制动盘工作的安全性，当数据异常时，应报警并分析异常报警原因。

（4）静应力和动应力。通过布置应变传感器测点，采集启闭机主要结构的静应力和动应力数据，分析启闭机结构的安全性，当数据异常时，应报警并分析异常报警原因。

（5）钢丝绳缺陷。通过布置钢丝绳缺陷检测传感器测点，采集钢丝绳磨损、断丝、缩径等数据，分析和诊断钢丝绳的安全性。当出现磨损量增大、断丝、缩径比例增大等异常时，应报警并分析异常报警原因。

（6）移动式启闭机稳定性。通过布置应力、压力或倾角传感器测点，采集移动式启闭机各支腿承受压力或倾斜的数据，分析和诊断移动式启闭机的抗倾覆稳定性。当一侧支承出现压力或倾斜异常时，应报警并分析异常报警原因。

（7）大跨度主梁挠度监测。通过布置度监测传感器测点，采集大跨度主梁挠度变化值，分析判断主梁刚度的安全性。当主梁挠度值变化异常时，应报警并分析异常报警原因。

（8）同步轴扭矩。通过布置应变传感器测点或扭矩传感器，采集双吊点同步轴的扭矩数据，分析驱动系统同步轴的安全性。当驱动系统的同步轴扭矩增大，传动系统出现异常时，应报警并分析异常报警原因。

2.4.3 液压启闭机运行状态数据采集与分析

（1）油泵电机组振动。通过布置通频加速度传感器测点，采集油泵电机组的机械振动，分析和判断油泵电机组运行的稳定性和安全性。当油泵电机组的振动响应的振幅达到报警级别时，应报警并分析异常报警原因。

（2）结构振动。通过布置低频加速度传感器测点，采集油缸、支承轴承座或机架的结构振动，分析和判断结构的稳定性和安全性。当结构动态响应的振幅、频率出现异常时，应报警并分析异常报警原因。

（3）静应力和动应力。通过布置应变传感器测点，采集液压启闭机主要受力部件的静应力和动应力数据，分析启闭机结构强度的安全性。当测试数据超限时，应报警并提供异常报警原因。

（4）系统压力。通过布置压力变送传感器测点，采集液压系统的压力值，分析系统压力的变化情况。当系统压力出现异常时，应报警并提供异常报警原因。

3 闸门和启闭机在线监测的应用

水利水电工程金属结构在线监测技术的应用，在我国还处于发展初期。目前国内并未形成一套完整的标准体系。一些公司和设计院针对重要工程的大型闸门和启闭机设计了各自不同的监测系统。

本节以四川省雅砻江桐子林水电站启闭机的实时在线监测、溪洛渡水电站泄洪洞弧形工作闸门支铰的应力在线监测、湖北省水利水电勘测设计院碾盘山水利水电枢纽工程闸门启闭设备的在线监测为例，具体说明实时在线监测的目的、方法，及其体现的社会经济效益。

3.1 四川省雅砻江桐子林水电站

雅砻江桐子林水电站工程启闭机已安装在线监测系统，对闸门启闭机实现了实时在线监测。桐子林启闭机监测系统目前运行稳定可靠，并帮助桐子林现场发现了减速箱齿轮及卷筒轴承的早期损伤案例，为现场检修和维护计划提供了大量的数据支持，消除了潜在故障隐患，为闸门启闭机等设备的安全运行提供了可量化的技术保障。

桐子林项目在线监测系统架构如图 1 所示。

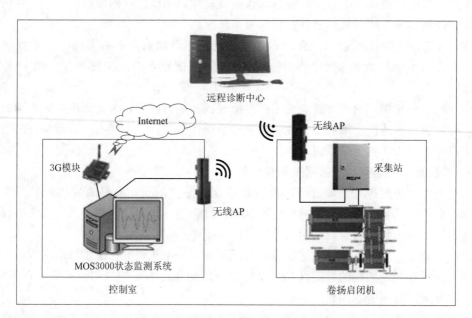

图 1　桐子林项目在线监测系统架构图

测点位置如图 2 所示。

桐子林项目通过应用在线监测和远程故障诊断系统帮助企业实现设备的 24h 在线看护，设备一旦出现问题，监测系统就能够及时发现异常并触发报警，报警以短信、邮件或手机 App 的方式推送到设备管理员和远程诊断工程师，通过诊断专家的介入分析来定位问题部位、原因、损伤程度，为检维修提供依据。

价值主要体现在以下几个方面：

（1）实时监测设备运行状态，为检维修计划提供数据支持，为设备安全、稳定、可靠的运行保驾护航。

（2）帮助提前发现设备的故障隐患，避免非计划停机，降低安全生产事故发生的风险。

（3）通过对早期故障的及时处理，可以避免小故障演变成大故障的高维修成本。

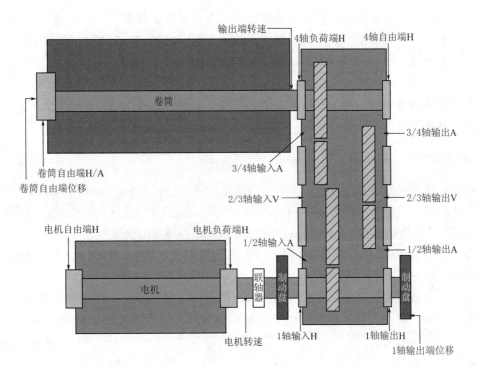

图 2 测点位置

（4）24 小时远程实时在线监控，减少人工，助力实现"无人值守"目标。

（5）提前预知故障，降低备件资金占用。

3.2 溪洛渡水电站

溪洛渡电站右岸泄洪洞弧形工作闸门孔口尺寸为 14m×12m - 65m（宽×高-水头），闸门由 2×4000kN 摇摆式液压启闭机控制。2013 年 3 月，右岸泄洪洞弧形闸门支铰吊装时，为防止固定铰座与活动铰座之间发生旋转，对弧形闸门固定支铰进行了焊接固定。2014—2015 年的枯水期，对泄洪洞弧形闸门支铰进行磁粉无损探伤检测时发现：右侧固定支铰上述焊接部位存在裂纹（左侧支铰未发现裂纹）。

为防止裂纹扩展，用机械打磨的方法将缺陷部位的裂纹彻底清除，并在整个蓄水期间及泄洪过程中，对弧门支铰进行应力在线监测。评估闸门安全状况。主要方案是，先通过有限元建模分析，确定右支铰裂纹区的应力集中位置。采用应变传感器和应变花两种测试手段，对弧形闸门右支铰应力集中位置和最小厚度位置进行应力状态（静应力和动应力）的在线监测，同时对左支铰（无缺陷）相同位置进行对比监测，综合评价闸门的运行安全。

基于整个在线监测结果的安全分析如下：

（1）在整个在线监测过程中，未发现测试应力值超过固定支铰许用应力，闸门支铰链强度满足要求。

（2）在静水工况下，随着水位的增加，各测点的应力测试相应增加，总体上呈现线性关系。在同一水位下，各测点应力测试值稳定，未发现突变现象。

（3）右支铰（有缺陷）与左边支铰（无缺陷）对应的测点的应力测试值在不同工况下的变化趋势一致，但右支铰应力测试值偏大，最大偏差为19MPa。

上述两个项目的实时在线监测，一个及时发现了启闭设备的损伤，另一个对弧门支铰缺陷处理过后进行监测。对工程运行安全均起到了非常重要的作用，对水工金属结构在线监测研究具有很好的工程参考价值。

3.3 碾盘山水利水电枢纽工程

碾盘山水利水电枢纽工程是湖北省水利水电勘测设计院项目，工程位于汉江中游湖北省钟祥市境内。控制流域面积14.03km³，多年平均流量1550m³/s，年径流量491亿m³。工程的开发任务为以发电、航运为主，兼顾灌溉、供水。碾盘山枢纽为Ⅱ等大（2）型工程，正常蓄水位采用50.72m，装机180MW，年平均发电量6.16亿kW·h，航道标准为Ⅲ级，船闸设计标准1000t级。

该工程金属结构主要包括泄水闸、电站、船闸、鱼道四部分。其中泄水闸24孔，孔口净宽13.0m，设上、下游检修闸门和弧形工作闸门。弧形工作闸门分两个区（Ⅰ区和Ⅱ区），每区12扇闸门，工作闸门设计参数如下：

■ 孔口尺寸：13.0m×19.4m（Ⅰ区）、13.0m×17.8m（Ⅱ区）。

■ 面板曲率半径为21.5m。

■ 设计水头分别为18.9m（Ⅰ区）、17.3m（Ⅱ区）。

■ 液压启闭机容量：2×2800kN-9.85m（Ⅰ区）、2×2500kN-9.50m（Ⅱ区）。

■ 工作闸门为双主横梁斜支臂球铰弧形钢闸门。

3.3.1 在线监测的必要性

泄水闸工作弧门作为该工程调节库区水位的唯一设施，经常频繁开启、局部开启控泄，工作弧门下游始终存在淹没出流运行工况，尽管本弧门已做流激振动模型试验，为弧门设计提供了理论和前期数据支撑，但模型实验数据与实际状况仍会存在较大的差别。针对该工程金属结构进行长期实时在线监测是必要的。

3.3.2 在线监测方案

为了实时取得弧门实际运行状态下的主要参数，确保安全运行，碾盘山泄水闸工作弧门（Ⅰ区、Ⅱ区）设置在线监测设备。

监测的主要内容有：主横梁、支臂、面板等主要构件进行应力（动应力、静应力）监测；对门叶、支臂等主要构件进行动力响应（流激振动）监测，实时进行时域和频域分析，并评估启闭过程中闸门流激振动的安全性；对弧形闸门运行姿态（门叶倾斜、双吊点同步偏差）进行监测，实时掌握弧形闸门运行情况；采用两个高精度扭矩传感器对支铰轴运行状态进行在线监测，可监测支铰轴承摩擦系数的变化及磨损情况，及时预报风险；采集液压启闭机主要受力部件的工作应力数据，以及油缸支承轴及轴承运行状态的数据，分析启闭机结构强度和油缸支承轴的安全性。将上述参数在可视化终端系统的界面屏幕上显示出来，提供实时、实际的在线监测和安全预警，使运行管理者实时掌握金属结构设备的运行情况。其在线监测系统硬件体系结构如图 3 所示。

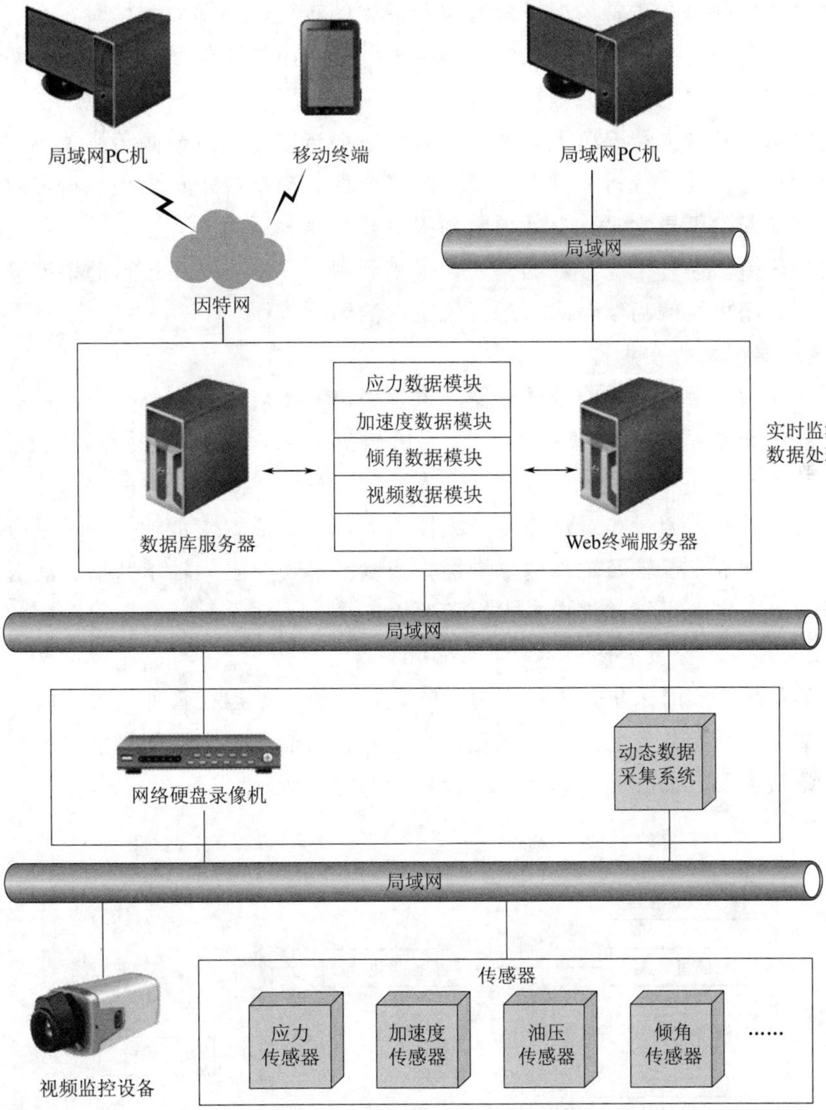

图 3　在线监测系统硬件体系结构图

3.3.2.1　弧形闸门的在线监测方案

（1）动/静应力应变在线监测。首先通过计算分析选取闸门主横梁、支臂、面板的应变传感器监测点，监测点选取最大应力分布区域。当测试数据超限时，自动报警并提供异常报警原因。

（2）动力响应监测。门叶和支臂上各选取若干位置安装加速度传感器，监测加速度和振幅位移。自动对闸门的结构动态响应进行模态分析，分析和判断闸门运行的稳定性和安全性。当结构动态响应的振幅、频率和动应力异常时，自动报警并提供异常报警原因。

（3）运动姿态在线监测。两轴倾角传感器安装在弧形闸门测量闸门绕横滚轴和俯仰轴转动的角度。弧形闸门在正常情况下只有绕俯仰轴的转动，当闸门跑偏时，会有绕横滚轴的转动，通过监测闸门绕横滚轴转动的角度量来计算闸门的跑偏量，当门叶倾斜出现异常时，自动报警并提供异常报警原因。

（4）支铰摩擦及磨损情况监测。通过布置声发射传感器测点或倾角开关测点，采集支铰轴承副运动状态数据，分析和判断支铰承的安全性。当支铰轴承出现润滑失效、卡阻及支铰轴挡板螺栓断裂等异常时，自动报警并提供异常报警原因。

（5）同步偏差。通过工况参数的输入，采集到闸门双吊点同步运行的偏差数据，分析同步偏差以及启闭机纠偏动作对闸门运行稳定性的影响。

3.3.2.2 液压启闭机的在线监测方案

（1）工作应力。通过布置应变传感器测点，采集液压启闭机主要受力部件的工作应力数据，分析启闭机结构强度的安全性。当测试数据超限时，自动报警并提供异常报警原因。

（2）支铰轴承座。通过布置加速度传感器测点，采集油缸支承轴及轴承运行状态的数据，分析和判断油缸支承轴及轴承的安全性。当轴承出现卡阻、轴承磨损、润滑失效及摩阻增大等异常时，自动报警并提供异常报警原因。

3.3.2.3 水文环境参数及启闭机参数实时监测方案

通过各类传感器实时采集水电站水力学参数，便于电站运行管理人员实时掌握电站运行环境。水文和环境参数有泄洪闸门开启时水流速、坝前水位、启闭机室温湿度、门槽风速；启闭机参数主要有油缸油压和活塞杆行程。如图4所示。

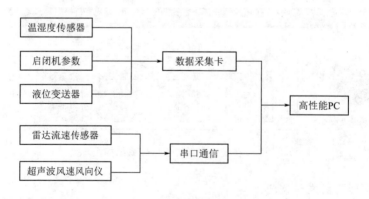

图 4 监测信号传输图

3.3.2.4 视频监控方案

通过多个网络摄像头获取现场的监控视频数据，并全部传输到网络硬盘录像机。现场PC终端通过局域网获取网络硬盘录像机中的视频数据并显示在监控屏幕上，远程 PC 终端和移动终端通过因特网获取监控视频。如图 5 所示。

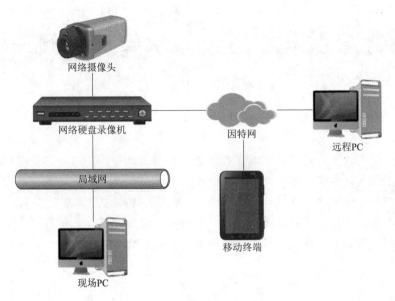

图 5 视频监控架构图

4 结语

水工金属结构设备实时在线监测技术已经在国内很多项目上得到了应用，较好地实现了对设备的安全管理，同时开启了水工金属结构设备运行大数据云服务，实现了远方移动终端查询。为最终实现水工金属结构设备全生命周期管理、为实现水电站全自动化运行控制扫除障碍。碾盘山水利枢纽工程正处于施工阶段，选取了使用频率最高的泄水闸工作弧门和液压启闭机作为水工金属结构设备实时在线监测技术的应用。我们将充分借鉴其他工程的经验，总结好的经验，改进不足之处。

水工金属结构设备实时在线监测技术将极大提高我国水工金属结构行业运行管理水平，实现金属结构设备的科学管理、智能化管理，具有显著的经济效益和社会效益，具有广泛的推广、运用价值。

参 考 文 献

[1] 张兵，汤秀丽，熊荣刚．实时在线监测技术在水工金属结构中的应用［J］．起重运输机械，2017（12）：136 - 139.

[2] 胡木生，杨志泽，张兵，等．蜀河水电站弧形闸门原型观测试验研究［J］．水利发电报，2016，35（2）：90 - 100.

[3] 中华人民共和国水利部．SL 101—2014 水工钢闸门和启闭机安全监测技术规程［S］//中华人民共和国水利行业标准，2014.

[4] 余俊阳．水工金属结构设备实时在线监测（MOMS）研究．

龙背湾水电站超大型水库放空阀设计

胡新益

[摘要]　现有技术设计的放空阀存在流量小、耐压低等诸多问题，难以作为龙背湾水库的主要放空设施。本文提供了一种能应用于各种大中型水库的大口径、耐中压的超大型水库放空阀的设计方案——直径 3.0m、耐压 1.6MPa 的超大型水库放空阀。该放空阀经过龙背湾水电站工程的使用，证明其具有结构简单、使用方便、适用范围广的特点。

[关键词]　龙背湾水电站；超大型水库放空阀；设计

1 引言

龙背湾水电站工程位于湖北省竹山县堵河流域南支官渡河中下游，为第一级电站、龙头水库，下游距松树岭水电站 15.7km，距竹山县城 90km。

工程开发以发电为主，兼有库区航运、养殖及库边人畜饮水供应等综合效益。水库总库容 8.3 亿 m³，调节库容 4.24 亿 m³，正常蓄水位 520.00m，属多年调节水库。电站装机 2 台（2×90 MW），多年平均发电量 4.19 亿 kW·h，年利用小时数 2328h，保证出力 32.2MW。

工程规模属 Ⅱ 等大（2）型工程。面板堆石坝最大坝高为 158.3m，大坝为一级建筑物，但洪水标准不提高；溢洪道、发电引水隧洞、厂房为二级建筑物。工程区地震基本烈度为 Ⅵ 度。

放空洞由导流洞改建而成，进口底板高程 423.00m。在进口设 3m×3m 平面检修门 1扇，由设置在排架上的 QP - 400KN - 108m 固定卷扬式启闭机操作。在放空洞出口 401.8m 高程设置 DN3000mm 锥型流量调节阀 1 台，由 16MPa 液控站液压操作，放空阀兼作生态放水阀使用。

主体工程于 2010 年 12 月 28 日开工兴建，2015 年 5 月和 7 月两台机组相继并网发电。在溢洪道土建未完工的情况下，利用放空阀进行了施工度汛，使用效果全面达到设计要求。工程总投资 21.79 亿元。

2 水库放空型式选择

结合"引江补汉"规划、水库提前下闸蓄水、工程截流工期、大坝检修的需要，龙背湾水电站采用放空洞放空水库。

龙背湾水电站在初步设计阶段采用可爆堵头放空水库。由于可爆堵头的放空方式在爆破的同步性研究及爆破可操作性方面还有些亟待解决的问题，在可靠性方面不及传统的阀门（闸门）放空方式，且可爆堵头的放空方式在国内并未经实践检验，"一次性"较强，尽管其投资较其他放空方式节省，但并不适合该工程的需要。

为满足水库应急检修和后期增容施工所需的工期要求，确保水库能及时、安全放空，在施工阶段增补弧形闸门和阀门两种放空方式进行比较。经可靠性、消能和投资比较，该工程采用进口检修闸门＋出口放空阀放空水库。

3　超大型水库放空阀型式选择

该工程对水库放空阀技术参数的要求：①放空阀及其附件的工作压力（包括最大水锤压力在内的最大承压水头）不小于 1.60MPa；②放空阀的直径为 3.0m，额定过流量为 152m³/s；③放空阀可以在工作范围的任意水头作用下进行全开、全闭及任意开度工况的安全稳定运行。

目前，可供选择的放空阀型式主要有活塞式流量调节阀和固定锥形放空阀（中空喷射阀）。由于活塞式流量调节阀适用水头较低，一般为 1.0MPa 以内，该工程选用固定锥形放空阀较为合适。

《中国实用新型专利》介绍了一种用于水库放空的锥形放空阀，该结构包括一个可移动的套管，套管内设有导流锥，通过套管的前后移动，改变与导流锥之间的空隙大小，控制放空水流的大小，套管还设置有一个可以随套管移动的导流罩。该实用新型的导流效果良好，整体结构简单，重量轻，成本低，并且执行结构完全不会浸没在水中，保证了工作环境，材料要求低，成本低廉。但是该结构还存在以下问题：

（1）套管上设置一个可以随套管移动的导流罩，为封闭型导流罩，对于中小型的固定锥形放空阀应用没有问题，但是应用于直径大于 2.2m 和水压大于 90MPa 的大型放空阀时，喷射水流会对导流罩和套管产生很大的压强，长期使用，容易破坏套管的结构，导致整个放空阀的寿命大幅度的降低甚至损毁放空阀。封闭型导流罩上需要添加补气设备，增加了锥阀的结构成本，也增加了后期维修的成本，对于中小型的固定锥形放空阀应用没有问题，但是对于大型锥阀的补气效果不理想，缩小了锥阀的应用范围，不利于锥阀的推广应用。

（2）移动套管的开启通过一套蜗轮蜗杆来实现，对于中小型的固定锥形放空阀应用没有问题，但是应用于直径大于 2.2m 的大型放空阀时，驱动移动套管移动的蜗轮蜗杆仅有一套，移动套管的受力极不均匀，套管移动过程中会产生一个倾斜的力矩，蜗轮蜗杆很容易扭曲变形而损毁，另外在水库水位较深的情况下，蜗轮蜗杆驱动力太小难以开启锥形阀；

现有结构的固定锥形放空阀只能适用于中小口径和承受较低的水压。由于过阀流量较小，水库的放空时间很长，往往满足不了大中型水库的放空时间要求；由于只能承受较低的水压，对于放空阀安装高程以上的水压大于 90MPa 的大中型水库，现有结构的固定锥形放空阀不适用。

综上所述，相较于一些大中型的水库来说，特别是对于水库放空管以上的水压超过90MPa的混凝土面板堆石坝等水库，现有技术的放空阀难以作为水库的主要放空结构，存在流量小、耐压低等诸多问题，因此需要开发一种能应用于各种大中型水库的大口径、耐中压的超大型水库放空阀。

4 超大型水库放空阀的结构

超大型水库放空阀的阀体和套筒采用了固定锥形放空阀（中空喷射阀）类似的技术，即该结构包括一个可移动的套管，套管内设有导流锥，通过套管的前后移动，改变与导流锥之间的空隙大小，控制放空水流的大小。

控制套管轴向位移的驱动装置设计为液压驱动。在阀体外侧面的上下两端安装有两个对称的驱动油缸，驱动油缸的活塞杆端部固定在套筒上。油缸的操作油压为 16MPa。

为了控制移动套筒沿圆周方向的位移，在阀体外侧沿圆周方向设置有向外凸起的支撑板，在支撑板上固定有两根相互对称且与阀体轴线平行的导向杆。

在阀体外侧面上设置有多根与阀体轴线平行的条状铜质导轨，套筒内侧面与铜质导轨滑动配合。

套筒和锥体之间设有两层密封：主密封为金属密封，次密封为橡胶密封，实现零泄漏。

导流罩设计成为开敞式导流罩；导流罩为直径大于导流锥直径的环形结构，导流罩布置于导流锥的外侧与之同轴布置。导流罩固定安装在钢筋混凝土基础上。在导流罩与钢筋混凝土基础之间设计有补气圆环。

为了控制两个油缸的同步运行，在阀体上设置有反馈两个驱动油缸运动行程的位移传感器。

超大型水库放空阀的结构如图 1 所示。本设计的优点在于：

（1）通过在阀体的上下两端设置两个对称的驱动油缸，采用液压驱动，使套筒开启和关闭时受力更加均匀稳定，解决了传统的涡轮蜗杆驱动在受力较大的情况下容易损坏的问题；

（2）本设计设置有控制两个液压油缸同时运行的液压操作系统和 PLC 控制装置，能够更加稳定的调控放空阀的开启或关闭，套筒在阀体上的运行更为顺畅，避免两个油缸不能同时运行造成的套筒卡壳问题；

（3）本设计在阀体上设置有导向杆，导向杆能够使套筒沿阀体轴线滑动，避免套筒的绕轴偏转，使套筒规则地沿其轴线滑动，有利于整个锥阀的开启或关闭，锥阀的控制效果更好；

（4）本设计在阀体表面上设置有铜质的导轨，减少了套筒在阀体上滑动时的阻力（摩擦力），使套筒的运转更为流畅，有利于锥阀的开启或者是关闭；

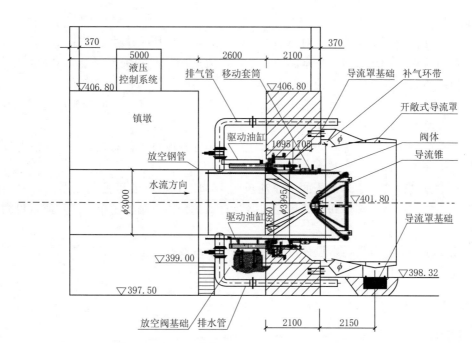

图1　超大型水库放空阀的结构图（单位：mm）

（5）本设计的导流罩采用的是开敞式的结构，有效解决了放空阀的补气问题，免除了封闭型导流罩上需要添加的补气设备，减小了锥阀的结构成本和后期的维修成本；

（6）本设计的导流罩固定安装在钢筋混凝土基础上，水流冲击的力度传递不到阀体上，不会对阀体产生冲击力，延长了阀体的使用寿命；

（7）本设计通过开敞式导流罩对喷出水流进行引导，使出水射程可根据需要设计，减少对边坡的冲刷。高速水流以宽广的放射状对空喷射扩散，通过水流和空气大面积的摩擦产生雾化，实现大气消能，保护了下游河道的设施和环境安全；

（8）本设计的导流锥直接固定在阀体内侧面上，解决了通过轴体固定连接的不稳定性和易损坏性的问题，延长了整个阀体的使用寿命。

鉴于上述优点，本设计可应用于各种水库放空的超大型放空阀结构，应用范围更广泛。

5　超大型水库放空阀的液压操作系统

超大型水库放空阀的液压驱动系统，包括安装于放空阀阀体上的两个液压油缸和驱动两个液压油缸同步运行的液压控制系统。液压控制系统包括油箱、电机、油泵、蓄能器、PLC控制装置、液压控制回路和用于检测液压油缸活塞位移的信号反馈装置等。液压操作系统的额定油压采用16MPa。本设计通过采用液压系统控制液压油缸来驱动放空阀的放空水流的大小，使放空阀开启和关闭时受力更加均匀稳定，可应用于各种大中型水库的放空，应用范围更广泛。

本设计的有益效果是：

（1）通过在阀体上设置两个对称的液压油缸，采用液压系统控制液压油缸驱动放空阀上的套管前后移动，来控制放空水流的大小，使放空阀开启和关闭时受力更加均匀稳定，解决了传统的涡轮蜗杆驱动在受力较大的情况下容易损坏的问题；

（2）通过液压系统控制两个液压油缸同步运行，能够更加稳定的调控放空阀的开启或关闭，避免两个油缸不能同步运行造成放空阀的套筒卡壳问题；

（3）采用液压驱动系统后，超大型水库放空阀的开度可以任意控制，在任意开度工况时都能安全稳定运行；

（4）本设计的液压驱动系统的工作油压为 16MPa，所有液压控制元器件均采用成熟的广泛采用的工业液压阀件和可编程控制器及自动化元件，结构简单，产品质量可靠，易于维护。

由于上述的有益效果，本设计可应用于各种水库放空的超大型放空阀结构的液压操作系统，应用范围更广泛。

6 结语

本工程设计的超大型水库放空阀的口径为 3.0m，公称压力为 1.6MPa，已投入运行，应用效果全面满足设计要求。

现场放水照片如图 2 所示。

图 2　现场放水照片

本超大型水库放空阀结构简单，使用方便，大口径、大流量、耐中压，应用范围广泛，特别适用于大中型水库的放空，不但能节省水库的建造成本，还能降低施工难度，缩短工期和蓄水时间，提高了水库放空的安全性能。由于阀门的开启和关闭采用液压驱动，可以在 0~100% 开度内开启任意开度放水，因此可兼作生态放水阀使用并可作为大中型水电站施工期防洪度汛设施使用，具有极大的推广价值。

水工建筑物安全监测自动化系统的发展与应用

袁葳　严谨　张祥菊

[摘要]　安全监测系统是监视水工建筑物安全的耳目，20世纪90年代以来，安全监测自动化系统广泛应用于我国水利水电枢纽工程中。本文首先重点介绍三种安全监测新技术，即地基合成孔径雷达技术、外观变形自动化监测系统和基于BIM的安全监测管理技术，然后以小湾水电站、糯扎渡水电站和引江济汉工程为例，详细阐述水工建筑物安全监测自动化系统的应用情况。

[关键词]　水工建筑物；安全监测；自动化

1　引言

安全监测系统是监视水工建筑物安全的耳目，通过日常的监测和分析，可以掌握水工建筑物的工作性态。我国的安全监测研究起步较晚。20世纪50年代，我国水科院开始对混凝土大坝安全监测中涉及的监测仪器进行了详细研究，包括监测仪器的制造、布置埋设、观测资料的整理分析，并取得一定的研究成果。改革开放以后，我国在安全监测仪器设计、制造、监测技术和资料整编等方面取得重要研究进展。我国水科院先后承担了国内外多项大型水利工程安全监测工作，例如：三峡工程、小浪底工程、引滦工程、阿尔及利亚布库尔丹工程等。20世纪90年代以后，我国安全监测实现了由单项或多项自动化监测向分布方向发展。目前，我国已有众多水工建筑物安全监测项目实现了自动化。其中，对安全监测系统的应用也提出了以下几方面的要求：①监测系统功能强大，管理效率高；②系统稳定，可靠度高；③监测信息的传递畅通无阻；④可以及时反馈安全监测信息；⑤具有较强的应对突发情况的能力；⑥监测仪器硬件耐用性强，抗老化能力高；⑦管理消耗绿色经济，高效。本文重点介绍三种安全监测新技术，并以典型工程为例，详细阐述水工建筑物安全监测自动化系统的应用情况。

2　水工建筑物安全监测自动化系统

安全监测自动化系统实现了安全信息的自动采集、自动传输、自动存储、自动化管理，相关工作人员通过网络即可实时了解水工建筑物的安全信息，并根据反馈的信息迅速做出科学的决策。目前，常用的安全监测自动化系统分为以下三类：集中式监测数据自动采集系统，分布式监测数据自动采集系统和混合式监测数据自动采集系统。实际运用中，根据工程的规模、测点的数量选择合适的系统结构型式。20 世纪 70 年代中期及以前，采集系统为集中式的采集系统，以后的系统逐渐发展为分布式采集系统。

安全监测自动化系统总体由四部分组成，即监测仪器系统、监测数据自动采集系统、计算机网络系统以及安全监测信息管理系统。目前国内外安全监测自动化系统一般都具有以下九方面的功能：采集功能，显示功能，操作功能，数据检验功能，数据通信功能，数据管理功能，综合信息管理功能，硬件自检功能，人工接口功能。安全监测自动化系统应具备可靠性、准确性、兼容性、防雷性、易维修性、可扩展性、安全性和响应性。

3 安全监测新技术

3.1 地基合成孔径雷达技术

传统的变形监测方法因其野外工作量大、受观测环境影响、定位精度低以及测程有限等缺点，难以满足长距离大范围变形监测的需求。合成孔径雷达干涉技术（In-SAR）因其全天时全天候连续观测等优点而得到迅速发展，成为变形监测领域的新技术和研究热点。地基合成孔径雷达（ground-based synthetic aperture radar，GBSAR）将步进频率连续波技术（SFCW）、雷达差分干涉技术和合成孔径雷达技术（SAR）相结合，系统根据监测需要选择最佳观测视角和相应的观测平台，以非接触的测量方式在安全的距离内获取被监测危险区域的高精度变形数据。国际上应用得较多的地基雷达系统主要有意大利的 IBIS 系统、欧盟的 LISA 系统、瑞士的 GPRI 系统以及澳大利亚的 SSR 系统等。其中，I-BIS-L 系统主要用于大坝、边坡、地表等监测。目前，GBSAR 技术在滑坡、冰川和大坝的变形监测中得到广泛应用。刘洪一等将 IBIS-L 地基合成孔径雷达监测系统应用于堤防表面位移的监测，提取堤防表面位移变化信息具有不受时间影响、采样周期短、监测精度高等特点，研究表明 GBSAR 技术在堤防位移监测中的可行性和应用情景。邢诚等利用 I-BIS-L 系统在大坝受昼夜温差变化、不同天气条件以及大坝受发电机组发电影响情况下进行了安全监测实验，结果证明该技术可快速、高精度地获取大坝在环境变化下的形变信息。麻源源等应用 IBIS-L 在糯扎渡水电站边坡进行了为期 3 个月的边坡形变监测试验，监测结果表明 IBIS-L 系统在大型水电站进行边坡监测是可行的，其精度可以达到毫米级。

地基雷达系统具有区域性、全天时、全天候、定点、连续监测、方便携带、安装灵活等优点，并且其非接触式的测量方式可在安全距离内获取被监测危险区域的形变数据，采集所得信息为区域性大面积的形变信息，比单点形变信息更有助于灾害的理解和预测，可获取小区域目标亚毫米级精度的形变信息，是对常规监测手段的有效补充，具有广泛应用前景。

3.2　外观变形自动化监测系统

目前，外观变形监测的自动化方案主要有三种方法：全球导航卫星系统（Global Navigation Satellite System，GNSS）、监测系统、测量机器人监测系统和真空激光准直系统。全球导航卫星系统目前主要包括四大系统，分别为美国 GPS、中国 BDS、欧盟 GAL-ILEO、俄罗斯 GLONASS。GNSS 技术具有自动化程度高、全天候作业、不受气候和地形条件限制、无须通视等优点，结合网络通信技术、数据库技术和计算机技术，使得变形监测技术由传统的定期观测转变为连续化、高精度、自动化实时监测，可以广泛应用于需要高精度连续观测的监测体外观变形监测工作中，为其提供了新的监测技术手段。测量机器人具有高精度、高效率、稳定性好等特点，目前，已广泛应用于大坝、基坑边坡、地铁以及各种大型建（构）筑物等的自动化变形监测中，并取得良好成效。真空激光准直系统是以真空管道直线加速器为基础发展起来的一套稳定可靠、适应能力强、观测精度高的大坝变形观测系统，其优点是能同时测量水平位移和垂直位移。该套系统在潘家口水库大坝安全监测自动化改造工程中的成功应用，可供类似水利工程的大坝安全监测借鉴。

传统的 GPS 单基站变形监测系统，由于其系统稳定性和可靠性受基站影响大等缺点，很难满足生产实践的需求，发展多基站自动化变形监测预警系统成为新的趋势。2011 年，姜晨光等融合了 GPS 技术与测量机器人技术，研究出双基站 GPS 大坝变形监测系统，该系统利用 Kalman 滤波技术、三差差分技术结合，使大坝外观变形监测精度有了较大提升，同时使系统监测结果更加稳定、可靠。

3.3　基于 BIM 的安全监测管理技术

随着 BIM（building information modeling，建筑信息模型）技术在国内外的广泛应用，BIM 已经成为新时代建筑工程"革命性"转变。该技术可以将模型进行多角度展示，具有可视化、模拟、协调、目标优化等功能特性，还可以为安全监测管理提供了一种全新管理视角。纵观整个建筑工程行业的安全监测管理，主要或部分管理系统仍存在信息化管理程度不高；不支持可视化、不支持循环周期长的管理项目；不同管理部门间信息交流性、透明程度较差。将 BIM 技术引入安全监测管理系统，可以有效地应对上述传统管理中的问题。因此，应用 BIM 技术的可视化管理，既可以实现安全监测信息数据的可视化表达，又可以降低管理成本，提升管理工作效率。

4　工程实例

本节以小湾水电站、糯扎渡水电站以及引江济汉工程为例，概述代表性工程采用的安全监测自动化系统。

4.1　小湾水电站工程分析与决策支持系统

小湾水电站系澜沧江中下游 8 个梯级规划中的第 2 级，以发电为主兼有防洪等综合效益，装机容量 4200MW。工程属Ⅰ等大（1）型工程，主要水工建筑物由混凝土双曲拱坝、坝后水垫塘及二道坝、左岸泄洪洞和右岸地下引水发电系统组成，其中双曲拱坝最大坝高 294.5m，为世界首座 300m 级高拱坝。

小湾水电站实施了全国规模最大的工程安全监测项目，安装埋设仪器 10761 支。监测范围涵盖大坝及坝肩抗力体、引水发电系统、泄洪设施、枢纽区工程边坡、导流及挡水等各类施工临建设施、水库地震和库区失稳体，监测项目包括变形、渗流渗压、应力应变及温度、支护效应、地震反应、环境量等。相应地，小湾水电站建成了包括南瑞 DIMS4.0 监测系统、坝顶 GNSS 变形监测系统、三维激光变形测量系统、大坝强震监测系统、光栅光纤式横缝动态监测系统等在内的全国规模最大的安全监测自动化系统，接入自动化系统 6500 余支，并在筹划实施绕坝渗流水位孔和量水堰、大坝坝后马道表观点等自动化监测改造。

小湾水电站工程分析与决策支持系统的关键技术如下：

（1）水工巡检信息一体化采集管理技术。结合工程实际与业务流程，将水工巡检作业按工程部位进行任务分组化，按巡检路线进行业务定制化，按工作内容进行流程通用化，按缺陷类型进行对象分类化，在标准化巡检业务基础上，研究支持多终端的信息采集、PC 端与移动终端数据双向同步，以及巡检信息高效管理方法。

（2）多源异构系统综合集成技术。结合各类工程安全监测系统协同演化与异构信息融合需求，以提供各类监测成果数据管理、汇集、共享、访问的数据中心服务功能为目标，研究网络化复杂软件系统的粒度分解及匹配软件粒度的数据抽取与传输控制技术、面向服务的松耦合计算模型、统一灵活的服务协同机制、多源异构信息融合方法库与模型库，实时集成管理、综合分析与共享发布技术。

（3）测值动态异常评判自适应模型。以小湾特高拱坝为技术突破，分析力学结构计算、自适应统计模型、动态特征值、多点时空计算、规范标准限值、工程综合类比等方法对于不同仪器类型和工程部位测点的适用性与准确性，研发对应水位的关键测点安全阈值，建立动态监测测点异常评判模型，提出测点异常测值的快速甄别、跟踪复核、动态评判系统机制与方法。

（4）大坝工况综合分析与分级预警模式。从水工建筑物宏观地质特征、结构性状和承受荷载特点以及周边环境出发，通过巡视检查和安全监测体系监控获取的准确监测信息，开展建筑物多源监测信息和其他相关信息安全评价，研发一套切实可行的水工建构筑物工况综合评判指标和预警发布方案。

（5）基于 BIM 的水电三维可视化虚拟现实技术。构建可连接水工建筑全生命期各阶段数据、过程和资源的小湾电站水工建筑、仪器测点三维精细化 BIM 模型，关联映射相关属性及巡检监测数据，通过空间插值算法网格化离散监测数据，动态展示水工建筑实际物理工况，构建分级加载模型，确保系统运行轻量化。

4.2 糯扎渡水电站安全监测自动化系统

糯扎渡水电站位于云南省普尔市思茅区和澜沧县交界处的澜沧江下游干流上（坝址在勘界河与火烧寨沟之间），是澜沧江中下游河段 8 个梯级规划的第 5 级。工程属Ⅰ等大

（1）型工程，永久性主要水工建筑物为1级建筑物。

糯扎渡水电站安全监测自动化系统主要由三部分组成：内观自动化系统，外观自动化系统，其余监测系统。内观自动化和外观自动化系统为该工程安全监测自动化系统的重点，其余监测系统（主要包括心墙堆石坝强震监测系统及光纤测渗漏和测裂缝系统）最终在监测中心站实现系统集成。糯扎渡水电站采用GNSS监测系统和测量机器人监测系统来实现工程的外观自动化，以确保能实时、全面、可靠地了解工程的监测信息。糯扎渡水电工程安全监测自动化网络采用分布式网络结构，监测管理站和现场监测站之间采用RS－485总线网络，监测中心站和监测管理站之间采用星形网络，充分发挥各网络结构形式的优点。监测数据传输方式主要采用有线通讯，自动化系统采用集中供电或就近供电，各站设有防雷和接地措施。糯扎渡水电站监测自动化软件系统主要采用C/S、B/S混合结构，能实现对各系统全面统一管理，并具备向电厂MIS系统、流域安全监测监控中心、数字大坝-工程质量与安全信息管理系统、数字大坝-工程安全评价与预警信息管理系统自动报送相关监测信息的功能。集成后的安全监测自动化系统主要由自动化数据采集系统和安全监测信息管理及综合分析系统构成：①自动化数据采集系统，主要功能是按照相关设置，把分布在建筑物的各类监测传感器标准和非标准的电信号进行准确地采集，并传输到指定的存储设备上按照一定的格式进行储存；②安全监测信息管理及综合分析系统，主要功能是对所有监测数据以及与安全有关的文件、施工资料等进行科学有序的管理、整理整编与综合分析，并最终对分析成果、原始信息等以可视化的方式输出，同时还具有报警和定时上报功能。

4.3 引江济汉工程安全监测自动化系统

引江济汉工程是南水北调中线水源区工程之一，该工程由引水干渠、进出口控制工程、跨渠倒虹吸、路渠交叉及东荆河节制工程等建筑物组成，其中引水干渠全长67.23km，设计引水流量350m³/s，最大引水流量500m³/s，干渠上布置交叉建筑物74座，其中各种水闸10座，泵站1座，船闸2座，倒虹吸30座，公路桥30座，铁路桥1座。由于引江济汉工程输水线路较长，工程监测对象多且分散，监测站点星罗棋布，任一个建筑物出现安全问题将影响整个输水工程运行，因此，对工程安全进行自动化监控，将安全监测自动化系统纳入工程运行调度管理系统中统一管理是非常有必要的。

引江济汉工程安全监测系统包括数据采集、数据通信、信息管理及综合分析。数据采集包括MCU自动采集、集线箱采集、人工采集和巡视检查；数据通信包括现场监控级、现场管理级以及监控中心间的数据通信，还包括同系统外部的网络计算机之间的数据通信；信息管理包括对原始数据的可靠性检验和必要的处理，使之成为可供分析用的实测资料，并将其存储管理；综合分析为对监测数据进行初步分析及预警。

监测自动化系统采用分布式数据自动采集系统加远程通信管理方案，系统具有高度的兼容性、实时性、可靠性、精确性、可维护性和可扩展性，其主要功能如下：

（1）监测功能，能自动采集各类传感器的实测数据，同时具备人工测量的接口；当测值超过警戒值，系统能够进行自动报警。

（2）可视化功能，可显示建筑物及监测系统的总貌、各监测断面结构轮廓和仪器分布；可进行图示化选测和过程曲线显示，以及监控图编辑、报警位置和状态显示等。

（3）存储功能，具备数据自动存储和备份功能，在外部电源突然中断时，保证内存数据和参数不丢失。

（4）操作功能，在管理站和管理处可对现场的采集装置进行远程各项操作；能监视操作、输入/输出、显示打印、报告现在测值状态、调用历史数据、评估系统运行状态；修改系统配置、系统测试、系统维护等功能。

（5）自检功能，具有自检能力，能对现场设备进行自动检查，并在采集数据服务器上显示故障部位及类型，为及时维修提供方便。

（6）数据通信功能，具备数据通信功能，包括数据采集装置与管理站计算机之间的双向数据通信，以及管理站和管理处及其同系统外部的网络计算机之间的双向数据通信。

（7）网络安全防护功能，具有网络安全防护功能，确保网络的安全运行；具有多级用户管理的功能，设置有多级用户权限、多级安全密码，对系统进行有效的安全管理。

（8）适应能力，具有较强的环境适应性和耐恶劣环境性，具备防雷、防潮、防锈蚀、防鼠、抗振、抗电磁干扰等性能；能在潮湿、高雷击、强电磁干扰条件下长期连续稳定正常运行。

（9）备用/检校测量，具有与便携式测量仪器仪表的接口，能够使用便携式测量仪器仪表进行人工补测、比测，以防止监测资料中断。人工监测与自动化监测互不干扰，以便对自动化系统进行定期校测，并作为自动化系统发生故障时的备用监测手段。

5 结论

经过 30 多年的工程实践，我国在安全监测自动化的设计与布置、采集系统、监控管理和安全评估等方面积累了丰富的经验。随着科技的快速发展，水工建筑物的安全监测会继续引进全新的自动化方法，在保证监测精度的同时，也能够适应不同的环境，并减少人力物力的消耗，让自动化安全监测更加稳定、准确、高效，为水工建筑物的安全运行提供良好的技术条件。

参 考 文 献

［1］ 张秀丽，杨泽艳. 水工设计手册：第 11 卷　水工安全监测 ［M］. 2 版. 北京：中国水利水电出版社，2013.
［2］ 袁培进，吴铭江. 水利水电工程安全监测工作实践与进展 ［J］. 中国水利，2008 (21)：79 - 82.
［3］ 方卫华. 水工建筑物安全监测自动化技术研究 ［D］. 南京：河海大学，2006.
［4］ 王德厚，刘景僖，华锡生. 三峡工程安全监测系统仪器布置优化研究 ［J］. 长江科学院院报，2001 (5).
［5］ 何儒云，王耀南，毛建旭. 合成孔径雷达干涉测量（In - SAR）关键技术研究 ［J］. 测绘工程，2007，16 (5)：53 - 56，60.
［6］ 黄其欢，张理想. 基于 GBInSAR 技术的微变形监测系统及其在大坝变形监测中的应用 ［J］. 水利

水电科技进展，2011，31（3）：84-87.

［7］ LUZI G，NOFERINI L，MECATTI D，et al. Using a ground - based SAR interferometer and a terrestrial laser scanner to monitor a snow - covered slope：results from an experimental data collection in Tyrol（Austria）［J］. IEEE Trasactions on Geoscience and Remote Sensing，2009，47（2）：382-393.

［8］ HERRERA G，Fernández - Merodo J A，MULAS J，et al. A landslide forecasting model using ground based SAR data：theportalet case study［J］. Engineering Geology，2009，105（3/4）：220-230.

［9］ LUZI G，PIERACCINI M，MECATTI D，et al. Monitoring of an alpine glacier by means of ground based SAR interferometry［J］. Geoscience and Remote Sensing Letters，IEEE，2007，4（3）：495-499.

［10］ MARIO A，GIULIA B，ALBERTO G. Measurement of dam deformations by terrestrial interferometric techniques［C］//CHEN Jun，JIANG Jie，ALAIN B. The XXI Congress of the International Society for Photogrammetry and Remote Sensing. Beijing：ISPRS，2008：133-139.

［11］ 刘洪一，黄志怀，邓恒，等. 地基合成孔径雷达在堤防位移监测中的应用［J］. 人民珠江，2017（4）：90-94.

［12］ 邢诚，韩贤权，周校，等. 地基合成孔径雷达大坝监测应用研究［J］. 长江科学院院报，2014（7）：128-134.

［13］ 麻源源，左小清，麻卫峰，等. 地基雷达在水电站边坡形变监测中的应用［J］. 工程勘察，2018（12）：52-57.

［14］ 赵铁链，郭振霆. 真空激光准直系统在潘家口水库主坝安全监测中的应用［J］. 海河水利，2018（4）：55-58.

［15］ 姜晨光，石伟南，巩亮生，等. 大坝变形 GPS 双基站自动监测系统设计与应用［J］. 大坝与安全，2011（3）：29-32.

［16］ 易魁，陈豪，赵志勇，等. 小湾水电站工程安全分析与决策支持系统研究与构建［J］. 水力发电，2017，43（3）：121-127.

［17］ 刘伟，邹青. 糯扎渡水电站安全监测自动化系统设计［J］. 水力发电，2013，39（11）：76-80.

［18］ 严谨，袁君宝，沈培芬. 引江济汉工程安全监测自动化［J］. 水利水电技术，2016，47（7）：71-74.

水保移民与施工

ArcGIS 在水利水电工程移民安置规划设计中的应用研究

王磊　田伟

[摘要]　水利水电工程移民安置规划设计是一项基于地理信息的民生工程，近年来随着工程移民安置要求的提升，对规划设计提出了更高的要求。本文通过对 ArcGIS 技术与移民安置规划设计的结合开展研究，以水利水电工程实际应用为基础，从移民实物调查、移民影响范围的界定、移民信息系统等方面，提出了运用 ArcGIS 空间定位、地理属性、数据库、空间分析等创新方法，从而进一步提高实物调查与规划设计的水平。

[关键词]　ArcGis；水利水电工程；移民安置

1 引言

1.1 ArcGIS 的功能与运用现状

地理信息系统（geographic information system，GIS）是一门综合性学科，结合地理学与地图学以及遥感和计算机科学，已经广泛地应用在不同的领域，是用于输入、存储、查询、分析和显示地理数据的计算机系统。

ArcGIS 是由 Esri 公司开发研制的一套完整的 GIS 应用平台，集成了地图视觉化功能、地理分析功能、数据库操作，并拥有空间信息进行分析和处理功能。从完成地理信息系统功能的角度来看，ArcGIS 平台具备地理数据的显示、编辑、查询、管理、处理、发布等完整功能框架，并且拥有强大的空间数据建模、空间分析、二次开发等功能。

ArcGIS 的强大功能与诸多优点，使得基于 ArcGIS 构建的工作平台成为决策者重要的决策依据，如我国的国家基础地理信息中心、各级测绘部门、各级国土部门、林业部门，都在采用或者已经采用了部分基于 ArcGIS 技术的应用系统，存储并管理着上百 GB 到几十 TB 的空间数据。

1.2 移民安置规划中应用 ArcGIS 的适用性

ArcGIS 的基础是地理信息，在确定实物地理位置基础上，建立所处地理环境的信息，并进行查询、分析、处理空间信息，这种基于地理信息的应用技术，非常适用于同样基于地理信息的移民专业。

水利水电工程移民安置规划的内容包括工程影响范围的确定，实物指标调查，环境容量分析，各类影响对象（农村、工业企业、专业项目）的规划设计，防护工程规划设计，水库库底清理，库区资源开发利用和环境保护等。在移民安置规划设计中，设计者需要确定工程影响的空间范围，确定影响对象与工程的地理位置关系等，这些与 ArcGIS 的功能都是有关联的。因此，在实物指标、移民影响、安置设计等内容上，移民专业可以运用 ArcGIS 的空间定位、地理属性、数据库、空间分析等功能，进一步提高实物调查与规划设计的水平。

2 国内移民专业应用 ArcGIS 现状

国内移民专业应用 ArcGIS 平台，大致上分为三种类型：一是基于 ArcGISDesktop 平台，运用在实物指标调查；二是基于 ArcGIS Engine 引擎，开发 C/S（客户机/服务器）平台，运用在实物指标调查及移民综合管理；三是基于三维和 Web 技术，开发 B/S（浏览器/服务器）平台，在实物调查、移民管理功能运用之外，实现了移动查询、三维场景模拟等功能。

在白鹤滩水电站的征地移民设计中，设计者基于 Esri 公司的组件产品 ArcGIS Engine，采用 C# 语言进行二次开发，设计出水电站移民实物指标调查系统。在数据库的设计上，运用 ArcSDE 空间数据引擎和 SQLServer2005 大型数据库，存储相关移民工作的空间数据和属性数据，利用 GIS 空间数据管理和处理能力，提高移民工作的效率，使规划、管理和决策更加科学化。

在乌东德水电站的征地移民设计中，设计者运用了利用二维 GIS 的空间数据处理能力及三维 GIS 强大的空间表现能力，建立了三维 GIS 移民信息查询系统。该系统采用高精度航空影像、地形数据和矢量数据，建立三维空间场景，结合移民实物指标解译、调查数据库，实现了基于 Web 的三维场景中移民信息的查询、分析模拟等功能，为移民指标可核查、移民实施工作效果可评价提供技术支持。

3 ArcGIS 在工程移民规划设计中的应用

3.1 实物调查的应用

实物调查的项目包括农村调查、城（集）镇调查、工业企业调查、专业项目调查等，内容包括被调查实体的数量、等级、坐落位置、影响程度等，是一种基于地理信息基础上的信息搜集、记录与运用的过程。

3.1.1 土地调查

传统的征地实物调查方法一般采用 AutoCAD 划分图斑进行量算，需对逐个图斑的地类、面积、权属进行识别。水利工程通常需占地千亩甚至万亩，在大范围图幅调查以及设计变更时，这种传统占地调查方法工作量繁重，容易出现 CAD 遗漏、重叠或缝隙的错误情况，从而导致实物指标调查的误差。

基于数据库的 ArcGIS 软件能够有效地优化土地调查，其优质的数据库可以对数据进行科学合理的分类，并快速、准确地调用所管理数据。ArcGIS 的数据库是一种矢量数据库，在生成要素数据时必须定义要素类型，如点、线或面及其拓扑关系。这种分层的矢量数据格式，可以清晰表达相应的实物类型，如点格式数据存储明显标地物，线格式存储土地分村界限，面格式数据存储土地的宗地图斑，通过标注宗地的权属、地类、占地类型、土地使用证号等信息，建立起属性库从而实现对真实土地环境的模拟。在数据库建成后，设计人员可应用数据库强大的查询功能，实现占地数据的筛选、定位与统计，运用在移民规划、设计及实施阶段。

图 1 是某水利水电枢纽工程某占地矢量分析图，设计人员在参考了项目区第二次全国土地调查数据库的基础上，建立了 ArcGIS 的 Geodatabase 数据库，由此数据库生成工程占地矢量分析图，属性包括土地地类、国土村界、调查村界、占地类型、地类等级、工程名称、宗地面积等。占地范围内具有多项工程措施，如果设计人员只需要某泵站工程永久占用地类的宗地位置及数量，通过写入相应的查询语句就可以实现宗地定位和数据，这里输入语句"select sum（shape area）from data where'工程类型'='泵站名称'and'地类名称'='地类名称'"，即可实现定位与查询功能。由于数据库已经记录土地权属、地类等级等信息，也很方便计算工程投资补偿。

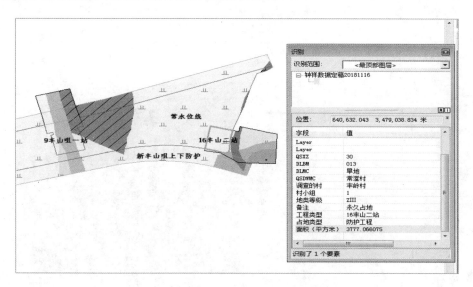

图 1　某水利水电枢纽工程占地矢量分析图

3.1.2　房屋调查

传统的移民人口房屋调查，主要运用调查图纸与调查表，逐一开展入户调查并填写调查表格。在调查表上，设计人员通过填写图纸桩号，来标识地理信息；通过打印房屋影像资料作为表格附件，来记录原始房屋信息；通过 Excel 录入房屋尺寸数据，来实现数据统计功能。

虽然这种调查方法能够保证人口、房屋调查的精度，但是这种方法也有一些不足：一是地理信息模糊，当工程设计发生变化，桩号调整会导致原调查记录的地理位置失效，不利于实施阶段运用调查成果；二是人为录入房屋数据如果发生错误，这种错误很难被检查发现；三是影像资料无法实现数字化，查询原始资料烦琐。

在房屋调查中运用 ArcGIS 软件，通过该软件记录地理信息、调查数据、影像信息，制作移民房屋地理位置分布图，实现位置、数据、影像三种信息相融合，可以有效地弥补传统方法的不足。设计人员通过将处理过的 CAD 文件转换为地理数据库，建立 GIS 房屋分布图的矢量数据，建立户主姓名、房屋结构、房屋面积等属性。

位置明晰是矢量数据的显著特点，房屋调查完成后，不论工程设计如何变化，设计人员通过矢量图都可以清晰界定工程对房屋的影响；通过房屋面积数据对比房屋占地面积，能够对调查成果进行检查，如出现房屋占地面积大于房屋调查面积等情况，则及时回查原始调查资料，规避实物调查误差；通过数据库存储房屋的现场调查图片，能够实现查询方便和长久保存，有利于未来的实施阶段工作。综合来说，建立房屋矢量图，可以明确房屋地理位置，可以实现查询、调用、分割数据，并进行可视化展示，有利于提高移民群众、地方政府、业主单位对设计单位调查成果的认可度。

图 2 是水利水电工程房屋影响矢量分析图，建立起属性包括户主姓名、家庭人口、房屋数据、房屋图片等。标识地理位置后，在工程审查阶段的设计调整后，能够迅速确定该户仍受工程影响，通过查阅房屋数据（砖混结构 $229.44m^2$），确定与数据库存储影像资料相吻合。

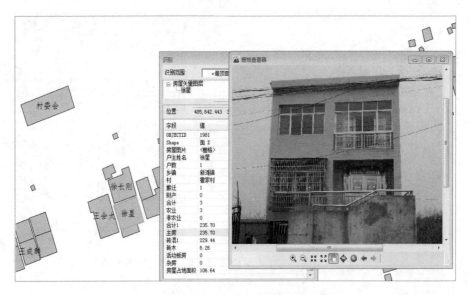

图 2　水利水电工程房屋影响矢量分析图

3.1.3　专项设施调查

专业项目，尤其是电信设施和输变电设施等架空光缆电缆设施，杆线易因为工程影响或水库淹没原因改迁，这对杆线的准确定位和可追测性有着很高的要求。此外，电信设施和输变电设施常常会同杆异线。传统填表式的调查模式，由于各专业部门所使用的图纸或地理标志不用，在设计部门汇总统计时易发生混乱或定位不清的情况，而使用数据库关联多表即可有效地解决该问题。

图 3 为水利水电工程专项设施影响矢量分析图，通过收集专项设施的地理位置等信息，经过软件处理后导入 GIS 数据库，并转为 KML 格式等奥维地图可识别格式，在影像图上直观显示专业项目的具体位置，能够准确的确定工程对专项设施的影响。应用 GIS 系统参与专项设施调查，提高了调查成果的直观性和准确性，也成为设计人员分析及确定复建方案的基础资料。

图 3　水利水电工程专项设施影响矢量分析图

3.2　移民影响范围的界定

3.2.1　应用 DEM 模型确定淹没范围

水库淹没处理的设计洪水标准，应根据淹没对象的重要性和耐淹考虑程度，结合河道洪水与水库调节方式，综合确定不同淹没对象的设计洪水位，如耕地园地设计洪水标准（频率）为 20％～50％，林地、未利用地为正常蓄水位，农村居民点设计洪水标准（频率）为 5％～10％。传统的工作方法为：设计人员根据 CAD 图的高程点，人为地绘制出各水位高程的等高线，这种工作方法工作量巨大，且设计水位发生变化时需要重复工作。

利用 ArcGIS 软件的三维功能，将高程点的高程值作为数据，建立不规则三角网 TIN，从而实现数字高程模型 DEM 功能。DEM 由连续的三角面组成，三角面的形状和大小取决于不规则分布的数据点的密度和位置。DEM 模型建立后，可以根据具体的地形进行修正，如删除平坦地区的数据冗余，对高程变化明显的立式地形进行人为修正。修正后准确的 DEM 模型，能够按照需求生成所需高程的等高线，由此确定土地、房屋、专项设施等不同对象的淹没范围。

3.2.2　应用 GIS 国土数据库确定行政区划

传统调查行政区划，通常采用人为测量行政村界，外业工作量巨大，还存在成果缺乏依据的缺点。利用 ArcGIS 软件处理国土数据库，通过行政区划属性筛选，提取出各行政单位的行政区划，再转绘到 CAD 等软件上，可有效地减少外业调查任务，调查成果也拥有了国土部门认可的权威依据。设计人员只需将精力放在存在争议的土地或飞地上，通过少量的外业测绘，实现对数据库的修正和完善。此外，在城集镇与农村区域的划分上，也可以利用 GIS 国土数据库，通过识别地类为"建制镇""城市"区域，作为划分城集镇调查与农村调查的依据。

3.3　移民信息系统的建立

建立完整的信息库，有利于信息的查询与处理。移民信息系统可包括移民淹没涉及村范围实物指标调查数据、淹没区和移民区土地分类数据、专项设施影响数据库。基于 ArcGIS 的数据库，可以实现地理空间数据和移民资源数据相结合，拥有了空间信息的移民数据，能够更有效的实现查询、分析及处理功能。

查询功能包括统计查询、明细查询、表达式查询和生成报表等，其中统计查询是为了对淹没区的淹没实物指标进行查询，如对房屋、工业、用地等等。在查询过程中，还可以分为一般查询和按类别查询。明细查询是为了对淹没区的淹没实物指标进行详细的查询，如对某一户主被淹没的房屋、用地等，其中淹没的用地又可以分为水田、旱地、鱼塘等。表达式查询在提供的窗口中输入表达式对淹没区的淹没实物指标进行查询，如淹没用地超过 1 万亩的乡镇等。

空间分析功能可为生产安置人口计算、土地分类与环境容量分析，安置点选择与居民点规划等提供辅助，提高移民安置规划编制深度和效能，使规划更全面，成果表达更直观、更具操作性。利用 ArcGIS 数据库，可以分析某一区域可供移民利用土地资源数量及该区域需要安置的移民数量及生产安置的土地量，从而科学选择可安置区域，制定基于有土地安置的移民安置规划。

4　结语

ArcGIS 的拓展功能包括空间数据处理、三维建模及二次开发，目前这些功能尚未在移民规划中获得深入应用。未来，在移民安置规划设计中，可以利用 ArcGIS Engine、Add-in 等开发平台，建立独立的基于空间信息的移民信息系统平台，拓展移民信息的查询、分析、建模等一体化功能，为实物调查、规划设计、实施阶段及后评估提供强有力的技术支撑。

参 考 文 献

［1］ 郭泓. 地理信息系统（GIS）在水库移民工作中的应用与思考［J］. 中南水力发电，2010，10（3）：52-56.

［2］ 吴信才，白玉琪，郭玲玲. 地理信息系统（GIS）发展现状及展望［J］. 计算机工程与应用［J］. 2000（4）：8-9，38.

［3］ 孟淑英，王学佑．孙丹峰．遥感技术在长江三峡移民工程中的应用研究［J］．遥感信息，2014（4）．

［4］ 朱长富．基于 3S 的水库淹没处理信息系统的开发与应用［J］．人民珠江，2005（S1）：22-23，27．

［5］ 芮建勋，祁亨年，廖红娟，等，组件式 GIS 开发中的空间数据管理方式探讨［J］．杭州师范学院学报，2014，3（4）：329-332．

［6］ 陈雪冬．杨武年．水库移民 GIS 辅助决策支持系统的设计和实现［J］．测绘科学，2014（3）：67-70．

GIS 与 BIM 集成在水利移民设计中的应用与研究

张良　范本迅　王绎思

[摘要]　目前，传统的移民征地拆迁设计实物指标的采集需要大量的外业工作，内业工作也是以大量的目译解析和大量的表格文档分析，这些工作需要耗费的大量的人力、物力。如果将 GIS 与 BIM 集成技术引用到移民数据采集及设计阶段能够减少大量的内外业工作，极大的提高工作效率，节约工作成本，更好的展示工作成果。

[关键词]　水利移民设计；GIS；BIM

1　引言

建筑信息模型（building information modeling，BIM）以建筑工程项目的各项相关信息数据作为模型基础，详细、准确记录了建筑物构件的几何属性信息，并以三维模型方式展示，BIM 不仅仅是一款绘图软件，还是一种管理手段，是实现精细化、信息化管理的重要工具。

地理信息系统（geographic information system，GIS）是一种特定的十分重要的空间信息系统，它是在计算机硬、软件系统支持下，对整个或部分地球表层（包括大气层）空间中的有关地理分布数据进行采集、储存、管理、运算、分析、显示和描述的技术系统。

水利水电工程建设征地移民指标调查是建设征地移民设计的重要组成部分，其主要任务是根据设计的工程模型来采集工程占压范围内土地、地面附着物（青苗、房屋、专业项目）及地下专业项目设施的地理空间信息及自然属性信息，其作用为：

（1）为规划编制提供可靠的基础资料。

（2）为专家及政府决策提供原始依据。

（3）为项目验收提供原始资料，方便备查。

2　BIM 与 GIS 集成在水利移民设计中的作用

BIM 与 GIS 能集成，是因为它们有一种天然的互补关系：BIM 是用来整合和管理建筑物全生命周期的信息，GIS 则是用来整合及管理建筑外部环境信息。BIM 全生命周期的管理需要 GIS 的参与，BIM 也将开拓三维 GIS 的应用领域，把 GIS 从宏观领域带入微

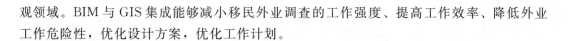

观领域。BIM 与 GIS 集成能够减小移民外业调查的工作强度、提高工作效率、降低外业工作危险性，优化设计方案，优化工作计划。

2.1 BIM 与 GIS 集成的技术条件

BIM 数据结构包括空间数据（模型）及属性数据（参数），其中空间数据模型又包含空间位置、外观形状等，这与 GIS 数据结构相似，为 GIS＋BIM 集成提供可能。

2.2 水利移民设计需要 BIM 与 GIS 的集成

2.2.1 传统的移民外业调查方法的不足

传统的移民外业调查方法采用全野外法，即通常根据工程大小分配一个或多个土地组、房屋组及专业项目组等携带打印好的纸制地形图及数码相机根据分工情况进行数据采集工作。主要有以下几点不足：

（1）水利工程一般需要高爬登山、低爬涉水才能到达调查区域，有很大的安全隐患。

（2）调查区域现场情况复杂测量调查难度大。

（3）由于条件限制可能导致调查精度不够对后期工作开展产生影响。

（4）项目从立项到实施方案会经过多次修改，每次修改都去现场调查造成经济成本过高及人力成本、时间成本的浪费。

2.2.2 BIM 与 GIS 的集成在外业调查中的作用

在外业调查前通过 BIM 技术和 GIS 技术对需要调查的数据进行预处理，在前期通过少量时间的调查甚至"零调查"就能高质高量地完成移民信息的采集，能极大地节约人力物力。

外业调查前通过倾斜摄影技术建模能快速地获取拆迁对象实景模型，在相同坐标系下，将获取的实景模型和工程设计的 BIM 模型导入到三维 GIS 软件中形成了含有征地拆迁对象在地理空间中的位置、大小、空间拓扑关系及工程设计 BIM 模型的三维矢量图，此集成的三维矢量图运用到移民外业调查中能极大地节约人力物力及经济成本，通过花费较少的时间以及较少的人力投入就能完成外业调查任务，甚至在前期规划阶段通过"零外业调查"就能完成数据的采集工作。

2.2.2.1 在房屋调查中的作用

房屋调查是对房屋的基本信息，如位置、数量、用途等状况进行摸底，并调查其人口、所有权或使用权的性质，根据范围和界线，进行面积测算。房屋调查包含集体土地上的房屋调查和国有土地上的房屋调查。

通过前期处理后的矢量三维图能够直观地掌握工程对象与拆迁对象之间的空间关系，不需要外业调查，通过内业作业就能够提取出工程影响拆迁对象之间的房屋楼层数据、面积数据及较大的附属物信息数据，外业调查仅需要到实地核对房屋的结构、附属物信息及统计搬迁户的人口信息，省去了入户的房屋测量，能极大地减轻外业工作量，通过电脑统一尺度量算的房屋面积也避免了不同调查组或是调查工具造成的调查成果尺度不一致的情况。

2.2.2.2 在土地调查中的作用

土地调查主要是调查工程范围内的土地面积、土地地类、土地的行政区划及土地权属情况，土地的地类及土地的权属根据自然资源部门的土地利用现状库和基本农田库来确定，占地面积根据工程设计方案来确认。

土地利用现状库和基本农田库是自然资源部门借助 GIS 技术重点打造的国家级空间数据库，具有权威性。在水利移民调查过程中将占地范围线导入到 GIS 软件中通过空间分析获取占地范围内的土地地类、行政区划及权属信息就可以直接使用获取的数据，因此土地调查的前提条件是绘制出准确的土地占地线。

（1）在水利堤防设计的过程中，通常土地占地线是根据工程设计来确认，由于传统的工程设计采用的是 AutoCAD 的二维矢量图，在确定土地占地范围上精度不够。随着设计阶段的深入，设计断面不断加密，设计精度也随之提高，但即使在技施阶段，也只考虑了 50m 一个的断面设计，两个断面之间的堤防由于没有设计可能会造成图上设计的占地线与现场实际情况不符合，影响后期工程进展。通过能直观地反映工程对象与拆迁对象之间的空间关系的三维矢量图能够提取出与实地情况一致的土地占地线，可以准确地绘制出土地的占地范围，便于征地移民工作的顺利进行。

（2）在水库淹没范围的设计过程中，传统的设计方法是在二维的 AutoCAD 软件中逐断面地描绘每个断面对应的不同的回水水位，并将沿程不同断面的回水水位连接起来生成回水曲线，传统的生成回水曲线方法工作量巨大、工作效率不高，其处于二维模式下直观性不强容易出错。而采用 GIS 技术结合 BIM 技术则能极大地提高水库回水曲线的绘制效率和绘制准确度。由于 Civil3D 软件具有开放的体系结构，允许用户根据自己的专业特点，进行定制开发、扩展和延伸专业功能，借助其提供的 API 在 Visual Studio 平台下通过二次开发，自动描绘每个断面对应的不同的回水水位，并将沿程不同断面的回水水位连接起来生成水库回水曲线，将绘制的初始水库回水曲线导入到能直观地反映工程对象与拆迁对象之间的空间关系的三维矢量图中进行目译修正得到最终的水库回水曲线，此过程的绘制除检查阶段外，完全依靠电脑处理，因此能极大的提高水库回水曲线的绘制效率和绘制准确度。

2.2.2.3 在专业项目调查中的作用

水利移民外业调查不仅局限于地上专业项目的调查，随着工程技术手段的不断加强，地下管廊日趋完善，地下专项设施体系日益庞大、日渐复杂，如地埋的国防光缆、天然气管道等对工程的施工影响很大。通过人眼观测的传统调查方法很难发挥作用。但通过收集相关专业项目管理部门提供的地下管线三维数据，导入到三维矢量图中能对地下空间进行三维表达，就可以很好地解决空间层级不清，逻辑结构错位等问题。

2.2.2.4 在进度管理中的作用

征地拆迁计划与工程建设计划有紧密的联系，为了能够确保工程施工按时开始，征地拆迁工程需要在工程开始前提前完成，临时用地要求在复垦验收后还给原村民，临时用地具有使用期限，但是在实施阶段工程中往往由于工作计划不合理导致临时用地被占用了但一直空着没有使用，既造成了土地的撂荒也增加了额外投资。如果借助 BIM 技术将 BIM

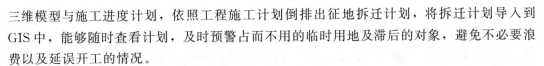

三维模型与施工进度计划，依照工程施工计划倒排出征地拆迁计划，将拆迁计划导入到 GIS 中，能够随时查看计划，及时预警占而不用的临时用地及滞后的对象，避免不必要浪费以及延误开工的情况。

2.2.2.5 在征地拆迁优化辅助中的作用

借助于三维矢量图比较分析工程建设对象与征地拆迁对象之间的空间关系，解析出征地拆迁基础数据提供给上序设计专业作为决策依据，能够达到少拆迁甚至不拆迁的目标，可以降低社会稳定风险，节约工程总投资。

3 总结

利用三维 GIS 技术，实现 BIM 数据模型和空间地理数据的有机集成，便于进行场景的可视化定位分析以及基于空间位置的统计查询，体现在拆迁现场真实场景的虚拟展示、工程勘测定界范围内的征地拆迁对象空间属性及征地拆迁属性的关联。其优点主要体现在：

（1）周边环境的模拟，对工程周边环境进行模拟，对拟建工程占用土地及附属建筑物特性进行全方位模拟，为开展征地拆迁管理业务提供技术支撑。

（2）降低了外业人员的调查强度，提高了外业人员的安全系数，将大量需要外业调查的工作变为了内业预判、外业复核，大量的复杂地形调查信息只需要通过内业预判就能提取，不需要到现场进行采集。

（3）征地拆迁方案优化，利用 BIM 征迁对象模型和工程实际模型的结合，通过 GIS 平台综合分析，优化征地拆迁工作。

（4）征地拆迁过程管理，利用 BIM 及 GIS 及时管理征迁进度动态，对重点对象信息化进行深入分析，为征地拆迁方案的高效决策提供数据支撑。

4 展望

征地移民工作是由政府主导的工作，国家对移民征迁工作的关注度一直很高。随着国家逐步修编或是出台与征地移民有关的法律、条例，国家对移民征迁工作越来越重视，征地移民工作也需要在技术上有更大的提高。

BIM 与 GIS 的联合确定了将位置与设计无缝结合的数据集和技术工作流程。而这，又与虚拟现实（virtual reality，VR）或增强现实（augmented reality，AR）技术的使用紧密相连，该技术允许将信息在视觉上与人类思维相连。

BIM、GIS 结合 VR、AR 将会给移民征迁设计带来新的突破。

4.1 BIM 结合 GIS 结合 VR

随着 5G 时代的来临，全景相机通过连入 5G 网络的 CPE 将 4K 全景视频通过上行链路传输到服务器上，在虚拟环境中，通过 GIS 创建宏观场景，BIM 创建微观建筑。大中型水利水电移民安置采取的是"政府领导、县为基础、分级负责、项目业主参与"的原则。政府决策相关领导通过 VR 眼镜从服务器中观看调查现场超清 VR 视频，不用在征迁现场就能及时地掌握征迁信息，能够及时为征迁方案变更做出决策。

4.2 BIM 结合 GIS 结合 AR

增强现实 AR 通过 IT 技术，将虚拟的信息应用到真实世界，真实的环境和虚拟的物体实时地叠加到了同一个画面或空间同时存在，使人们对客观世界有更深刻的认识。

将虚拟世界中的模型投影到现实世界中。利用 AR 技术将 BIM 模型投影到现实世界中，实现真实环境与虚拟环境的集成。将三维模型投影到现实世界，根据该虚拟模型实现三维协同设计、在项目评审和阶段性工作汇报阶段可以及时将现场情况反馈给政府决策领导和评审专家，现实与虚拟交互及模拟能加深评审领导及专家对项目的认识，方便下一步工作的开展。

参 考 文 献

［1］ 王为伟. 指挥园区的 BIM、GIS 和 LOT 技术应用融合探讨 ［J］. 智能建筑，2015（1）：46-48.

［2］ 宋学锋. 以 GIS 和 BIM 深度集成应用技术及核心的城市地下管网信息系统模式探讨 ［J］. 土木建筑工程信息技术，2016，8（4）：80-84.

［3］ SL 442—2009 水利水电工程建设征地移民实物调查规范 ［S］. 北京：中国水利水电出版社，2009.

［4］ 国务院令 2017 年第 679 号　国务院关于修改〈大中型水利水电工程征地补偿和移民安置条例〉的决定 ［Z］.

生产建设项目水土流失防治技术研究

陈芳　李杰

[摘要]　本文选取常见的生产建设项目作为范例，提供不同类型的生产建设项目水土流失最新的防治技术研究成果，介绍了生产建设项目中新型的生态边坡、生态挡墙和生态排水沟技术的应用。此技术兼顾安全性、稳定性与景观效果，具有美化环境、维护生态平衡、促进人与环境和谐共生的作用，是未来水土保持的发展方向。

[关键词]　生产建设项目；水土流失；防治技术

1　引言

近年来，随着国家经济的快速发展，生产建设项目规模和数量在迅速扩大，全国每年新增各类生产建设项目数万个，其中国家级大型生产建设项目就达到上千个，造成了人为水土流失的增加。一些生产建设单位和个人，为了降低工程建设的成本，在建设过程中不重视水土保持或者没有采取相应的水土保持措施，随意弃土弃渣、破坏地貌植被，导致水土流失不断加剧，开发建设与环境保护之间的矛盾日益严重。

生产建设项目产生的水土流失，是以人类生产建设活动为主要外营力形成的水土流失类型，是一种典型的人为加速侵蚀，甚至会带来滑坡、泥石流等次生灾害，与一般的水土流失相比，具有地域的不完整性、水土流失过程的不均衡性、水土流失危害的多样性和潜在性、水土流失的突发性和灾难性等特点。因此，做好人为水土流失的防治具有重大意义，开展生产建设项目水土流失防治技术研究十分必要。

2　不同项目类型的水土流失防治技术

生产建设项目按工程类别可划分为公路、铁路、机场、水工程、港口、码头、水电站、核电站、输变电工程、通信工程、管道工程、城镇新区等生产建设项目（其流失主要发生在建设期），以及燃煤电站、监测、矿产和石油天然气开采及冶炼等生产建设项目（其流失发生在建设期和生产运行期）。由于不同类型生产建设项目的设计功能、场地选址、施工工艺等方面存在差异，在项目建设过程和运行期间所产生的水土流失类型和程度也有较大不同。

生产建设项目的水土流失防治措施体系按照水土流失防治分区，分区布设不同部位水土流失防治工程措施、植物措施、临时措施。在各区中对开挖、排弃、堆垫的场地必须采取拦挡、护坡、截排水以及其他整治措施。对弃土（石、渣）应优先考虑综合利用，不能利用的应集中堆放在专门的存放地，并按"先拦后弃"的原则采取拦挡措施，不得在江河、湖泊、建成水库及河道管理范围内布设弃土（石、渣）场。在施工过程必须有临时防护措施，施工迹地应及时进行土地整治，采取水土保持措施，恢复其利用功能。

2.1 风电场工程水土流失防治技术

随着我国经济快速发展，各类生产建设项目规模与投资日益加大，其在建设、生产过程占压、扰动和破坏大量的地表及植被，造成大量水土流失。风电场工程作为生产建设项目新的建设形式，其水土流失规律方面的研究还未见报道，防治措施亦缺乏有效的理论依据。因此，研究风电场工程水土流失规律及其防治技术，为有效地防治建设过程中的水土流失、合理利用和保护水土资源、改善生态环境奠定坚实的基础，对实现经济、环境协调可持续发展具有重要意义。

孟宪华以康平县大富山风电场工程为例进行了研究，系统分析风电建设过程中水土流失特点，研究其水土流失规律及对水土资源的影响，并据此配置有效的水土保持措施，为风电场水土流失防治技术提供科技支撑。通过到相关部门收集资料与现场调查勘测相结合的方法获取项目区自然地理特征、工程的性质、工程占地面积、弃土弃渣量、施工扰动特征及施工工艺等资料，进行水土保持分区，对可能造成水土流失的因素进行分析，为因地制宜分区措施布设奠定基础。在对各功能区水土流失分析的基础上，布设野外气象观测站，采取侵蚀沟量测法，对各功能区的各项水土流失因子进行实时监测，得到风电场水土流失过程及其侵蚀量。将实测土壤侵蚀量与现有水土流失预测模型预测结果进行比对，选择适当的水土流失预测模型，为同类工程的水土流失预测提供依据。

山地风电工程场内道路和风机平台在施工过程中，容易形成大面积的下边坡挂渣体，部分山体坡度较陡导致渣体清除非常困难，同时该类型边坡立地条件差、水土资源匮乏，因此常见边坡治理措施难以全面实施，导致边坡大面积长期裸露，植被恢复达不到要求，同时产生严重的水土流失，易形成新的滑坡区域，对工程本身安全及周边生态环境造成严重影响。在实践中，针对风电场场内道路和风机平台下边坡的挂渣体特点，研究确定针对性的综合治理及生态修复措施。对道路边坡区域实施"灌＋草＋爬藤植物"的植物绿化措施，对边坡坡脚实施"乔＋草＋爬藤植物"的植物绿化措施，对道路两侧裸露区域实施"乔＋灌＋草"的植物绿化措施，实现生态和景观要求相结合。通过在坡顶、坡脚种植乔灌木，进一步提升边坡治理的生态效果，形成由上至下、由内至外的立体治理措施，提高边坡自身水土保持能力。

2.2 铁路建设工程水土流失预测与防治

现行的铁路建设施工过程中水土流失预测和防治措施往往只注重理论设计，脱离了与工程区域生态环境特点相结合；设计的相似性常常使得工程水土流失预测和防治达不到良好的预测和生态恢复效果。邢亭婷通过对我国水土流失现状的分析进行了高速铁路水土流失的预测，发现铁路建设中水土流失主要发生在工程施工期间，弃渣场是铁路工程对地面范围扰动范围较大的区域，可能造成的水土流失量也较大，水土流失类型主要为水力侵蚀。将上述水土流失预测的分析结果指导西成高速铁路（四川段）弃渣场等水土流失防治措施设计，针对工程可行性研究报告中水土流失防治措施设计存在的问题，对其进行了补充方案设计，包括弃渣场截排水措施设计、挡墙设计、植物措施、临时措施等，既满足水土流失防治措施的具体要求又促进了区域生态环境的可持续发展，对恢复和改善铁路沿线的生态环境和景观环境具有现实意义，也为以后的铁路建设工程水土流失预测和防治提供可借鉴的思路。

2.3　中小型水库工程水土保持措施配置

在中小型水库工程水土保持措施配置研究中，吴昌松通过对多个同类水库研究文献的总结、分析，以南部县范家沟水库为切入点，对中小型水库水土流失防治分区的划分、水土流失特点、治理措施布设体系进行研究，总结出中小型水库工程水土保持措施配置的一般体系。

中小型水库工程水土保持措施主要包括拦渣工程、降水蓄渗工程、斜坡防护工程、土地整治工程、植被恢复与建设工程、临时防护工程等类型，根据水库所处区域的具体条件以及施工过程的不同，需采用合适的措施对水库建设造成的水土流失进行防治。根据对土壤流失预测结果的分析可知，渣场、料场、枢纽工程区是水土流失发生的主要区域，施工建设期是水土流失发生的主要时期，对此产生影响的主要因素有区域占地范围的大小、地表扰动的剧烈程度、时间跨度的长短以及地表物质的组成等因素。

水库工程处于以水力侵蚀为主地区，对应采取的水土保持工程措施主要包括土地整治、拦渣工程（如挡墙）、防洪排导工程（如截排水沟、沉砂池）、斜坡防护工程（如削坡开级等）；植物措施布设主要是植被恢复建设，根据当地的立地条件选取合适的本地具有水土保持功能树（草）种，按照块状或带状混合栽植；临时措施主要涉及临时拦挡（如土袋挡墙）、临时排水（如临时土质排水沟、临时沉砂池）、临时苫盖（如土工无纺布、塑料彩条布覆盖）、临时植物措施（如播撒草籽），渣场、料场、枢纽工程区和施工公路区等水土流失严重区域的防治措施布设最为严密。

2.4　引调水工程水土流失防治措施

目前我国正在新建一批骨干水源工程和河湖水系连通工程，以提高水资源调控能力和供水保障能力。引调水工程作为其中的代表，属于线性工程，工程地域范围跨度极大，水工建筑物多样，其水土流失影响主要发生在土建施工期，在施工过程中，地表受到大面积扰动，产生大量土石方，加速水土流失的发生和发展，水土流失影响面极广。

李杰在分析鄂北地区水资源配置工程产生的水土流失的基础上，分别提出了勘测设计阶段、施工期及运营期的水土流失防治对策。在勘测设计阶段，尽量实现土石方的合理调配，充分利用开挖土石方作为回填方，尤其是隧道开挖石渣尽可能充分利用于防护排水工程，以及合理选址弃土、石渣场及料场；在施工期，主体工程区、表土堆放场和弃渣场是施工期水土流失的主要区域，可采取临时防护、排水、土地整治及绿化等措施，始终贯彻

"边施工边防护"的原则，并按照"三同时"制度加强实施保障措施。在植被恢复期和运营期，加强植被措施，以保护水质为核心，并注重突出地域文化特色，注重不同植物的季节性搭配，形成具有四季特色的植物防护带。

3 生产建设项目水土流失防治新型技术

党的十九大报告明确指出，进入新时代我国社会主要矛盾已经转化为人民日益增长的美好生活需要和不平衡不充分的发展之间的矛盾，新时期生态文明建设对生产建设项目造成的水土流失防治的质量和标准要进一步提高，既要绿化也要美化，既要生态化也要景观化；新时期的水土保持应以生态、社会效益为主，满足当地居民对环境质量的要求，形成更加美观的水土流失防治工程体系，力争建立园林式的水土保持工程。

传统的水土流失防治措施，尤其是工程措施，主要以安全性为主，采用浆砌石或混凝土面层，破坏了生态环境的和谐。新型的生态边坡、生态挡墙和生态排水沟技术的发展，兼顾安全性、稳定性与景观效果，具有美化环境、维护生态平衡、促进人与环境和谐共生的作用，是未来水土保持的发展方向。

3.1 生态边坡防护技术

3.1.1 水保植生毯

植生毯是采用植生毯生产机械将一定规格的植物纤维或合成纤维毯与种子植生带复合在一起的具有一定厚度的产品。将这些植生毯用锚钉或锚卡固定在边坡上，洒水养护成坪。这种技术将植物种子与肥料均匀混合，数量精确，草种、肥料不易移动，草种出苗率高、出苗整齐、建坪速度快。

植生毯可用于边坡防护中，具有以下边坡防护功能：①覆盖于表面有效地改善表层土壤结构，增强抵御风蚀、水蚀能力；有效呵护植物种子萌芽，地表微生态环境迅速改善，使传统的低效率水土保持技术发生根本性的转变，大幅度提高水土流失治理效率，植物纤维毯技术是一种可以简化种植过程、提高种植质量的绿化护理模式。②植物纤维毯覆盖地表既起到防风固土、护坡作用，也能起到保种、育苗，维系植物生长作用。随着植株体木质化程度提高，植被生态护坡的作用增强，植物纤维毯逐步降解成为地表腐质层，起到涵养土壤的作用。

3.1.2 生态格网

生态格网是近年来广泛运用于交通、水利、市政、园林、水土保持等工程项目中的一种新型材料结构。生态格网可根据工程设计要求组装成箱笼，并装入块石等填充料后连接成一体，用作堤防、路基防护等工程的新技术。生态格网是将抗腐耐磨高强的优质低碳钢丝或锌铝合金钢丝或同质包覆聚合物钢丝，由机械编织成五绞状、六边形网目的网片。

传统的防冲刷结构或护坡结构都采用浆砌石或混凝土结构，考虑了稳定性和功能性，但在生态环境方面存在负面影响，这些硬质材料切断了水、空气、土壤、植物、生物之间的有机联系，破坏了河流生态系统的整体平衡，同时也使河道的自净能力遭到破坏。

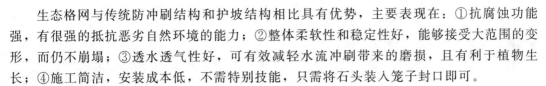

生态格网与传统防冲刷结构和护坡结构相比具有优势，主要表现在：①抗腐蚀功能强，有很强的抵抗恶劣自然环境的能力；②整体柔软性和稳定性好，能够接受大范围的变形，而仍不崩塌；③透水透气性好，可有效减轻水流冲刷带来的磨损，且有利于植物生长；④施工简洁，安装成本低，不需特别技能，只需将石头装入笼子封口即可。

3.1.3 厚层基材喷射植被护坡技术

TBS 厚层基材喷射植被护坡是采用混凝土喷射机把基材与植被种子的混合物按照设计厚度均匀喷射到需防护的工程坡面上。普通的挂网客土喷播或液力喷播不能持久稳定在高陡岩石边坡上，而此防护技术适用于风化岩、土壤较少的软岩及土壤硬度较大的边坡，尤其适于不宜植生的恶劣地质环境，对解决边坡防护与生态治理方面，效果非常明显。

厚层基材由绿化基材、纤维、种植土三部分组成。绿化基材是植被种子生长发育，根系发展的基体，由有机质、生物菌肥、粗细纤维、pH 值调整剂、全价缓释肥、保水剂、消毒剂、植壤土和水组成，作用是保证植被长期生长所需的养分平衡和水分平衡。

运用厚层基材处理路基边坡，主要是利用铺设镀锌铁丝网固定，将植被绿化基材经搅拌后，由常规喷砼设备喷射到边坡上，形成近 10cm 厚的绿化基材。喷射完后，覆盖一层无纺布防水保墒，经过一段时间洒水养护，青草覆盖坡面，形成具有一定强度的稳定防护层，起到固坡绿化作用。

3.2 生态挡土墙技术

生态挡土墙是一种既能起到生态环保的作用、又兼具景观功能且能防止水土流失的挡土墙。生态挡土墙拥有广阔的市场发展前景，能够在水土保持工程中得到充分的应用。首先，生态挡土墙的优势体现在生态环保上，主要表现为：①在原材料的选用上，用的是低碱水泥，而且在产品压制成型过程中添加了木质醋酸纤维，可与水泥的碱性相中和，可使墙体周边环境趋于中性，有利于动植物存活；②生态挡土墙在施工时无需砂浆构砌，直接是挡土块干垒而成，墙体后有一碎石排水层，这保证了整个墙体排水的通畅性，使水能透过墙体与土壤进行自由交换，通过水体不断的循环交流，使水体达到自身净化的目的；③生态挡土墙所具有的块体结构决定了其对环境的高度适应性，且生态挡土墙占地面积较少；另外在山体及土丘应用，可防治山体滑坡及防止水土流失；④生态挡土墙可形成一条绿色生态景观长廊，与周边环境和谐融为一体。

3.3 生态排水沟技术

生态排水沟是在沟底及沟壁采用植物措施或植物措施结合工程措施防护的地面排水通道。与传统圬工排水相比，生态排水沟造价低、景观效果好、生态效益高，可分为三类：草皮水沟、生态袋水沟、生态砖水沟。适用于公路、铁路、水利、农林开发、城镇建设等生产建设项目种类。

生态排水沟需要按照一般设计分析汇水面积、流量大小等，选取合适的生态排水沟种类、断面形状、植物种类，并进行典型设计。植物种类应选用适应当地气候及土壤条件的草本植物，应具备根系发达、茎矮叶茂、生长迅速、绿期长的优良形状；水道边坡的草种应具有较强的抗干旱性能，水道沟底的草种应具有较强的浸水性能。

4 结论

生产建设项目应落实水土保持"三同时"制度，并根据项目特点、水土流失类型和程度，构建切实可行的防治体系，做好水土流失防治工作。新时期生态文明建设对生产建设项目造成的水土流失防治的质量和标准要进一步提高，应采用新技术、新手段防治水土流失，以生态、社会效益为主，满足当地居民对环境质量的要求，让全社会共建生态文明，实现人类社会文明进步和经济全面发展。

参 考 文 献

［1］ 孙传生，张显双，杨献昆，等．开发建设项目水土流失防治技术研究［C］//中国水土保持学会规划设计专业委员会 2009 年年会暨学术研讨会论文集．北京：中国水土保持学会，2009：72-74.
［2］ 苟家骅．开发建设项目水土流失防治措施布设技术［J］.甘肃农业，2016（11）：44-46.
［3］ 孟宪华．风电场工程水土流失规律及其防治技术研究［D］.北京：中国农业科学院，2010.
［4］ 邢亭婷．高速铁路建设水土流失预测与防治研究［D］.成都：西南交通大学，2011.
［5］ 吴昌松．中小型水库工程水土保持措施配置研究［D］.雅安：四川农业大学，2016.
［6］ 李杰，周全，刘怡，等．引调水工程建设的水土流失影响及防治对策——以湖北省鄂北地区水资源配置工程为例［J］.人民长江，2017，48（12）：55-57.

生态清洁小流域构建
技术研究

李杰　陈芳　高宝林　周全

　　[摘要]　开展水土流失重点治理，建设生态清洁小流域，是贯彻落实党中央、国务院关于生态文明建设决策部署的具体行动。本文解释了生态清洁小流域的概念、内涵和建设理念，介绍了小流域调查和诊断的方法，探讨了生态清洁小流域的规划布局、治理模式与技术措施，并对生态清洁小流域在水土保持生态建设中的重要地位作出展望。

　　[关键词]　生态清洁小流域；水土保持生态建设；"三道防线"

1　引言

　　建设生态文明是中华民族永续发展的千年大计，是实现中华民族伟大复兴中国梦的重要内容。党的十八大以来，党中央和国务院高度重视生态文明建设，相继出台《关于加快推进生态文明建设的意见》《生态文明体制改革总体方案》等一系列重要文件，全方位部署推进生态文明建设。十九大报告明确指出，"坚持人与自然和谐共生"是新时代坚持和发展中国特色社会主义的基本方略之一。"共抓大保护，不搞大开发"是实现长江经济带可持续发展和流域环境综合治理的根本遵循。水土保持工作的指导思想是从最初的开展小流域综合治理、控制水土流失，发展到打造山水林田湖草生命共同体、以系统工程思路建设生态清洁型小流域，成效非常显著，积极推进了国家生态文明建设。多年生产实践证明，开展水土流失重点治理，建设生态清洁小流域，是贯彻落实党中央、国务院关于生态文明建设决策部署的具体行动，对于依法落实水土流失防治责任，扎实推进水土保持生态建设，加快建设美丽中国具有重大意义。

2　生态清洁小流域的概念、内涵和建设理念

2.1　生态清洁小流域的概念、内涵

　　业界所指的小流域，是指地表水及地下水分水线所包围的集水单元，其面积一般为 $5\sim30\mathrm{km}^2$，最大不超过 $50\mathrm{km}^2$。小流域是最基本的径流产生及汇流系统，是水土流失和面源污染发生的基本单元，又是水源保护的管理单元，只有把一条条小流域治理好、保护

好，才能维护良好的生态系统，入河入库水质才能得到基本保证。在《生态清洁型小流域技术导则》（SL 534—2013）中，将生态清洁型小流域定义为：在传统小流域综合治理基础上，将水资源保护、面源污染防治、农村垃圾及污水处理等结合到一起的一种新型综合治理模式。其建设目标是沟道侵蚀得到控制、坡面侵蚀强度在轻度（含轻度）以下、水体清洁且非富营养化、行洪安全，生态系统良性循环的小流域。

从以上定义可以看出，生态清洁型小流域建设是传统小流域综合治理的发展、提高和完善。

传统的小流域治理的主要内涵是以小流域为单元，统筹规划，治沟与治坡相结合，工程措施与植物措施相结合，治理与开发相结合，生态效益与经济效益相结合，建立起从沟头到沟口、从山顶到沟底的立体水土流失防护体系。

清洁小流域的内涵是在传统小流域治理概念的基础上，把小流域作为一个完整的"社会—经济—环境"复合生态系统，根据系统论、景观生态学、水土保持学、生态经济学和可持续发展等理论，结合流域地形地貌特点、土地利用方式和水土流失的不同形式，以及面源污染物来源及其迁移特征，以水源保护为中心，以流域内水资源、土地资源、生物资源承载力为基础，以调整人为活动为重点，坚持生态优先的原则，"山水田林路"统一规划，"拦蓄灌排节"综合治理，人工治理与自然恢复相结合，治沙与治污相结合，建立生态环境良性循环的流域生态系统，使流域内水土资源得到有效保护、合理配置和高效利用，人类活动对自然的扰动在生态系统承载能力之内，最终实现生态系统良性循环、人与自然和谐，人口、资源、环境协调发展。

与以往小流域治理模式相比，生态清洁小流域建设具有理念新、思路新、目标新、措施新和机制新等主要特点，是小流域水土流失控制与面源污染治理、水资源保护相结合的一种创新模式。

2.2 生态清洁小流域的建设理念

（1）生态优先。尊重自然、保护自然、顺应自然，实现人与自然和谐共处。小流域规划突出生态优先，措施布局注重与自然景观相协调，注重保护本地生物多样性，采取近自然治理措施修复被过度人工化的沟渠和小型水体，保护河湖水系的健康生命。

（2）绿色发展。流域内发展环境友好型产业，减少化肥农药的施用，降低能耗和物耗，推广生活垃圾资源化，实施污水处理工程，开展节水灌溉，从源头开展清洁生产，减少污染物的产生与排放。

（3）生态安全。拓宽行洪空间，实施泥石流危险区移民搬迁，实施防护工程，开展安全教育，建立监测预警系统，保障小流域内人们的生命财产安全和流域内的生态安全。

（4）系统建设。坚持山水林田路村统一规划，拦蓄灌排节水治污，促进农村一、二、三产业协调发展，服务新农村建设，解决好小流域水土资源的保护与开发利用问题。

（5）统筹推进。坚持经济效益与生态效益相统筹；坚持多学科多部门相统筹；坚持区域统筹。统筹好小流域与大流域的关系、小流域与功能区定位的关系。

2.3 小流域调查与诊断

小流域调查与诊断的主要目的是掌握流域内自然地理、社会经济、水土流失状况、污染物来源、土地利用现状及水资源、水环境、水生态、河流水文形态、植被资源等方面的基本情况，为合理利用水土资源、科学规划布局生态清洁小流域建设措施、防控污染、保护水源和修复流域生态、开展生态清洁小流域建设与管理提供科学依据。

2.3.1 调查内容

调查内容主要包括小流域污染源、水环境质量、水文地貌与水生态、水文水资源、水土流失与危害、河（沟）道行洪能力、土地利用现状、植被状况等方面。

（1）污染源。调查各种污染源来源、类型、组成、数量、浓度、排（堆）放位置与区域、排放时间及空间变化特征、施用量等情况。

1）点源污染物。调查村庄生活污水，包括居民、学校、旅游接待等产生的污水，畜禽养殖污水及粪尿，企业作坊生产污水。调查污水产生的数量、排放时间、排放去向、处理方式等，以及生活和生产垃圾产生等情况。

2）面源污染物。调查农业生产、园林绿化过程中各种农药（除草剂、除虫剂）、化肥的施用时间、施用方式、施用强度及降水径流所携带的污染负荷等情况。

3）内源污染物。调查流域内河道、湖泊、塘坝水库底泥，未清理的水生植物、悬浮物、水华藻类腐败物的种类、数量、分布等情况。

4）其他污染物。调查农作物秸秆垃圾、枯枝落叶、岸边垃圾、漂浮物的种类、数量、分布等情况，有条件的地区可以调查土壤污染（重金属）情况。

（2）水环境质量。主要调查小流域所处地表水水源保护区级别、地表水环境功能区类型、小流域重要断面及出口水质，水体主要污染物如化学需氧量、总磷、总氮、氨氮及水体色泽、浊度、臭味、含沙量、水温等情况，重要地下水源地保护区周边自然环境状况和可能影响地下水因素。

（3）水文地貌与水生态。主要调查河流河床几何形态、底质、植被、水文、河流连续性、河岸的改造、土地利用及相关属性、胁迫因子等状况。重点掌握河岸堤材料、结构、形式、人工化与自然化状况，河漫滩宽度、长度、形状变化情况，河流纵向连续性、横向连通性、垂向渗透性，河道侵占、采沙挖沙、桥梁道路、取用水、污水排放、垃圾堆放等人为影响情况。

（4）水文水资源。调查小流域所属流域水系、降水量及时空分布、地表、地下水资源量，小流域内水系分布、数量、长度，主要河（沟）道流速、水深、流量等情况；调查小流域生产、生活、生态用水情况，生产用水主要是指农业灌溉、绿化浇水、村内企业用水等，生活用水主要是指居民家庭用水、旅游接待、学校用水等，生态用水主要是指河道、坑塘及环境卫生用水等。

（5）水土流失与危害。重点调查小流域水土流失分布、面积和类型，调查水土流失强度、危害，坡面土壤侵蚀强度、水土流失影响因素等基本情况；调查小流域内坡面、村庄、沟道水土保持措施规模和数量。

（6）河（沟）道行洪能力。调查穿越村庄、厂房、农地果园及重要设施的河（沟）道长度、宽度、堤岸工程高度、纵坡比降、河（沟）道淤积、岸堤侵蚀、河床冲刷、历史洪水位及灾情等情况。调查小流域干支流水库、塘坝、截流等水资源调蓄工程情况；调查现有防洪工程防洪能力、防洪标准、建设与维护等情况；调查小流域内雨水收集、净化、入渗、利用等措施规模和数量。

（7）土地利用现状。按国家标准《土地利用现状分类》（GB/T 21010—2007）一级类要求进行调查，必要时可按二级类要求开展调查。一级类调查内容包括耕地、园地、林地、草地、商服用地、工矿仓储用地、住宅用地、公共管理与公共服务用地、特殊用地、交通运输用地、水域及水利设施用地、其他土地共 12 类。

（8）植被状况。调查流域内陆生、水生植物种类、分布、生长、植被覆盖率、植物多样性等状况，乔木、灌木、草本组成，干果、鲜果经济林面积等情况，列出流域内主要植物名录。

（9）人口与社会经济状况。调查小流域内常住户数、常住人口、户籍人口、常住外来人口、从业人员等情况；农林渔牧总产值，企业总收入，民俗旅游业总收入，农村居民人均可支配收入等情况。

（10）村庄建设情况。调查村庄建设管理、改善农村人居环境情况，包括村民住宅用地、村庄公共服务用地、村庄产业用地、村庄基础设施用地及村庄其他建设用地等的面积、分布、数量等。

2.3.2　调查方法

主要调查方法包括资料统计法、现场调查法、遥感调查法、定位观测调查法。

资料统计法是通过查阅当地统计年鉴、水文、气象、土壤、植物、地质地貌、土地利用、水利规划设计、防洪抗旱、污染治理、社会经济等资料获取信息的方法。

现场调查法是调查人员凭肉眼或借助各种专业仪器设备，调查小流域内社会经济、资源、环境等状况的一种有效的收集资料的办法。可以采取现场询问、发放问卷、观察、量测等方式开展调查。

遥感调查法是利用遥感技术从远距离感知目标反射或自身辐射的电磁波、可见光、红外线，对目标进行探测和识别的技术。现代遥感技术主要包括信息的获取、传输、存储和处理等环节。完成上述功能的全套系统称为遥感系统，其核心组成部分是获取信息的遥感器，装载平台有无人机、飞机、遥感卫星等。常用的有无人机和飞机航片判读调查、遥感卫星调查等方式。

定位观测调查法通过在小流域上下游或重点部位设置长期或短期定位观测站点，并定时或连续进行资源要素及环境要素观测的方法，有人工观测和自动观测两种方式。

2.3.3　调查成果及要求

调查成果主要包括调查计划方案、现场记录、调查汇总文字、调查表格、调查图件等。

小流域调查成果，既要为小流域生态建设规划和可行性研究报告服务，也要为下阶段初步设计报告服务。因此各阶段调查要求是不同的，应参照小流域规划、可行性研究及初步设计相关规范要求制订调查方案、开展调查活动、分析调查数据和整理调查成果。

2.3.4 诊断结果及问题危害分析

综合分析小流域水资源、水安全、水环境、水生态等方面的诊断结果，提出小流域存在的主要问题，分析问题存在的主要原因，问题的严重程度，问题对流域上下游、左右岸、干支流及对生产、生活、生态方面的危害。分析调查的小流域在市、区、乡镇和四大功能区区域位置及水源保护区、水功能区的作用，结合相关区域规划成果，分析提出小流域功能及发展定位。以问题为导向，按因地制宜、系统治理、生态修复、轻重缓急的原则，提出小流域发展建议和对策。

2.4 规划布局、治理模式与技术措施

2.4.1 "三道防线"的概念及其特征

生态清洁型小流域的水土保持建设布局应体现生态和清洁两大功能。从区域水土流失现状和水土保持需要出发，按照分区、分类和突出重点的原则，综合建设布局"设计科学、层次清晰、措施完备、功能齐全"的包括生态保护、生态修复和生态治理等内容的水土保持综合防治体系。

2003年北京市从实际需要出发，率先提出了构筑"生态修复、生态治理、生态保护"三道防线，建设生态清洁小流域的工作新思路，即以小流域为单元，以水源保护为中心，以控制水土流失和治理面源污染为主要工作内容，坚持生态优先和人工治理与自然修复相结合的原则，结合小流域地形地势及人类活动情况，依据小流域地貌部位与河（沟）道的距离，由远及近，将小流域划分为生态修复区、生态治理区、生态保护区，因地制宜地布设多种治理措施，构成小流域水土资源保护的三道防线。

（1）生态修复防线。即第一道防线，位于小流域山高坡陡、人烟稀少地区及泥石流易发区，一般为坡上部，坡度大于25°。该区以林地和草地为主，植被覆盖度大于30%，水土流失主要表现为面蚀和溅蚀。区内具有生态脆弱、破坏后难以恢复等特点。

（2）生态治理防线。即第二道防线，位于小流域内农业种植区及人类活动频繁地区，一般为坡中、下部，坡度不大于25°。该区土地利用类型以耕地和建设用地为主，植被覆盖度一般不大于10%，水土流失主要表现为面蚀、沟蚀和细沟侵蚀。区内具有人口密集、生产生活集中，水土流失、农业面源污染及农村废水和生活垃圾污染严重的特点。该区是生态清洁小流域建设的重点和难点环节。

（3）生态保护防线。是生态清洁小流域建设的最后一道防线，位于小流域内沟（河）道两侧及水库周边地带，包括沟（河）道和河滩地，坡度不大于8°。该区土地利用类型有水域、未利用地和草地，植被覆盖度一般不大于30%，土壤侵蚀以沟蚀和重力侵蚀为主。区内具有沟（河）道挖沙、采石导致沟（河）道的坍塌而影响行洪，生活污水、垃圾滞留沟（河）道道导致水体富营养化和水质恶化等特点。

"三道防线"的创新工作思路，现已成为我国各地构建生态清洁小流域的重要理论基础。当然，每条小流域各有其地貌、地形、治理现状、规划目标等自身特点，因此在小流域三道防线划分过程中，各地需充分考虑自身特点和实际需求，因地制宜地构建"三道防线"。

2.4.2　治理模式

各地因经济发展程度、自然地理条件不同，建设生态清洁小流域时需要解决的问题也不同。在实践中，根据自身特点，充分考虑实际需求，因地制宜，各有侧重，探索和总结出不少各有特色的做法，逐步形成了多种适应不同区域和需求的生态清洁小流域治理模式。

以北京、浙江永康为代表的经济发达地区亟待解决的是水源区面源污染治理和生态环境保护问题，因此在开展工作时，形成了以水源污染防治为重点的"溯源治污、分区防治、村庄配套、产业跟进"的生态清洁小流域治理模式。广东省小流域治理解决的主要问题是山洪、滑坡、泥石流灾害等安全问题，山地灾害在小流域常有发生，对人民生命财产危害巨大。因此在传统小流域综合治理的基础上，把防治面源污染、山洪灾害和地质灾害纳入了治理范畴，形成了以流域防灾减灾为重点的"河沟整治、坡面防护、灾害预警、面源控制"的生态安全小流域治理模式。湖北、陕西、河南三省针对丹江口库区南水北调中线工程核心水源区内小流域水土流失的实际情况，围绕面源污染严重的问题，探索了切合当地实际的生态清洁小流域治理模式，即提出了"荒坡地径流控制、农田径流控制、村庄面源污染控制、传输途中控制、流域出口控制"的5级防护模式。

此外，同一地区生态清洁小流域治理模式还可根据地形地貌、功能特征以及人类活动情况进一步细化和分类。例如，杨坤在分析北京市山区功能定位、水土流失和农村水污染特点的基础上，结合土壤侵蚀强度分布、区域产业发展、生态破坏状况及其成因分析，将北京市山区划分为重要水源保护区、农地水土保持区和山地景观保育区等3种生态清洁小流域治理模式。卜振军等根据密云区分布的6个典型小流域的不同特点，提出了6种生态清洁小流域建设模式：①以水土流失综合防治为主，建生态保护型流域；②以污染治理为主，建清洁生产型流域；③依托旅游资源，建人水和谐型流域；④结合新农村建设，建民俗休闲型流域；⑤依托旅游资源，建观光采摘型流域；⑥强化基础设施，建绿色产业型流域。近年来在生态清洁小流域的基础上，"四型"小流域建设在社会的影响力逐渐提高，包括：①生态清洁型小流域治理，针对发达地区，提升环境为主；②生态安全型小流域治理，针对灾害较多地区、减灾为主；③生态经济型小流域治理，针对不发达地区、治理与扶贫结合为主；④生态旅游型小流域治理，以水土保持景观化、示范园为主。

2.4.3　技术措施

不同地区的小流域因自然、经济特征以及生态功能的差异，使达到生态清洁小流域目标所采取的治理措施有所不同。北京市建设生态清洁小流域过程中，针对生态修复区、生态治理区、生态保护区内水土流失、面源污染及人类活动不同的特点，结合生态清洁小流域建设目标，对不同的功能区采取不同的防护与治理措施：①生态修复区，采取的措施主要包括设置封禁标牌和拦护设施、生态移民等；②生态治理区，主要措施有梯田整修、保护性耕作、坡耕地退耕还林、砌筑树盘、水保造林（草）、土地整治、节水灌溉、砌筑谷坊、拦沙坝、挡土墙、护坡措施、排水工程、村庄美化、垃圾处置、污水处理和农耕路建设等；③生态保护区，采用的措施主要有防护坝、生态沟渠、湿地恢复、河（库）滨带生物缓冲带建设、沟道清理及水系建设等。

湖北、陕西、河南三省在丹江口市实施丹江口库区及上游水土保持工程建设中，坚持传统水土流失治理与面源污染控制、水源保护相结合，提出了 5 级防护技术体系，即：①荒坡地径流控制，采取的措施包括营造水保林、水源涵养林、疏林布植、退耕还草等；②农田径流控制，配套、完善路渠池等小型水利水保工程，同时对农民耕作方式、化肥农药施用进行科学指导；③村落面源污染控制，配备垃圾池（箱），兴建排水沟渠和污水收集循环降解系统，发展舍饲养畜，结合沼气能源建设收集处理牲畜粪便；④传输途中控制，生活污水流经途中，依次构建过滤池、生态沟渠、生物降解塘等；⑤流域出口控制，在流域下游出口处建设人工湿地，栽种不同类型的水生植物，进行最后一道净化处理。

从已有研究可以看出，生态清洁小流域建设综合采用了工程、生物、耕作、自然修复等技术措施，并且各技术措施（如节水灌溉、保土耕作、生态沟渠、人工湿地等）多是针对各地区的具体条件而建立的；某一技术措施的选取和实施，需围绕当地生态环境面临的突出问题和矛盾，并结合小流域建设目标，做到因地制宜，因害设防。

2.5　生态清洁小流域的建设成效

自 2003 年以来，我国一些地方水保部门相继开展了对生态清洁小流域建设的研究，积极推进生态清洁小流域试点建设工作，已取得明显的生态、经济和社会效益。

北京市在 2003—2008 年建设清洁小流域期间，累积减少土壤流失 321 万 t，减少流失总磷 204t，总氮 321t，COD2989t，每年减少农村入河入库污水 400 万 t。据北京市水务局统计，2010 年底全市 547 条小流域，水土流失面积达 6640km²，共治理小流域 401 条，治理水土流失面积 5428km²，其中建成生态清洁小流域 150 条，治理面积 1903km²，有效地保护了水源，切实保障了首都水环境安全。2014—2017 年，连续 4 年，生态清洁小流域建设被列为北京市重要民生实事项目。2017 年，市政府批准实施的《北京市水土保持规划》指出：水土保持目标在山区旨在实现清水下山、净水入河入库；在平原旨在实现清水、大树、绿地的海绵家园海绵城市。

浙江省永康市自 2008 年建设生态清洁小流域以来，对 53 条小流域实施了"污水、垃圾、厕所、河道、环境"五同步治理，河道水体"黑、脏、臭"的状况彻底改变，形成了山水田林路村庄院落生态清洁的新格局。杨溪水库水源区水土流失治理面积为 16.85km²，治理程度达到 81.1%，水库水质已由Ⅲ类提升到Ⅱ类。

丹江口库区胡家山小流域通过生态清洁小流域建设，流域水土流失治理率达到 90%，每年可减少土壤侵蚀 1.42 万 t，增加水源涵养 8.26 万 m³，水体中氮、磷含量分别减少 20% 和 30%，流域出口水质明显改善，面源污染得到有效控制。

3　结论和展望

生态清洁小流域建设的成功之处在于其跳出了小流域生态建设"头痛医头，脚痛医脚"的传统思路，打破了行业部门"各自打拼"的固有局面，找到了系统解决一系列水问题的突破口。其定位的先天优势决定了生态清洁小流域建设将是今后水土保持生态建设的发展大势。

2015 年 5 月 6 日，《中共中央国务院关于加快推进生态文明建设的意见》明确提出了"优化国土空间开发格局"的战略，要求坚定不移地实施主体功能区战略，健全空间规划体系，科学合理布局和整治生产空间、生活空间、生态空间。作为与水资源保护紧密关联的生态清洁小流域建设工作，在现有建设理念和建设模式的基础上，其工作内涵可进一步向水资源和土壤资源质量的提高和维护方面靠拢，在严格依据主体功能区划分的基础上，区分水土资源禀赋，因地制宜开展不同治理目标的生态清洁小流域建设，使其成为优化国土空间开发格局工作中不可或缺的重要力量。

参 考 文 献

［1］ 刘震. 适应经济社会发展要求　积极推进生态清洁型小流域建设［J］. 中国水土保持，2007（11）：7-10.

［2］ 李建华，袁利，于兴修，等. 生态清洁小流域建设现状与研究展望［J］. 中国水土保持，2012（6）：11-13.

［3］ 马文鹏，武晓峰，段淑怀，等. 北京山区小流域生态清洁程度分级研究［J］. 中国水土保持，2014（4）.

［4］ 北京市水土保持工作总站. 构筑水土保持三道防线建设生态清洁型小流域［J］. 北京水利，2004（4）：49-51.

［5］ 蒲朝勇，高媛. 生态清洁小流域建设现状与展望［J］. 中国水土保持，2015（6）：7-10.

［6］ 杨坤. 北京市生态清洁小流域治理模式研究［J］. 中国水土保持，2009（4）：4-6.

［7］ 韩富贵. 密云区建设生态清洁小流域的实践［J］. 中国水土保持，2007（9）：47-49.

［8］ 郝咪娜. 浙江省生态清洁小流域建设措施研究［D］. 咸阳：西北农林科技大学，2013.

［9］ 贾鎏，汪永涛. 丹江口库区胡家山生态清洁小流域治理的探索和实践［J］. 中国水土保持，2010（4）：4-5.

岩石建基面开挖高效爆破施工技术

刘亮　蔡联鸣　刘磊　刘万浩　曾俊

[摘要]　在水利水电工程中，岩石建基面开挖是基础开挖的关键工序。本文系统阐述了几种常用的岩石建基面开挖爆破施工技术，并分析这些方法的优缺点和工程应用情况。首先介绍传统的分层爆破开挖技术，包括岩石基础开挖步骤以及保护层厚度的选取；进而介绍当前工程中常用的轮廓爆破开挖技术，包括轮廓爆破岩石损伤机理，以及预裂爆破和光面爆破在工程中的组合应用；最后介绍垫层爆破开挖技术，包括空气垫层、水垫层以及柔性垫层爆破技术，并重点介绍一种最新的聚-消能复合垫层爆破技术。

[关键词]　岩石基础开挖；轮廓爆破；垫层爆破；聚-消能复合垫层爆破

1 引言

在我国水利水电工程建设中，大坝坝基开挖、高陡边坡开挖、导流隧洞开挖、地下厂房开挖、溢洪道及渠道开挖等等均离不开爆破施工技术。钻爆法施工具有施工灵活、安全高效、作业简单等优点，已成为当前水利水电工程领域岩土开挖中最为常用的施工手段。在爆破过程中，岩石的动态破碎是由爆炸冲击波的动态作用和爆生气体的准静态作用共同作用的结果，临空面岩体会被破碎和抛掷，而保留岩体会产生一定程度的扰动，形成爆破损伤区。损伤区岩体物理和力学性质表现出不同程度的劣化，具体为：岩石完整性降低、孔隙率增大、渗透性增强、弹性模量和变形模量降低、岩石强度降低等。对于大型水利水电工程，高库大坝的建基面是坝体和基岩衔接的关键部位，水库建成后大坝自重和库区水压力荷载都将作用在建基面岩体，一旦发生事故将会产生不可估量的后果。因此，对于建基面岩体进行爆破开挖时，就要特别注意岩体的损伤控制，尽可能降低对建基面岩体的损伤扰动。

在水利水电工程中，对于岩石建基面的开挖通常包含如下几个步骤（图1）：①清除表层风化岩体；②采用常规爆破挖出保护层以上部位岩体；③岩石建基面保护层开挖；

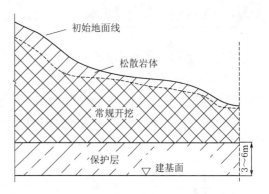

图1　岩石建基面爆破开挖方法示意图

④建基面的清理和保护。在以上步骤中，保护层岩体的开挖是整个施工方法中的重中之重。根据爆破施工规范，保护层的厚度应通过现场试验损伤监测成果确定，如果现场不具备爆破试验监测的条件，建议根据保护层以上开挖时的药卷直径大小来确定，具体的确定方法见表1。而根据已有的工程经验，建基面保护层厚度通常为3~6m，具体的保护层厚度应根据保护层顶面爆破的损伤深度来确定，爆破损伤区越大预留的保护层厚度应该越大，国内部分大型水利水电工程的坝基保护层厚度取值见表2。

表 1　　　　　　　规范建议的保护层厚度（H）和药卷直径（D）的关系

岩石特性	节理不发育、坚硬岩石	节理较发育、中硬岩	节理极发育、软岩
H/D	25	30	40

表 2　　　　　　　国内部分大型水利水电工程的坝基保护层厚度

工程名称	装机容量/MW	保护层厚度/m	坝址岩性
溪洛渡	14000	5.5	玄武岩、角砾熔岩
锦屏一级	6000	5.0	板砂岩、大理岩
龙滩	6300	3.0	砂岩、粉砂岩
三峡	24200	3.0	花岗岩
白鹤滩	16000	5.0	柱状节理玄武岩

有关建基面保护层的开挖，目前已有几十年的发展历程。20世纪五六十年代，由于爆破技术薄弱，对建基面开挖通常采用"预留基岩保护层，浅火炮分层开挖"的方法。1974年，在葛洲坝工程中首次将预裂爆破应用到边坡开挖中。1979年，在东江水电站河床基础建基面开挖中首次采用水平预裂爆破技术，取得了不错的效果。之后，轮廓爆破一次开挖成型技术在工程中逐步进行推广，并不断进行改进。随着爆破破岩机理研究的不断深入，卢文波团队提出孔底聚-消能垫层爆破一次成型技术，并在工程中得到了验证。本文将介绍当前国内几种常用的岩石基础开挖成型技术，包括分层爆破开挖技术、轮廓爆破开挖技术，以及垫层爆破开挖技术。

2　分层爆破开挖技术

保护层分层爆破开挖技术目前依然是岩石建基面开挖中最为稳妥可靠的开挖方法。根据 DL/T 5389—2007《水工建筑物岩石基础开挖工程施工技术规范》，一般将保护层分为3层进行开挖，并严格控制各层爆破参数，典型的分层爆破开挖方法如图2所示。

（1）第一层。第一层开挖采用浅孔台阶爆破，台阶高度、炮孔直径、单孔药量等参数都比常规爆破要低，台阶高度一般为3~4m，药卷直径应不大于40mm。第一层开挖后，剩余保护层厚度应不小于1.5m。

（2）第二层。第二层开挖采用倾斜孔爆破，钻孔倾角应不小于60°，装药直径不大于32mm。第二层爆破开挖之后剩余保护层厚度由岩性决定，当岩性较好时剩余厚度不小于

0.5m，岩性较差时不小于0.7m。

（3）第三层。第三层开挖采用手风钻钻孔爆破，对于较为完整的岩体，钻孔不能超过建基面；对于节理岩体以及裂隙较为发育的岩体，钻孔底部距离建基面的距离不小于0.2m，最后预留0.2m的撬挖层。

浅孔分层爆破开挖法采用低台阶、小装药的爆破方法，能够极大地减小爆破损伤区的范围，保证建基面岩体的完整性。然而，这种分层开挖方法工序烦琐、效率低下，大大降低了保护层开挖的施工速度，在大规模开挖中仍然存在着诸多问题。

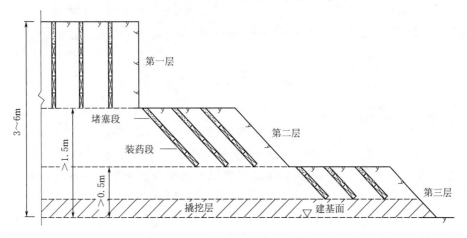

图2　分层爆破开挖方法示意图

3　轮廓爆破一次成型技术

轮廓爆破一次成型技术是当前建基面保护层开挖中应用最为广泛的施工技术，在建基面采用光面爆破或者预裂爆破技术，严格控制爆破装药参数，降低对基岩的损伤，提高工程施工效率。随着我国水利水电事业的发展，众多学者和工程师在工程应用中不断改进轮廓爆破技术，逐步提出了水平预裂爆破、水平光面爆破、双层水平光面爆破以及预裂光面组合爆破技术。

3.1　轮廓爆破损伤机理

预裂爆破和光面爆破的成缝原理相似，都是利用不耦合装药爆破产生的气刃效应贯穿小间距炮孔之间的岩体，形成平整的开挖面，其不同之处主要是起爆顺序。如图3所示，预裂爆破起爆顺序为"轮廓（预裂）孔→主爆孔→缓冲孔"，光面爆破起爆顺序为"主爆孔→缓冲孔→轮廓（光面）孔"。预裂爆破中，预裂孔率先起爆，在主爆孔和缓冲孔起爆之前先形成一个预裂面，从而很好地起到隔振效果；而光面爆破中，光面孔在主爆孔和缓冲孔起爆之后起爆，由于临空面的存在，能够形成更加平整的开挖面。由于起爆顺序不同，预裂爆破和光面爆破的起爆条件不同，其对基岩面的损伤破坏程度也不相同。

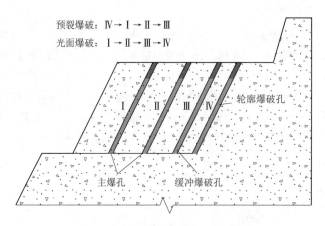

预裂爆破：Ⅳ→Ⅰ→Ⅱ→Ⅲ
光面爆破：Ⅰ→Ⅱ→Ⅲ→Ⅳ

图 3　预裂爆破和光面爆破起爆顺序

为了研究预裂爆破和光面爆破在不同岩石条件下的适用性，胡英国等基于 LS-DYNA 二次开发的累积损伤仿真技术，对光面爆破和预裂爆破两种不同爆破方式下的开挖损伤全过程进行数值仿真，重点分析两种爆破开挖方式对围岩的损伤机制，研究结果表明：预裂爆破预先形成的预裂面能够很好地起到隔振效果，能够降低主爆孔和缓冲孔对围岩的损伤，但是预裂爆破由于没有临空面，夹制作用大，预裂孔本身爆破时会形成一定范围的高度损伤区；而光面爆破由于最后起爆，保留岩体具有明显的累积损伤效应，会形成具有明显大范围的轻度损伤区，主爆孔累计损伤最严重，而光爆孔由于有临空面，抵抗线小，对围堰的损伤反而较小。

3.2　水平预裂爆破法

水平预裂爆破法是一种在建基面高程布置水平预裂孔的开挖施工方法，保护层通过浅孔台阶爆破配合水平预裂爆破一次开挖成型。图 4 为水平预裂爆破法的典型结构，包括水平预压孔和垂直生产孔。水平预裂爆破可以在建基面预先形成一条预裂缝，降低主爆孔对基岩面的损伤，起到保护基岩的作用。水平预裂爆破方法自首次应用于东江水电站坝基开挖以来，在三峡引水隧洞、岩滩水电站等水电工程中得到了广泛的应用。

水平预裂爆破法适用于岩石结构完整性较好的基岩面，通过预先形成的预裂缝进行隔振，同时获得较为平整的地基表面。但是，水平预裂爆破法在施工时要安装水平预压孔钻机钻设水平孔，必须有完整的临空面。因此，要事先开挖先锋槽，在进行下一次爆破时，也要清理出完整的临空面。

3.3　水平光面爆破法

水平光面爆破法是保护层开挖的另一种轮廓爆破一次成型技术，典型施工方法如图 5 所示。水平光面爆破法包括三种水平钻孔，即生产孔、缓冲孔和光爆孔。与预裂爆破法不同，光面爆破法的起始顺序是"主爆孔→缓冲孔→光爆孔"。

水平光面爆破方法已被证明能够控制爆破引起的破坏，并获得平坦的地基表面。然而，工程实践表明，水平孔的钻进效率要比垂直孔低得多，如果控制不好，水平孔的钻杆

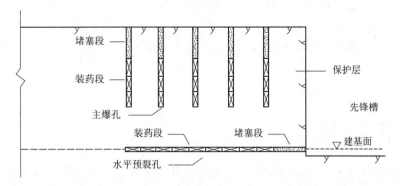

图 4　水平预裂爆破施工方法示意图

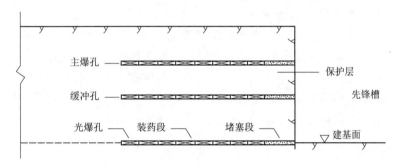

图 5　水平光面爆破施工方法示意图

很容易漂移。有些项目也采用与预裂爆破相似的钻孔工艺,将主爆孔采用竖直钻孔的方法。水平光面爆破法在施工时同样需要开挖先锋槽。

3.4　双层水平光面爆破法

已有的研究表明,预裂爆破依然会对基岩面产生一定程度的损伤,而光面爆破由于不具有隔振效果,主爆孔会对基岩造成累积损伤。这种损伤对于完整性较好的基岩面可以忽略,而对于裂隙较为发育的岩体,这种损伤依然不容忽视。对此,已有学者提出改进方法——双层水平光面爆破法,并在溪洛渡水电站工程中进行了应用。该方法针对坝基底板建基面薄层角砾熔岩,提出预留 5.5m 保护层,并分为 2 部分开挖,上部分 3.5m 首先采用浅孔台阶爆破开挖,之后下部分 2m 保护层采用垂直孔配合双层光面爆破孔开挖。第一层光面孔位于底板建基面,第二层光爆孔距离建基面 0.5m,垂直孔距离第二排光爆孔0.8m。该方法在溪洛渡水电站河床坝基底板保护层开挖中得到了成功地运用,薄壳状角砾熔岩基本完整地保留了下来,建基面岩体完整性较好。

3.5　预裂-光面组合爆破法

为做到保护层一次开挖成型,针对裂隙较为发育的建基面,有学者提出预裂-光面组合爆破方法,该方法采用在建基面布置一层水平光面爆破孔,第二层水平孔为预裂孔,距离光面爆破孔 0.5m,上部分为浅孔台阶爆破层。该方法首先起爆预裂孔,由于预裂孔距离建基面仍有一定的深度，可以减小对基岩面的损伤。之后起爆主爆孔，由于预裂孔预先形成一条预裂缝，可以阻断爆破震动向基岩面传播，减小主爆孔的累积损伤。最后起爆光爆孔，形成平整的基岩面。该方法在白鹤滩水电站坝基开挖中得到成功的应用，有效地解决了柱状节理玄武岩的开挖问题。

4 垫层爆破开挖技术

轮廓爆破在用于岩石基础开挖一次成型时，往往需要开挖先锋槽创造工作面，同时由于预裂或者光爆孔的数量多，钻孔精度要求高，钻设水平孔操作复杂，施工的成本和效率仍难以令人满意。对于岩石基础开挖，往往采用台阶爆破，柱状药包起爆时产生的爆轰波在到达孔底时会产生应力波的透射和反射，增大对炮孔近区岩石的破碎作用；在炮孔远区，爆炸应力波迅速衰减，由于孔底夹制作用较大，往往容易产生爆破根底。对于岩石钻孔爆破，通过调整柱状药包炮孔底部的装药结构，增加保护措施，能够有效地提高炸药能量利用率，改善孔底岩体的破碎效果。随着柱状药包轴向不耦合技术的发展，众多爆破工程师逐步提出了空气垫层爆破、水垫层爆破、柔性（软弱）垫层爆破以及一种最新的聚消能爆破技术，用以改善爆破效果，提高对岩石基础开挖面的保护。

4.1 空气垫层爆破

对于深孔台阶爆破，为了克服孔底岩石的夹制作用，往往要进行钻孔超深，装药药柱重心往往偏向于炮孔下部，容易造成炸药能量分布不均。林德余等学者认为，通过调整装药结构能够有效地改善炸药能量的分布，进而提高岩石爆破效果，并提出了炮孔底部空气垫层装药结构，通过空气间隔器将柱状药包与孔底岩石隔离开，如图6所示，孔底垫层的高度一般等于钻孔超深。根据爆轰波理论，在柱状药包起爆时，爆炸冲击波不会直接作用在孔底岩石上，而是会先剧烈压缩孔内空气柱，从而降低爆破峰值压力，同时波阵面在通过空气段到达孔底岩石面时会反射形成反射冲击波，波阵面显著增强，增强的压力对孔底岩石产生剧烈的压缩作用，从而破坏岩石。由于空气柱的存在，爆轰压力更加均匀地作用在炮孔壁上，爆破作用时间也会增加，从而提高炸药能量的利用率，降低大块率，改善岩石破碎效果。该技术在赤峰平庄矿山进行了工程应用，取得不错的爆破效果。

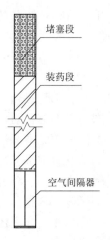

图6 空气垫层装药结构

堵塞段
装药段
空气间隔器

4.2 水垫层爆破

深孔台阶爆破在遇到地下水或遇到雨季时，往往会在炮孔内存有积水，从而形成水耦合爆破。针对这一情况，宗琦、余德林等学者认为炮孔内水的存在会对爆破冲击波起到缓冲作用，同时由于水的可压缩性远小于空气，水中冲击波压力要高于空气，同时作用时间也长于空气。根据这一原理，余德林等提出一种水垫层爆破装药结构，该结构与空气垫层装药结构类似，将其中空气垫层换成水垫层，深孔台阶爆破水垫层的高度一般为 1.0～1.5m。在工程应用中，对于不透水炮孔，可在孔底放置间隔器，并注水至设计深度；对于有裂隙的透水炮孔，一般采用中通的竹筒代替间隔器并在竹筒中装满水或者采用密封的水袋子。

4.3 柔性（软弱）垫层爆破

柔性垫层爆破是近些年根据炸药与岩石的波阻抗理论而提出的一种新型爆破装药结构（也有学者称为软弱垫层），相比于空气垫层和水垫层，该方法在工程应用中的可操作性更强。根据波阻抗理论，一般认为炸药与岩石的波阻抗相匹配时，炸药在岩石界面上冲击波的入射和反射效应更强，能量利用率最高。而柔性垫层爆破的基本原理就是在炮孔底部填充波阻抗小于炸药爆轰产物的材料来作为缓冲垫层，以降低孔底的爆炸峰值压力，同时利用爆炸应力波在垫层与岩石之间的透射和反射，增强反射波的压力，改善孔底岩石的破碎效果。根据工程经验，常用的垫层缓冲材料有泡沫、锯末、竹筒、岩屑等，软弱垫层的厚度、布置位置和材料选择要根据保护层厚度、岩石强度以及炸药特性等多方面因素共同确定。

4.4 聚-消能复合垫层爆破

传统的空气垫层、水垫层以及柔性垫层爆破方法，能够通过应力波的透射和反射增强孔底岩石面反射应力波的压力，有效地改善孔底岩石的破碎效果，但是对保留基岩的保护仅仅通过垫层的缓冲作用来实现，保留基岩仍然会受到较大的损伤。卢文波团队在深入研究坝基开挖方法的基础上，提出一种在竖直炮孔中设置聚-消能复合垫层的装药结构，形成一套基于损伤控制理论的聚-消能爆破开挖一次成型技术。

根据应力波理论和波阻抗匹配理论，在爆轰作用面上两种介质的波阻抗（ρC_p）对透射波与反射波的强弱起着重要作用，胡浩然等学者由此提出一种在竖直炮孔中设置聚-消能复合垫层的装药结构，如图 7 所示。该结构由以铸铁或高波阻抗混凝土为材料的圆锥形聚-消能装置和以松砂为材料的柔性垫层组合而成。当爆轰作用发生时，爆炸冲击波首先会在高波阻抗材料的锥形界面发生一次反射和透射，反射波将会呈水平向，从而加强对孔底水平向岩体的破碎作用，有利于形成平整的开挖面；透射波穿过锥形高波阻抗材料后到达低波阻抗的柔性垫层界面时，将会发生强烈的二次反射，仅有少量能量透射入垫层。爆炸冲击波的能量经过多次透射和反射，大部分被高波阻抗材料、孔底松砂垫层以及水平向岩石

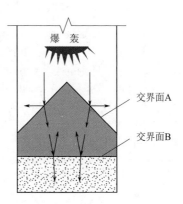

图 7 聚-消能复合垫层结构应力波透、反射示意图

吸收，从而改善孔底岩石的破碎效果。该技术能够充分利用爆炸冲击波在高波阻抗材料界面之间的反射，将爆炸应力波能力导向水平向，并利用松砂垫层吸收透射的冲击波，从而

实现对岩石基础的快速开挖以及对基岩面的保护。

为验证聚-消能复合垫层爆破技术的可行性，该技术在白鹤滩水电站坝基开挖中得到了大规模推广应用。经过对开挖过程的跟踪监测、开挖后的岩石损伤声波监测以及建基面平整度测量、超欠挖测量，结果显示，各个坝段的平均爆破损伤深度、平整度及超欠挖情况均满足设计要求。利用该技术进行白鹤滩水电站建基面的开挖，加快了施工进度，直接和间接经济效益明显。

5 结语

在水利水电工程岩石建基面开挖中，预留保护层爆破开挖方法已经被工程实践证明是最可靠的施工方法。传统的保护层开挖方法是分层爆破开挖技术，将保护层分为三层，采用浅钻孔、小装药的施工方法，这种方法存在着工序烦琐、效率低下等诸多问题。工程中最为常用的是轮廓爆破一次成型技术，该方法采用预裂爆破、光面爆破以及二者的组合使用，充分利用预裂缝的隔振作用以及光面爆破成型平整的优点，高效快速地完成基础面的开挖。对于垂直孔爆破开挖，通常采用垫层爆破开挖技术，该方法包括空气垫层、水垫层以及柔性垫层爆破技术，以及最新的聚-消能复合垫层爆破技术。聚-消能复合垫层爆破技术利用应力波在不同介质面的透射和反射原理，在炮孔底部安装聚-消能座和柔性垫层，充分利用爆炸冲击波在高波阻抗材料界面之间的反射，将爆炸冲击波能量导向水平向，从而实现对岩石基础的快速开挖以及对基岩面的保护。随着爆破损伤控制理论和爆破施工技术的发展，有关岩石基础建基面开挖的爆破施工技术会越来越多地应用到工程实践中去。

参 考 文 献

[1] 张正宇. 现代水利水电工程爆破 [M]. 北京：中国水利水电出版社，2003.

[2] 钱七虎. 岩石爆炸动力学的若干进展 [J]. 岩石力学与工程学报，2009，28（10）：1945-1968.

[3] Cho S H. Dynamic fracture process analysis of rock and its application to fragmentation control in blasting [D]. Japan：Hokkaido University，2003.

[4] Cho S H, Kaneko K. Rock fragmentation control in blasting [J]. Materials transactions，2004，45（5）：1722-1730.

[5] Novozhilov M S, Oganesyan G A. Preparation of the foundation for a high rolled-fill earth dam [J]. Hydrotechnical Construction. 1978，12（4）：340 - 344.

[6] 中华人民共和国国家发展和改革委员会. DL/T 5389—2007 水工建筑物岩石基础开挖工程施工技术规范 [S]. 北京：中国水利水电出版社，2007.

[7] Mgalobelov Y B. Advanced Techniques in Designing and Building Concrete Dams [J]. Hydrotechnical Construction，2000，34（8-9）：415-422.

[8] 曾浩，李善忠，董发俊. 控制爆破技术在龙滩水电站地下厂房开挖中的应用 [J]. 水力发电，2007，33（4）：28-30.

[9] 姚栓喜，李蒲健，雷丽萍. 拉西瓦水电站混凝土双曲拱坝设计 [J]. 水力发电，2007，33（11）：30-33.

［10］ 饶宏玲．溪洛渡水电站拱坝坝肩稳定研究［J］．四川水力发电，2002，21（1）：24-26.

［11］ 管仕军，袁绪昌．锦屏大坝坝基开挖施工与监理［J］．人民长江，2009，40（18）：61-63.

［12］ 东江水电工程花岗岩预裂爆破技术通过鉴定［J］．水力发电，1982（12）：10.

［13］ 胡英国，卢文波，金旭浩，等．岩石高边坡开挖爆破动力损伤的数值仿真［J］．岩石力学与工程学报，2012，31（11）：2204-2213.

［14］ 胡英国，卢文波，陈明，等．不同开挖方式下岩石高边坡损伤演化过程比较［J］．岩石力学与工程学报，2013，32（6）：1176-1184.

［15］ 别必操，王玉芳．水平预裂爆破技术在水利水电工程建基面开挖中的运用［J］．水利建设与管理，2011，31（5）：1-2.

［16］ 徐盛剑，刘文超．坝基保护层开挖及双层水平光面爆破技术研究与应用［J］．水利水电施工，2014（3）：18-20.

［17］ Hu Y G, Lu W B, Wu X X, et al. Numerical and experimental investigation of blasting damage control of a high rock slope in a deep valley［J］. Engineering Geology, 2018, 237: 12-20.

［18］ 林德余，王承刚，邓君华．底部空气垫层装药结构爆破作用及效果分析［J］．有色金属，1989（4）：3-8.

［19］ 张晶瑶，马庆生，汪庆璋．深孔底部空气垫层装药结构在露天煤矿的应用［J］．中国矿业，1994（3）：31-33.

［20］ 宗琦．水垫层装药爆破作用的探讨［J］．爆破，1996（3）：53-55.

［21］ 林德余，马万昌，李忠，等．岩石爆破中水垫层作用的研究［J］．岩石力学与工程学报，1992，11（2）：130-139.

［22］ 王成，恽寿榕，黄风雷，等．软弱垫层爆破机理研究［J］．工程爆破，1999（1）：15-17.

［23］ 胡浩然，卢文波，席浩，等．聚－消能复合垫层保护下的水平建基面开挖方法研究［J］．岩石力学与工程学报，2016，35（S2）：4129-4138.

［24］ 卢文波，胡浩然，严鹏，等．垂直孔复合消能爆破技术及其在建基面开挖中的应用［J］．岩石力学与工程学报，2018，37（S1）：3143-3152.

台阶爆破岩石爆破块度
预测技术

刘亮　喻建春　罗岚　余伟　饶霈　朱全敏

[摘要]　爆破块度分布是评价爆破效果的重要指标。本文针对岩石爆破块度控制技术的研究现状，系统阐述了爆破块度常用的测定方法（包括直接筛分法、孤石大块统计法、二次爆破雷管统计法、摄影测量法等）、常用的爆破块度统计模型（包括 G-M 函数、R-R 函数和 G-S 函数）以及当前爆破块度预测模型的研究进展，根据岩石损伤破碎与 PPV（质点峰值振动速度）的判据关系，提出一种基于质点峰值振动速度 PPV 的爆破块度预测方法，并通过工程试验进行验证，具有较高的预测精度。

[关键词]　爆破块度；PPV；统计模型；预测模型

1　引言

我国水利水电工程、矿山、道路桥梁、铁路等工程领域，岩石开挖广泛采用工程爆破技术。随着我国基础建设的不断发展，新时期工程爆破技术面临更高的要求和挑战，科学利用炸药能量有效地破碎岩体并形成适宜的爆破块度是实现炸药能量高效利用的关键技术之一。爆破块度是评价爆破效果的重要指标，直接影响爆破作业铲装、运输、二次破碎等后续工序，直接影响生产成本和工程效率。如何准确预测岩石爆破块度，对于工程爆破领域有重大意义。

不同的岩石开挖工程，对爆破块度分布的要求不尽相同。对于矿山开挖，要求尽可能提高岩体的破碎程度，降低平均块度的尺寸，以便于石料的进一步破碎。对于土石方开挖，则需要在保证一定的块度尺寸的条件下，尽可能提高炸药的能量利用率，节约工程成本。对于级配料开采，则要求爆破块度服从一定的级配曲线，细颗粒、中等块度和大块都要有一定的比例。有关爆破块度的研究，主要从测定方法、统计模型和预测模型三个方面展开。本文将从这几个方面介绍当前有关岩石爆破块度研究的最新进展，并重点介绍一种基于质点峰值振动速度 PPV 的台阶爆破块度预测方法。

2　爆破块度测定方法

有关爆破块度的测定，主要有四种方法：直接筛分法、孤石大块统计法、二次爆破雷管统计法、摄影测量法。其中，直接筛分法是精度最高，也是获得筛分曲线最直接的手段，但是直接筛分法缺点很明显，耗时耗力，需要大型筛分设备，同时需要抽样。不合格大块和雷管数，只能统计超过一定尺寸的大块岩石，而对较小粒径的岩块，无法做出有效的统计，故不能给出有效的级配曲线。摄影测量法具有很多优点，图片拍摄省时省力，块度分析较为精确，但是摄影测量法只能分析表面的块度大小，表面块度不一定能代表真实的块度分布。傅洪贤采用图形图像处理技术，通过统计图像上块度的面积及周长，建立了基于回归方法的爆破粒度控制模型，研究爆破块度分布情况。随着计算机技术的快速发展，摄影测量法统计块度逐渐成为块度研究的主流方法。

3 爆破块度统计模型

爆堆岩块块度的描述主要有两类：一类属于单一指标描述；另一类属于总体描述，即爆堆的块度分布。在单一指标描述中，通常采用"不合格大块率"指标和"平均块度"指标进行。不合格大块率反映了对后续工序（装、运、破碎）有重要影响的那部分大块岩石所占的比率，而爆破平均块度则反映了岩石的平均破碎程度。在理论研究中，通常还采用所谓的 K_{80} 和 K_{50} 两种指标米研究爆破块度分布，其定义是指筛下累积含量为 80% 和 50% 时所对应的块度尺寸。在描述总体爆破块度分布时，通常用以下三种分布函数表示，见表 1。在工程中最为常用的是 R-R 函数和 G-S 函数，根据工程经验，R-R 函数趋向于粗颗粒，而 G-S 函数趋向于细颗粒。将二者的分布参数 x_0、n 均作为试验回归参数，则 G-S 函数可看作是 R-R 函数级数展开的简化形式。

表 1 爆 破 块 度 统 计 模 型

分 布 函 数	公 式
Rosin-Rammler 分布（R-R 函数）	$F(x)=1-\exp\left[-\left(\dfrac{x}{x_0}\right)^n\right]$
Gaudin-Schumann 高斯分布（G-S 函数）	$F(x)=\left(\dfrac{x}{x_{\max}}\right)^m$
Gadin-Meloy 分布（G-M 函数）	$F(x)=1-\left(1-\dfrac{x}{x_{\max}}\right)^m$

注 x_0 为特征尺寸，一般认为是筛分量为 63.21% 时的筛网孔径；n 为分布参数；$F(x)$ 为块度分布函数；x 为块度尺寸或筛孔直径；$x_{\max}$ 为最大块度尺寸；m 为均匀系数。

4 爆破块度预测模型

在工程中，影响爆破块度分布的因素有很多，主要包括炸药性能、装药结构、起爆方式、地质条件、岩石强度、节理裂隙等。如何通过已有的爆破设计参数有效地预测爆破块度分布，已有很多学者结合爆破破碎机理和工程经验展开研究，提出了很多预测模型，按照所应用的理论和方法，主要分为应力波模型、分布函数模型和能量模型三类。鉴于爆破块度影响因素的复杂性，没有任何模型能够考虑所有的影响因素，都要根据理论做一定的简化假设，已有的经典模型的简化条件、研究方法和优缺点见表2。

表2 爆破块度预测模型

模 型		研究者	简化条件	方 法	优 势	不 足
应力波模型	Harries 模型（1973 年）	Harries G	均质连续的弹性介质	动态应变引起的炮孔周围岩体破碎	定量计算爆破块度尺寸	只考虑准静态压力作用
	BMMC 模型（1983 年）	邹定祥	以单位表面能理论为破坏判据	应力波能量值的不同引起岩体的破碎	基本反映了爆破本质	假定岩体均破碎，预测结果大块偏多
	BCM 模型	Margolin L G	层状裂纹岩石	对岩体中的应力波传播、破坏与破碎进行模拟	能够模拟爆破破碎过程	仅适用于层理或沉积类岩石，具有局限性
	能流分布模型（1987 年）	刘为洲	假定 Bond 功指数保持不变	引入 Bond 破碎功理论研究整个台阶爆破的块度分布	爆破块度分布与破碎能的关系	忽略节理裂隙对岩体的切割破坏
分布函数模型	Kus-Ram 模型（1973 年）	Cunningham C	认为爆破块度服从 R-R 函数	爆破参数和平均块度的经验公式	建立爆破参数和爆破块度的关系	没有考虑节理裂隙分布对块度的影响
	Bond – Ram 模型	郑瑞春	试验爆破与生产爆破的功指数相同	将 R-R 函数与 Bond 破碎功理论相结合	计算 R-R 函数参数的方法简便	假定试验和生产爆破相同，具有局限性
	贝兹马特尔内模型（1971 年）	B. X. 贝兹马特尔内	爆破破碎的概率与天然节理切割相同	应用随机破碎理论推导出节理岩体的 R-R 函数	公式和参数的选取比较方便	对爆破块度分布的预测精度不够
能量模型	Gama 模型（1971 年）	Da Gama C D	均质连续岩体	炸药单耗和最小抵抗线作为块度分布参数	考虑了节理裂隙的影响	需要大量试验确定模型参数
	Just 模型（1971 年）	Just G D	以破碎梯度作为块度分布指数	提出爆破块度分布随抵抗线变化的经验关系式	涉及的参数少，计算简便	计算精度偏低

此外，国内外还有很多学者利用其他手段对爆破块度做了大量研究。周传波结合工程现场试验，采用显著性检验和回归方法，对影响爆破块度分布的诸多因素展开研究。赵柏冬将灰关联分析原理应用到兰尖铁矿台阶爆破质量的研究中，得到各个影响因素的主次关系，能够提供更加可靠的块度预测参数和爆破优化参数。张艳建立了考虑层次分析决策的结构模型，计算出了炸药单耗、钻孔直径、孔网参数、装药结构等参数的目标顺序，能够更好地预测爆破块度。胡刚通过轻气炮实验和超声波测试技术对岩石的动态损伤特性进行了系统的实验研究，揭示了岩石的动态损伤及演化规律，提出台阶爆破的块度分布预测模型，把爆破前岩体被各种软弱面切割成的天然块度与应用爆破块度模型计算的岩体爆破后

的块度结合起来，并在现场进行了研究性和验证性试验。Mario M A 等基于 Kuz-Ram 模型建立了 Monte Carlo 模拟程序来预测爆破块度分布，该程序考虑了岩体特性、岩块的整体性、炸药的爆炸性能及钻孔方式等多种因素，能够给出比较合理的预测结果。Bahrami A 等运用人工神经网络建立预测模拟模型，来预测爆破工程中岩石块度和爆破飞石的分布，通过实践证明神经网络模型是一个有效通用的技术手段，能够极大地提高露天矿的爆破效率。

5 基于质点峰值振动速度的爆破块度预测

5.1 岩石爆破破碎与损伤的 PPV 判据

在岩石爆破工程中，由于质点峰值振动速度 PPV(peak particle velocity) 物理意义明确且易通过测量获取，通常被作为岩体爆破开挖影响的判别标准。在爆源的近区，岩体主要受爆炸冲击波和应力波的作用。确定波动问题下岩石开裂的临界 PPV 的理论依据是应力波理论：根据岩石抗拉强度反求临界振动速度和根据岩石拉伸破坏的极限应变值反求临界振动速度 PPV_0。在平面波条件下有

$$\varepsilon = \frac{\sigma}{E} \tag{1}$$

$$\sigma = \rho C_p v \tag{2}$$

式中：ε 为岩石的应变；σ 为应力波作用下岩石中的应力；E 为岩石弹性模量；ρ 为岩石的密度；C_p 为岩石的纵波速度；v 为质点峰值振动速度。

可见，质点峰值振动速度与岩体的动应变或动应力间存在对应关系，根据岩体的动态强度或极限拉伸应变值，可确定岩体破碎或损伤时的质点峰值振动速度门槛值 PPV_0。图 1 给

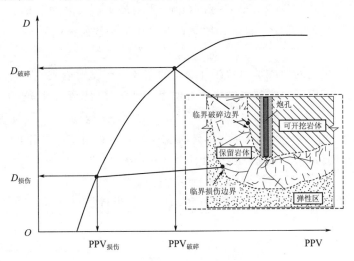

图 1　岩石临界损伤 PPV 和临界破碎 PPV 判据

出了岩体损伤程度与 PPV 的示意关系。从图 1 中可以看出 PPV 与岩体的损伤程度呈现典型的正相关关系，因此采用 PPV 的量值来反映岩体的损伤程度，进而反映岩体的块度分布特征是值得尝试的。对于爆破近区 PPV 和岩体爆破破碎的关系，Mojitabai N 通过爆前爆后岩体中新增裂隙的调查、声波的对比测试等方法给出了爆破损伤质点峰值振动速度 PPV 的建议值，见表 3。

表 3　　　　　　　　　　岩石爆破损伤的质点峰值振动速度临界值

岩石类型	单轴压缩强度/MPa	RQD/%	质点峰值振动速度/(cm/s)		
			轻微损伤区	中等损伤区	严重损伤区
软片麻岩	14～30	20	13～15.5	15.5～35.5	＞35.5
硬片麻岩	49	50	23～35	35～60	＞60
Shultze 花岗岩	30～55	40	31～47	47～170	＞170
斑晶花岗岩	30～85	40	44～77.5	77.5～124	＞124

5.2　基于 PPV 的爆破块度预测模型

岩石在爆炸冲击波的作用下，质点的振动速度 u 和爆炸冲击波压力 P 成比例关系。对于二维面波，波阵面的压力和质点振动速度的关系见式（3）。

$$P = \rho_0 C_p u \tag{3}$$

式中：C_p 为材料纵波速度；ρ_0 为材料的初始密度。

岩石破坏是从岩石材料中的孤立的微空洞成核开始，形成微裂纹，然后微裂纹发展为宏观裂纹，直至整个岩石破坏。Seaman L 在 1976 年的研究中，基于脆性材料冲击荷载试验建立起材料断裂和破碎的计算模型，这个模型奠定了后来研究岩石爆破破碎模型的基础。在 Seaman L 的模型中认为材料在冲击荷载下断裂的体积分布近似服从以下方程：

$$N_c = N_0 \exp(-R_v / R_e) \tag{4}$$

式中：N_c 为空隙半径大于 R_e 的累计数量；N_0 为裂纹总数量；R_v 为空隙半径；R_e 为 R_v 的期望值。

爆破过程中，块度的形成是大量相互交错的裂纹急剧发展造成的，每一个裂纹都会形成两个相邻岩块的表面。假定裂纹的尺寸近似等于破碎过程中岩石块度的尺寸，也就是裂纹半径 R_c 和岩石块度半径 R 的比值近似等于 1。基于这一假设，可以确定爆破块度的数量 N_f 和裂纹数量 N_c 的关系，并认为爆破块度尺寸分布和裂纹尺寸分布一致。

根据已有的研究，认为爆破块度分布服从 R-R 分布，即

$$R(x) = 1 - \exp(-x / x_0) \tag{5}$$

式中：$R(x)$ 为块度尺寸小于 x 的累计百分比；x_0 为特征尺寸，一般认为是筛分量为 63.21% 时的筛网孔径。

爆炸荷载作用下，岩石微裂纹成核过程依然符合这一分布，根据岩石强度准则，新形成的裂纹缺陷数量 N 依然服从这一分布，即

$$\dot{N} = \begin{cases} \dot{N}_0 \exp\left(\dfrac{P_s - P_{n_0}}{P_1}\right) & P_s > P_{n0} \\ 0 & P_s \leqslant P_{n0} \end{cases} \tag{6}$$

式中：$\dot{N}_0$、P_{n0} 和 P_1 为材料常数；P_s 为材料在荷载作用下的拉伸应力；P_{n0} 为材料裂纹成核的临界压力。

式（6）可以用于脆性材料，同时又适用于韧性材料。

根据式（6），将质点振动速度用 PPV 代替，可以得到

$$P_s = \rho C_p \mathrm{PPV} \tag{7}$$

$$P_0 = \rho C_p \mathrm{PPV}_0 \tag{8}$$

式中：C_p 为岩体纵波速度；PPV_0 为岩体临界破碎质点峰值振动速度。

将式（7）和式（8）代入式（6）可以得到

$$\dot{N} = \begin{cases} \dot{N}_0 \exp\left[\dfrac{\rho \cdot C_p}{P_1}(\mathrm{PPV} - \mathrm{PPV}_0)\right] & \mathrm{PPV} > \mathrm{PPV}_0 \\ \dot{N}_0 & \mathrm{PPV} \leqslant \mathrm{PPV}_0 \end{cases} \tag{9}$$

令 $\eta = \dfrac{P_1}{\rho \cdot C_p}$，由 $\bar{x} = \dfrac{x_0}{\dot{N}}$，可以得到基于 PPV 的块度分布模型

$$\bar{x} = \begin{cases} \dfrac{x_0}{\dot{N}_0 \exp\left(\dfrac{\mathrm{PPV} - \mathrm{PPV}_0}{\eta}\right)} & \mathrm{PPV} > \mathrm{PPV}_0 \\ x_0/\dot{N}_0 & \mathrm{PPV} \leqslant \mathrm{PPV}_0 \end{cases} \tag{10}$$

式中：x_0 为岩体初始块度，由岩体初始节理确定；对于通常范围内的岩体，η 值的取值和岩石强度参数和密度有关，一般在 $0.4 \sim 1.2$ 之间。

由上述模型可以看出，爆破块度分布和岩体初始块度 x_0、材料常数 $\dot{N}_0$，η 以及临界破碎 PPV_0 有关，通过数值模型计算得到爆破近中区的质点振动峰值速度分布，即可求得相应的爆破块度分布。

5.3 基于 PPV 的爆破块度预测模型的验证

根据以上建立的爆破块度预测模型，结合观音岩水电站堆石坝级配料开采试验进行数值模拟，对该模型的可靠性进行验证。

5.3.1 现场试验

爆破试验地点选择在观音岩水电站右岸大坝坝横 $0+026.5 \sim 0+051\mathrm{m}$、坝纵 $0+730 \sim 0+770\mathrm{m}$、高程为 $1053 \sim 1047\mathrm{m}$ 砂岩和粉砂岩的弱、微风化岩体上，岩石单轴抗压强度为 $42 \sim 65\mathrm{MPa}$。根据相关规程、规范和设计要求，并参考类似项目实际经验，结合现场工程地质条件及岩石特性，爆破试验参数设计见表 4。

表4			爆 破 试 验 参 数			
钻孔直径/m	孔深/m	间距/m	排距/m	炸药直径/mm	堵塞长度/m	炸药单耗/(kg/m³)
90	6	3.5	2.0	70	2	0.4

装药严格按照爆破设计装药结构进行装填，本次爆破试验主爆孔装药结构为连续装药，孔内安放非电延期雷管（置于孔口段，聚能穴朝向孔内为孔口起爆，置于孔底段，聚能穴朝向孔外为孔口起爆）；主爆孔自临空面向内逐排起爆（MS1～MS13），各排间用红色导爆索并联孔内双发延期非电雷管。爆破试验完成后，对现场不同爆破参数的各试验区爆破石料块度进行检测，具体检测结果见表5。

表5		爆破石料块度检测结果汇总表				
爆破孔间排距/cm	>80	80～40	40～20	20～5	2～5	<2
3.5m×2.0m	—	19%	10%	35%	27%	9%

5.3.2　数值模拟试验及验证分析

利用 Fortran 语言，根据基于 PPV 的爆破块度预测模型，编制基于质点振动峰值速度的台阶爆破块度预测程序 VBFA。程序首先调用 Ansys_LS-DYNA 软件计算；台阶爆破过程计算完成后，VBFA 程序调用 Lsprepost 后处理软件输出数值模型的节点/单元数据，然后导入 VBFA 程序，计算出模型各个节点三个方向爆破震动和速度，通过历时法筛选出各个节点振动速度的最大值 PPV，并计算对应的 PPV 分布和爆破块度分布；上述计算完成后，程序自动调用地理数据网格化绘图软件 Surfer 8.0 软件绘制爆破震动分布云图和爆破块度三维分布云图，并可根据用户要求给出各个截面的块度分布云图，同时 VB-FA 程序通过 Excel 宏命令根据爆破块度分布数据绘制爆破块度级配柱状图和累计筛分曲线。

根据观音岩水电站现场爆破试验参数，确定台阶爆破数值模拟的建模参数，基于 LS-DYNA 建立三维台阶爆破数值模型，为模拟群孔爆破结果，确定单排8个炮孔，如图2所示，并调用内部炸药命令进行爆破过程计算。

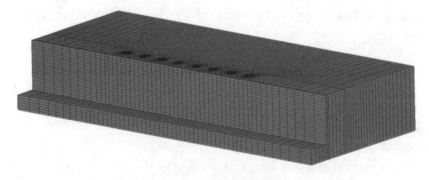

图2　三维台阶爆破数值模型

图3和图4给出了各个块度分布的等值线，各种颜色梯度代表了各个块度区间（$\overline{x}_1$，

$\overline{x}_2$）所占的范围，通过统计各个颜色梯度的体积所占整个区域体积的比例，可以求得相应的爆破块度分布。块度分布云图中块度在（$\overline{x}_1, \overline{x}_2$）之间的块度百分比可按式（11）计算。

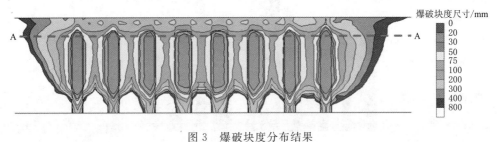

图 3　爆破块度分布结果

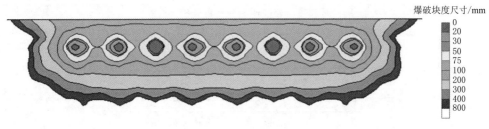

图 4　$A—A$ 剖面爆破块度分布结果

$$P(\overline{x}_1 < \overline{x} < \overline{x}_2) = \frac{\sum\limits_j V_j(\overline{x})}{V(\overline{x})} \times 100\% \tag{11}$$

式中：$V(\overline{x})$ 为破碎岩体的总体积；$\sum\limits_j V_j(\overline{x})$ 为块度在（$\overline{x}_1 < \overline{x} < \overline{x}_2$）区间的岩体的体积。

　　为进一步验证基于 PPV 的爆破块度分布模型的有效性和准确性，结合观音岩水电站爆破开挖参数，计算出 Kus-Ram 爆破块度预测模型和 Swebrec 爆破块度预测模型的结果，表 6 给出了不同预测模型计算出的爆破块度分布结果，并与观音岩实测结果进行对比，图 5 给出了不同模型爆破块度分布的柱状图。按照爆破块度尺寸从小到大的顺序进行累加，可以得到爆破块度级配曲线如图 6 所示。

表 6　　　　　　　　　　　　　不同预测模型的爆破块度分布结果

模　　型	爆破块度尺寸所占的比例/%				
	20mm	50mm	200mm	400mm	800mm
工程数据	19.00	10.00	35.00	27.00	9.00
PPV 模型	10.23	14.32	34.15	29.69	11.61
Kus-Ram 模型	6.28	9.60	37.45	26.48	16.72
Swebrec 模型	11.73	7.62	31.63	32.18	16.19

　　均方根误差即为标准误差，用来衡量观测值与真值之间的偏差；相关系数则是衡量两

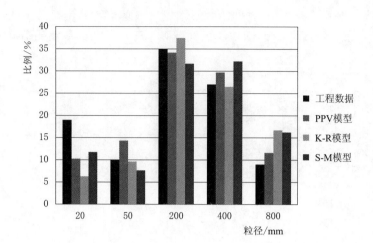

图 5　爆破块度分布柱状图

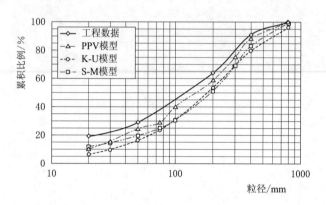

图 6　爆破块度级配曲线

个随机变量之间线性相关程度的指标；R^2 值越接近 1，误差 RMSE 越小，变量之间的线性相关程度越高；R^2 值越接近 0，RMSE 越大，变量之间的线性相关程度越低。表 7 分别给出了三种模型采用下式计算的预测均方根误差 RMSE 和相关系数 R^2。

表 7　　　　　　　　　　　　　　三种模型敏感性分析结果

指　　标	Kus-Ram 模 型	Swebrec 模 型	PPV 模 型
相关系数 R^2	0.652	0.714	0.776
均方根误差 RMSE	6.750	5.449	4.698

　　由表 7 可以发现，在本工程的计算条件下，本文的新模型比 Kus-Ram 块度预测模型和 Swebrec 模型有更高的相关性系数和更低的预测均方根误差，基于 Rosin-Rammler 双参数分布的 Kus-Ram 模型预测的结果误差最大，Swebrec 模型和本文模型有较高的预测精度。同时三参数 Swebrec 模型和本文提出的模型能更精确地预测细颗粒。Kus-Ram 模型和 Swebrec 模型是经验模型，为了简便而忽略了很多因素，因而具有一定的局限性。

　　总体上，本文提出的基于 PPV 的爆破块度分布模型以爆破破碎理论为基础，将爆破破碎机理和块度预测联系起来，可以考虑炸药性能、装药结构，岩体参数等诸多因素，新模型比工程上最常用的 Kus-Ram 块度预测模型和 Swebrec 模型有着更高的预测精度，在误差允许的范围内，基于 PPV 的爆破块度分布模型可以更方便地用来预测爆破块度分布，尤其是能够对细颗粒进行预测，不但可以和有限元软件很好地结合，充分考虑不同的装药参数、边界条件等因素，而且有非常高的计算效率。

参 考 文 献

[1] 张正宇. 现代水利水电工程爆破 [M]. 北京：中国水利水电出版社，2003.

[2] 宋书中，周祖德，胡业发. 振动筛分机械发展概述及新型振动筛研究初探 [J]. 矿山机械，2006，(4)：73-74.

[3] 宋建民，张娟英. 贾沟矿区大块率的统计分析与应策 [J]. 世界采矿快报，2000 (Z2)：95-98.

[4] 吕林. 图像处理技术在岩体块度分析中的应用 [D]. 武汉：武汉理工大学，2011.

[5] 傅洪贤，张幼蒂. 爆堆图像处理技术及爆破粒度控制模型的研究 [J]. 合肥工业大学学报（自然科学版），2001，24 (Z1)：662-665.

[6] HARRIES G. A mathematical model of cratering and blasting [C]//National Symposium on Rock Fragmentation. Adelaide：Institution of Engineers，1973：41-54.

[7] Harries G. The Calculation of the Fragmentation of Rock from cratering [J]. International lournal of kock mednaimcs and mining sciences & geomechaics abstrats，1979，16 (3)：70.

[8] 邹定祥. 计算露天矿台阶爆破块度分布的三维数学模型 [J]. 爆炸与冲击，1984 (4)：48-59.

[9] Margolin L G. Calculations of cratering experiments with the bedded crack model [C]//AIP laiference proceedings，1982，78：465-469.

[10] 刘为洲. 台阶爆破的能流分布及块度组成的三维数学模型 [J]. 金属矿山，1987 (6)：25-28.

[11] Cunningham C. 预估爆破破碎的 KUZ-RAM 模型 [C]//第一届爆破破岩国际会议论文集，长沙岩石力学工程技术咨询公司，1985：251-257.

[12] 郑瑞春. 爆破块度分布预测的 Bond-Ram 模型 [J]. 金属矿山，1988 (6)：11-15，29.

[13] Da Gama C D. Size distribution general law of fragments resulting from rock blasting [J]. Trans Soc Min Eng，AIME，1971，250 (4)：314-316.

[14] Just G D，Henderson D S. Model studies of fragmentation by explosives [C]. Proc. 1st Aus N. Z. Conference on Geomech，Melbourne，1971：238-245.

[15] 周传波. 基于回归分析理论的爆破块度预测模型研究 [J]. 爆破，2003，20 (4)：1-4.

[16] 赵柏冬，常春，张继春. 兰尖铁矿台阶爆破质量主要影响因素分析 [J]. 沈阳大学学报，2004，16 (6)：44-46.

[17] 张艳，邓小英，唐书，等. 龙滩大法坪石料场开采爆破参数试验优化 [J]. 工程爆破，2006 (12)：75-78.

[18] 胡刚. 台阶爆破块度预测及其数值模拟研究 [D]. 北京：北京理工大学，2005.

[19] Morin M A，Ficarazzo F. Monte Carlo simulation as a tool to predict blasting fragmentation based on the Kuz-Ram model [J]. Computers & Geosciences，2006，32 (3)：352-359.

[20] Bahrami A，Monjezi M，Goshtasbi K，et al. Prediction of rock fragmentation due to blasting using artificial neural network [J]. Engineering with Computers，2011，27 (2)：177-181.

[21] Mojtabai N，Beattie S G. Empirical approach to prediction of damage in bench blasting [J]. Transactions of the Institution of Mining and Metallurgy. Section A. Mining Industry，1996，105：75-80.

[22] 宁建国，刘海峰，商霖. 强冲击荷载作用下混凝土材料动态力学特性及本构模型 [J]. 中国科学

（G 辑：物理学　力学　天文学），2008，38（6）：759-772.

[23]　王礼立. 冲击动力学进展 [M]. 合肥：中国科学技术大学出版社，1992：34-57.

[24]　StenvensA L，Davison L，Warren W G，et al. Dynamic Crack Propagation. Leyden：Noordnoff，1972：37-55.

[25]　SEAMAN L，CURRAN D R，SHOCKEY D A. Computational models for ductile and brittle fracture [J]. Journal of Applied Physics，1976，47（11）：4814-4826.